火山岩油气藏的形成机制与分布规律研究丛书

松辽盆地北部火山岩储层特征及成岩演化规律

冯子辉　王　成　邵红梅　洪淑新　王国臣　著

科　学　出　版　社

北　京

内 容 简 介

　　本书是国家重点基础研究发展计划（973）项目"火山岩油气藏的形成机制与分布规律"所著丛书之一，着重论述了火山岩储层微观特征评价技术、方法和应用成果。主要内容包括火山岩储层实验配套技术的研发与建立，以及应用该配套技术在松辽盆地北部早白垩世火山岩岩石矿物学、火山岩储集空间特征与成因、火山岩储层形成与演化等方面所取得的研究成果。全书内容丰富翔实，学术观点新颖，具有基础理论研究、地质实验技术与火山岩油气藏勘探实践相结合的特点。

　　本书可供从事石油地质、油气田勘探与开发、岩矿鉴定与储层评价等领域的科研、生产、教学工作者以及高校学生阅读参考。

图书在版编目（CIP）数据

松辽盆地北部火山岩储层特征及成岩演化规律／冯子辉等著．—北京：科学出版社，2015.5
　（火山岩油气藏的形成机制与分布规律研究丛书）
　ISBN 978-7-03-044212-3

　Ⅰ．①松… Ⅱ．①冯… Ⅲ．①松辽盆地–火山岩–储集层特征–研究②松辽盆地–火山岩–成岩作用–研究 Ⅳ．①P588.14

　中国版本图书馆 CIP 数据核字（2015）第 090718 号

责任编辑：王　运　韩　鹏／责任校对：李　影
责任印制：肖　兴／封面设计：王　浩

科 学 出 版 社 出版
北京东黄城根北街 16 号
邮政编码：100717
http://www.sciencep.com

北京通州皇家印刷厂 印刷
科学出版社发行　各地新华书店经销
*
2015 年 5 月第 一 版　开本：787×1092　1/16
2015 年 5 月第一次印刷　印张：14
字数：330 000
定价：128.00 元
（如有印装质量问题，我社负责调换）

丛 书 序

——开拓油气勘查的新领域

2001 年以来，大庆油田有限责任公司在松辽盆地北部徐家围子凹陷深层火山岩勘探中获得高产工业气流，发现了徐深大气田，由此，打破了火山岩（火成岩）是油气勘探禁区的传统理念，揭开了在火山岩中寻找油气藏的序幕，进而在松辽、渤海湾、准噶尔、三塘湖等盆地火山岩的油气勘探中相继获得重大突破，发现一批火山岩型的油气田，展示出盆地火山岩作为油气新的储集体的巨大潜力。

从全球范围内看，盆地是油气藏的主要聚集地，那里不仅沉积了巨厚的沉积岩，也往往充斥着大量的火山岩，尤其在盆地发育早期（或深层），火山岩在盆地充填物中所占的比例明显增加。相对常规沉积岩而言，火山岩具有物性受埋深影响小的优点，在盆地深层其成储条件通常好于常规沉积岩，因此可以作为盆地深层勘探的重要储集类型。同时，盆地早期发育的火山岩多与快速沉降的烃源岩共生，组成有效的生储盖组合，具备成藏的有利条件。

但是，作为一个新的重要的勘探领域，火山岩油气藏的成藏理论和勘探路线与沉积岩石油地质理论及勘探路线有很大不同，有些还不够成熟，甚至处于启蒙阶段。缺乏理论指导和技术创新是制约火山岩油气勘探开发快速发展的主要瓶颈。为此，2009 年，国家科技部及时设立国家重点基础研究发展计划（973）项目"火山岩油气藏的形成机制与分布规律"，把握住历史机遇，及时凝炼火山岩油气成藏的科学问题，实现理论和技术创新，这对于占领国际火山岩油气地质理论的制高点，实现火山岩油气勘探更广泛的突破，保障国家能源安全具有重要意义。大庆油田作为项目牵头单位，联合中国科学院地质与地球物理研究所、吉林大学、北京大学、中国石油天然气勘探研究院和东北石油大学等单位的专业人员，组成以冯志强、陈树民为代表的强有力的研究团队，历时五年，通过大量的野外地质调查、油田现场生产钻井资料采集和深入的测试、分析、模拟、研究，取得了一批重要的理论成果和创新认识，基本建立了火山岩油气藏成藏理论和与之配套的勘探、评价技术，拓展了火山岩油气田的勘探领域，指明火山岩油气藏的寻找方向，为开拓我国油气勘探新领域和新途径做出了重要贡献：

一是针对火山岩油气富集区的地质背景和控制因素科学问题，提出了岛弧盆地和裂谷盆地是形成火山岩油气藏的有利地质环境，明确了寻找火山岩油气藏的盆地类型；二是针对火山岩储层展布规律和成储机制的科学问题，提出了不同类型、不同时代的火山岩均有可能形成局部优质和大面积分布的致密有效储层的新认识，大大拓展了火山岩油气富集空间和发育规模，对进一步挖掘火山岩勘探潜力有重要指导意义；三是针对火山岩油气藏地球物理响应的科学问题，开展了系统的地震岩石物理规律研究，形成了火山岩重磁宏观预测、火山岩油气藏目标地震识别、火山岩油气藏测井评价和火山岩储层微观评价 4 个技术系列，有效地指导了产业部门的勘探生产实践，发现了一批油气田和远景区。

"火山岩油气藏的形成机制与分布规律"项目，是国内第一家由基层企业牵头的国家重大基础研究项目，通过各参加单位的共同努力，不仅取得一批创新性的理论和技术成果，还建立了一支以企业牵头，"产、学、研、用"相结合的创新团队，在国际火山岩油气领域形成先行优势。这种研究模式对于今后我国重大基础研究项目组织实施具有重要借鉴意义。

《火山岩油气藏的形成机制与分布规律研究丛书》的出版，系统反映了该项目的研究成果，对火山岩油气成藏理论和勘探方法进行了系统的阐述，对推动我国以火山活动为主线的油气地质理论和实践的发展，乃至能源领域的科技创新均具有重要的指导意义。

2015 年 4 月

前　言

松辽盆地是中国东部大型中新生代陆相含油气盆地，北东向长 700km，宽 350km，面积约 26 万 km²。处于欧亚板块东部，属于克拉通内复合型盆地。沉积岩厚 3000～7000m，最厚超过 10000m。主要地层为第四系、古近系和新近系、白垩系和侏罗系。松辽盆地深层下白垩统储层岩石类型主要有致密砂（砾）岩、火山岩和基岩风化壳（花岗岩、变质岩），其中致密砂（砾）岩和火山岩是最重要的储层。火山岩发育在白垩系早期营城组和侏罗系晚期火石岭组，露头揭示火山岩地层厚度可达 2000m 左右，分布受基底断裂的控制。徐家围子断陷位于松辽盆地北部大庆长垣以东地区，面积约 5300km²，是松辽盆地深层天然气和深源无机 CO_2 气藏主要勘探地区。目前该区深层钻井有 160 多口，已有数十口井获工业气流或气显示，多口井火山岩无阻产能都超过了百万方，展示了火山岩储层良好的天然气勘探前景。该地区深层烃源岩（沙河子组）广泛分布，厚度 500～900m，成熟度高（R^o 大于 2%），有机碳含量较高，盆地模拟计算生气量十分可观。该区形成天然气的地质条件优越，是地层超覆圈闭和火山岩岩性圈闭的集中发育区，其中大面积火山岩岩性气藏是近期重点勘探目标。

勘探实践表明，储集层是影响油气聚集和分布的决定性因素之一。松辽盆地具有高地温场特征，成岩作用强，孔隙保存条件差，因此，储层问题成为了制约深层天然气勘探获得突破的主要问题之一。几年来，大庆油田有限责任公司与国内各大学的专家学者开展联合攻关，实验室配套分析技术与测井、试气等资料和储层宏观研究成果相结合，系统开展了火山岩储层岩石学特征、储集空间类型与影响因素、火山岩岩相、成岩演化、储层成因模式等方面的研究，初步形成了火山岩储层微观评价技术系列。对提高松辽盆地优质火山岩储层分布地带的预测准确率、推进大庆油田天然气勘探开发实践提供科学依据和理论支持，同时对丰富和完善火山岩储层地质理论也具有重要的理论意义。

本书由大庆油田勘探开发研究院冯子辉、王成、邵红梅确定编写提纲，由冯子辉、王成、邵红梅、洪淑新统稿和定稿，由中国地质大学（北京）赵海玲教授审稿。全书共分七章，各章的主要编写人：第一章，冯子辉、邵红梅；第二章，冯子辉、王成；第三章，洪淑新、邵红梅；第四章，邵红梅；第五章，王成；第六章，邵红梅、王国臣；第七章，冯子辉、洪淑新。此外，大庆油田勘探开发研究院地质试验室张安达、高波、王彦凯、李玲玲、卢曦、谭文丽、裴昌蓉、潘会芳、焦玉国、王殿滨等人做了大量基础工作，在编写过程中同时得到了西北大学罗静兰教授、吉林大学王璞珺教授以及大庆油田勘探开发研究院领导和科技人员的关心指导及大力支持，在此表示诚挚的感谢。

鉴于作者水平有限，书中难免有疏漏和不足之处，恳请读者批评指正。

目　　录

第一章　火山岩储层研究进展

第一节　国内外火山岩储层研究现状

近几年，随着国际油气价格的不断攀高，人们对火山岩油气藏的勘探和开发越来越重视。火山岩作为特殊类型的储层，对油气的形成和聚集均起到十分重要的作用，因此，火山岩储层的研究也显得日益重要，受到了人们的广泛关注（董冬等，1988；余芳权，1990；张子枢、吴邦辉，1994；罗静兰等，1996；杨瑞麟、刘明高，1996；闫春德等，1996；赵澄林，1996；赵澄林等，1997；赵海玲等，1998；邵红梅等，2001，2006；王成等，2003，2004a、b，2006a、b；赵海玲等，2004），成为国际石油公司勘探的热点之一。20世纪80年代以前，在研究和认识生油层特征的同时，也开展了储层特征的研究。当时研究重点是储层岩石学特征、成岩作用及低渗透储层，储层微观研究获得了较快发展。进入90年代，随着储层评价检测技术的发展和储层地球化学等新学科的建立，次生孔隙的研究进入了一个新阶段。近几年储层研究有了新的发展，首先是与油气勘探开发的需要结合得更紧密，在应用新技术、新方法对储层微观特征进行深入研究的同时，更注重与储层宏观分布规律相结合，把岩石学与储层物性、孔隙结构研究相结合，把储层性能与储层分布预测及勘探有利地区预测相结合，从理论与方法和实际应用上向着更新更广的方向发展。其次是储层描述和预测趋于向多技术的综合评价方向发展。在技术上，力求地质、地震、测井的一体化研究。在地质研究思路上，提出了动力储层学的概念，把成岩物质与盆地动力学特征相结合，开展储层控制因素、孔隙发育规律和钻前地质定量预测研究，既大大丰富了储层地质学的研究内容，又更客观地认识了储层的特征。总的看来，目前人们对砂岩、碳酸盐岩等常规储层的研究已比较深入，并形成比较完善的储层评价方法，但对于非常规储层（致密储层、砾岩储层、火山岩储层和变质岩储层等）的研究相对滞后。研究表明火山岩作为一种特殊储层，其储层非均质性强，横向变化大，因此储层分布规模预测难度大，国内外还没有成熟的方法。目前火山岩储层研究主要强调岩石类型和岩相，对火山岩储层的微观研究主要集中于岩石类型和孔隙类型、孔隙成因（蒙启安等，2002；陈庆春等，2003；刘万洙等，2003；王璞珺等，2003a、b；侯英姿，2003；刘为付，2004；刘为付等，2004；吴磊等，2005）及火山岩储层分类。但对火山岩储层孔隙演化过程、储层演化对储层的影响、微孔隙的作用、有利储层预测及孔隙定量化的研究较少。ГНИДЕЦ等（1991）通过对平原克里米亚凝灰岩进行研究发现，天然气和凝析油产量高与火山岩储层裂隙–孔隙及裂隙有关。火山岩的埋藏深度一般超过4500m，其储集空间的形成受火山岩形成条件及次生变化的控制，火山岩埋藏深度对其物性影响要明显低于砂岩。

一、国外火山岩储层研究现状

通过 DAKS（全球大油气田类比决策专家知识库系统）类比，检索出 8 个火山岩油气藏（表1-1），分布于 6 个国家，分别为巴西、中国、格鲁吉亚、印度尼西亚、日本、美国；5 种盆地类型，包括上覆于早期裂谷系统上盆地、无断块作用的深埋地堑斜坡带、以断块作用为主的盆地、大盆地型、陆壳或过渡壳上的与 B 型俯冲带有关的弧后盆地，其中以后者居多。时代为新近纪、古近纪、白垩纪，多属于古近纪。除日本的 Niigata 盆地 Minaminagaoka 气田外，均产油。储层深度从 500m 到 4000m 均有分布，多分布于 1500～2000m 和 2500～3000m。构造体系（A 型—F 型）和圈闭类型多样。储层类型均属裂缝型。孔隙类型主要有裂缝、晶间孔、微缝、微孔和晶洞。除微孔外，均对孔隙度有同等贡献。孔隙度范围为 2%～18%，渗透率范围为 0.1～10mD[①]。孔隙度和深度没有相关关系。

表1-1　世界裂缝型火山岩油气田储层参数对比（数据来源于 DAKS 系统）

项目	巴西	美国		印度尼西亚	日本		格鲁吉亚	中国
盆地	Campos	Defiance Uplift	Great	Java Northwest	Niigata		Kartli	渤海
油田	Badejo	Dineh-Bi-Keyah	Eagle Springs	Jatibarang	Minaminagaoka	Mitsuke	Samgori	枣园
储层单元	Cabiunasab	—	Garrett Ranch	Jatibarang	Nanatani		—	风化店
时代	早白垩世	古近纪	古近纪	古近纪	新近纪		古近纪	中生代
油气类型	中-重油	轻质油	油	轻质油	凝析气	油、气	轻质油、气	轻质油
盆地类型	被动大陆边缘裂谷	断块	裂谷	弧后	弧后		断块	弧后
圈闭类型	沉积-成岩	地层	构造	倾斜断块	断块，潜山		逆冲背斜	潜山
埋深/m	2920	1097	290	1840	3800～5000	1500～2000	1750	3000
储层总厚度/m	75	9～53	309	>1124	380～1000		250	50～250
主要岩石类型	裂缝玄武岩	裂缝正长岩	裂缝熔结凝灰岩	凝灰岩	流纹岩	英安岩；英安质凝灰角砾岩	凝灰岩	安山岩
孔隙类型	裂缝、气孔	晶间孔、气孔、裂缝	洞、裂缝	晶间孔、裂缝	晶间孔、气孔、裂缝		微孔和晶间孔	裂缝，原生/次生粒间/内孔
孔隙度/%	10～15	5～17	13.5	2；16～25	15～20		10	1.4～12.7
渗透率/mD	1000	0.01～25	10	—	0.1～10		0.1	3.59

---

① 1mD = 10^{-3} μm²

上述 8 个油气田的储层参数对比结果见表 1-1，储层基本特征分述如下：

巴西 Campos 盆地 Badejo 海上油田，盆地类型属于被动大陆边缘裂谷型储层，形成于早白垩世。主要为裂缝型储层，由于裂谷期降温和构造应力的综合影响形成。含油高度超过 150～185m。主要岩石类型为裂缝玄武岩。主要的储集空间类型为裂缝、气孔。平均孔隙度 10%～15%，平均渗透率 1000mD。

美国 Eagle Springs 油田，储层类型为裂缝型火山岩储层。从渐新世火山岩中产油已经产了 40 多年，盆地类型为裂谷盆地，圈闭类型为构造圈闭。主要岩石类型为熔结凝灰岩。储层埋深 1097m。主要的储集空间类型为裂缝、洞。平均孔隙度 13.5%，平均渗透率 10mD。最终可采储量超过 6 百万桶，目前累积产量 4.08 百万桶。

印度尼西亚 NW Java 盆地 Jatibarang 油田，主要岩石类型是长英质凝灰岩。基质孔隙度 2%，裂缝空间达到 16%～25%，储集空间的形成部分是由于热液演化、风化和裂缝。构造背景属弧后盆地，储层埋深 1840m。储层地质年代为古近纪，平均储层厚度 355m。裂缝成因为拉张型断裂和褶皱，主要孔隙类型为晶间孔和裂缝。

格鲁吉亚 Kartli 盆地最大油田 Samgori 油田，到 1990 年共产油 1.66 亿桶，储层岩石是始新世凝灰岩，这些火山岩沉积在欧亚板块南部边缘岛弧背景上，主要与中新世到上新世晚阿尔卑斯造山运动有关，以产油为主。圈闭类型为逆冲背斜。油的分布主要受裂缝控制。主要岩石类型为凝灰岩，平均储层厚度 250m。主要孔隙类型有微孔和晶间孔，平均孔隙度 10%，平均渗透率 0.1mD。

日本 Niigata 盆地位于 Honshu 岛西北海岸的弧后盆地，是日本最重要的含油气盆地，含有 12 个以上的油田。其中 Minaminagaoka 油田为火山岩储层。产层顶部深度 1500～3800m，储层总厚度 380～1000m。气和凝析油位于源自早中新世至中新世深层的流纹岩和英安岩火山岩中。碱性、中性和酸性的火山岩在海底环境下沉积。

Minaminagaoka 油田 Nanatani 地层火山岩储层主要由流纹岩、火山玻璃碎块和凝灰岩构成，也含一些安山岩和玄武质火山岩。孔隙类型有热液蚀变形成的孔洞，次生矿物间的微孔隙和裂缝。火山岩储层受热液蚀变作用，对孔隙影响具有双重性，一方面沿自生矿物晶体间形成几十个微米大小的微孔；一方面因含较高自生黏土类（如绢云母）而堵塞孔隙。裂缝成因为海底冷凝和构造应力。

孔隙度和渗透率在 Minaminagaoka 油田分别为 15%～20%、0.1～10mD；流纹岩熔岩流形成了火山岩复合体；原生及次生孔隙（洞）成为主要的孔隙，其微裂隙主要起渗透作用。而在 MITSUKE 气田，在熔岩穹隆中心，大型原生孔洞和裂隙成为有效孔隙。发育大型孔洞和裂缝甚至不能进行试验的岩心，推测其渗透率更高。对储集层有利的岩石为枕状角砾岩和熔岩。因此预测好储层和高产能带的发育方向，研究火山岩岩相是必要的。

与大庆气田地质背景相类比，类似勘探深度 2000～3000m 的为巴西海上油田和中国渤海湾，但盆地类型不相同。在火山岩储层岩石类型上，与我们的认识相同，即各种岩石类型都可成为储层。除其强调的裂缝储层类型外，我们在孔隙类型的划分上更为细致。孔隙度和深度没有相关关系。

另外，通过网络及期刊检索，主要在 AAPG 和 SPE 上检索出英文文献 16 篇，其中相关性较强的 5 篇（Tomohisa and Kozo，2000；Ukai et al.，1972；Abbaszadeh and Corbett，2001；Yuan and Ran，2006；Dutton and Hamlin，1991）的对比分析总结见表 1-2。火山岩油气田主要为中国辽河盆地兴隆台油田和山东胜利油田，日本的油气田。

表 1-2　典型火山岩油气田对比（数据来源于 KID 系统）

序号	题目	发表时间	作者	K	I	D
1	应用岩石学方法建立非均质火山岩储层的地质模型	SPE 2000	Tomohisa Kawamoto	原生火山岩体识别和确定次生变化来构建储层地质模型	斜长石类型划分火山岩体模式图	斜长石折射率数据
2	兴隆台潜山变质岩和火山岩储层质量的控制	AAPG 2005	Jinglan Luo，Sadoon Morad	储层主控因素为埋藏热演化成岩作用	火山喷发旋回柱状图；岩相图；TAS；显微照片；埋藏热演化成岩史；深埋中的溶解和近地表淋滤改善了渗透性	薄片；测井；岩心分析
3	中国裂缝型火山岩储层综合模型研究	SPE 2001	Maghsood Abbaszadeh Chip Corbett	动力流模拟和储层预测模型；随机裂缝网络模型	岩石类型资料、岩石物性、裂缝分析。胜利油田裂缝型火山岩储层由裂缝玄武岩、凝灰岩和侵入成因的裂缝辉绿岩组成。平面上基质孔渗均很低；天然裂缝是流体主要渗流通道	529 线 3D 地震数据；13 口井岩石物理分析；FMI 裂缝测井；PVT 样品分析；岩心分析；基质毛管压力；产能数据
4	深层裂缝型火山岩气藏储层描述	2006，Beijing	Qiquan Ran，Shiyi Yuan	储层评价地质模型	岩石类型岩相划分；喷发阶段划分和地层对比；裂缝识别与评价；火山岩体识别和储层预测；双孔介质火山岩测井解释；气水层辨别	岩心分析；常量化学元素分析；测井、地震资料
5	火山岩储层压力解释岩相分析模型	SPE 2005	T. Yamada，Y. Okano	火山岩体内部网络形成归因于压力下降，气泡溢出	表层淬火和冷凝收缩产生裂缝系统；近地表岩体的角砾化使岩石碎裂	薄片鉴定；测井；岩心分析

　　综观世界上不同国家的火成岩油气藏发育状况，它们具有分布广但规模较小、初始产量高但递减快、储集类型多样和成藏条件复杂等特点。国外火山岩油气藏储集层时代新，从已发现的火山岩储集层时代统计，在新近系、古近系、白垩系发现的火山岩油气藏数量多，在侏罗系及以前地层中发现的火山岩油气藏较少。勘探深度一般从几百米到 2000m 左右，深于 3000m 的较少。

　　在技术手段上大同小异，即综合应用地震、测井、薄片鉴定、岩心物理分析、化学元素分析、基质毛管压力和产能数据。国外地质学家一方面对火山岩储层的研究一般从火山岩岩相入手，研究火山岩的孔隙类型及其分布，进而揭示火山岩油气藏的控制因素，积累了一定的经验，如国外较著名的美国亚利桑那州正长岩油气藏、格鲁吉亚凝灰岩油气藏、印度尼西亚安山岩油气藏、日本流纹岩油气藏等；另一方面对储层特征研究更加侧重微观领域，例如日本南长冈气田依据六类斜长石将流纹岩储层分成六个段。但在火山岩储层形成所经历的各种地质作用和对储层演化控制因素分析、储层预测方面相关报道较为少见。目前全球火山岩油气藏探明油气储量仅占总探明油气储量的1%左右。地质学中火山岩的研究历史很长，但火山岩油气藏研究还处于起步阶段。

二、国内火山岩储层研究现状

我国的火山岩储层研究有约50年的历史，主要分布在侏罗系—古近系地层中，如渤海湾盆地、松辽盆地、二连盆地、准噶尔盆地、塔里木盆地、四川盆地等11个盆地。

近十余年来火山岩油气藏在我国各大盆地内不断被发现，在渤海湾盆地、准噶尔盆地和松辽盆地火山岩油气藏的勘探与研究方面均有突破，显示了我国火山岩油气藏油气勘探和开发的巨大潜力，火山岩油气藏的勘探和开发已成为油气储量增长的一个突破点。目前，我国已建成一大批具有一定规模、一定储量和产量的以火山岩储层为主的油气田。

现选取古生代和中新生代的具有代表性的火山岩研究情况进行论述。

1. 辽河油田火山岩储层特征研究

辽河断陷火山岩普遍分布于中生界和新生界（古近系房身泡组、沙河街组和东营组）（魏喜等，2004）。对火山岩储层特征的研究主要有以下几个方面。

1）岩石类型岩相特征

辽河油田欧利坨子地区的中生界火山岩为安山质，新生界除古近系沙河街组三段发现粗面质外，均为玄武质火山岩。主要的岩石类型为粗面岩、玄武岩、角砾岩、熔结凝灰岩和凝灰岩（崔勇等，2000；蔡国钢等，2000；魏喜等，2001，2004；高山林等，2001；张洪等，2002；郭克园等，2002；马志宏，2003；张兴华，2003）。

辽河油田黄沙坨地区火山岩熔岩类可见粗面岩、粗安岩、玄武岩、玄武安山岩等；火山碎屑岩类，可见火山角砾岩、凝灰岩等。其中，粗面岩为本区的含油气储层（马志宏，2003）。

辽河油田牛心坨地区火山熔岩主要为流纹岩、安山岩和粗安岩，其中流纹岩为油气的主要储层，火山碎屑岩主要为火山角砾岩和凝灰岩（幕德梁，2007）。

张兴华（2003）将欧利坨地区火山岩岩相分为爆发相、溢流相、侵出相和火山岩沉积相。不同相带具有不同的火山岩组合，如火山口周围多富集火山集块岩和火山角砾岩，潜火山岩一般较熔岩结晶程度高，熔岩内带较外带结晶程度高，且靠近边缘带气孔往往较发育等（魏喜等，2004）。

2）储集空间特征

欧利坨子地区火山岩的储集空间主要是砾间孔、气孔、构造-溶蚀孔缝和晶间微孔等（蔡国钢等，2000；魏喜等，2001；高山林等，2001；张洪等，2002；崔勇等，2000；郭克园等，2002；马志宏，2003），其最有利的储集空间组合为：砾间孔+溶孔+裂缝（魏喜等，2001）。蔡国钢等（2000）通过对该区粗面岩的储集空间类型研究，将其划分为裂缝、溶孔（洞）、气孔、斑晶裂纹和晶间孔等5种类型。

黄沙坨地区火山岩的储集空间主要为原生的气孔、晶间孔、杏仁体内孔、冷凝收缩缝、收缩节理和砾间裂缝等，次生的斑晶溶蚀孔、基质溶蚀孔、构造裂缝和风化裂缝等类型（马志宏，2003）。

牛心坨地区火山岩原生储集空间不发育，而主要发育次生储集空间，如构造裂缝、长石溶蚀孔、晶（粒）间溶孔及碳酸型的溶蚀（幕德梁，2007）。

3）储集空间演化特征

在埋藏成岩方面，致密的熔岩、潜火山岩和凝灰岩主要发生蚀变和脱玻化作用，产生一定微孔。火山角砾岩和气孔熔岩除发生蚀变和脱玻化作用外，普遍发生溶蚀作用，形成晶屑或斑晶溶孔、基质溶孔。这些孔隙的形成大大地改善了火山岩储层的储集条件。同时，溶蚀作用是一个孔隙再分配的过程，这种再分配改善了储层介质的渗流条件（魏喜等，2004）。

对火山岩油气储集层，除进行元素化学成分和岩石成因演化等基础地质研究外，储层成因类型、储集空间特征和形成演化研究对正确评价储层的储集性能至关重要。不同成因类型的火山岩储集性能具有明显的差异，主要表现在以下几个方面：

（1）原始特征方面，所有火山岩均具有晶间微孔和微缝，但粗粒的火山碎屑岩具有一定的原始砾间孔隙，气孔熔岩具有一定的气孔。这些孔隙不仅可以直接作为储集空间，而且为后期储层改造奠定了基础。

（2）在埋藏成岩方面，致密的熔岩、潜火山岩和凝灰岩主要发生蚀变和脱玻化作用，产生一定微孔。火山角砾岩和气孔熔岩除发生蚀变和脱玻化作用外，普遍发生溶蚀作用，形成晶屑或斑晶溶孔、基质溶孔。这些孔隙的形成大大地改善了火山岩储层的储集和渗流条件。

2. 胜利油田火山岩储层特征研究

1）岩石类型岩相特征

济阳盆地内火山岩类的时代为晚侏罗世—早白垩世，以早白垩世为主。火山岩类分为石英拉斑玄武岩、橄榄拉斑玄武岩和碱性橄榄玄武岩3类（赫英等，2001）。

东营凹陷火山岩储层主要为玄武岩，依据在测井曲线上的表现将玄武岩分为致密玄武岩和气孔玄武岩（毛振强、陈凤莲，2005）。

惠民凹陷临商地区火山岩储层主要为火山碎屑岩和火山碎屑沉积岩两大类，火山碎屑岩包括火山角砾岩、火山凝灰岩及熔结角砾岩等；火山碎屑沉积岩主要有凝灰质细砂岩，凝灰质粉砂岩及凝灰质泥岩（王金友等，2003）。

商河地区沙一段火山岩由多期水下火山喷发作用形成，岩石类型主要有火山角砾岩、凝灰岩、沉积火山碎屑岩和火山碎屑沉积岩类（王静等，2008）。

根据火山活动环境、火山作用机理、产出状态和形态等因素，惠民凹陷临商地区火山岩岩相主要划分为爆发塌落亚相与水下火山碎屑流 2 个相带（王金友等，2003）。

根据火山岩的岩石类型、结构、构造等特征及其在纵横向上的变化，结合地震、测井、岩心等资料，商河地区沙一段火山岩相划分为：火山通道亚相、近火山口亚相、远火山口亚相和火山沉积亚相（王静等，2008）。

2）储集空间特征

毛振强和陈凤莲（2005）将东营凹陷高青油田火山岩储层的储集空间划分为孔隙和裂缝，其中孔隙以气孔、长石晶内溶孔为主，裂缝则主要是玄武岩发育的柱状节理与晚期构造缝。

惠民凹陷临商地区火山岩储集空间按其成因分为原生的气孔、粒间孔和次生的溶蚀孔、构造缝和成岩收缩缝等（王金友等，2003）。

商河地区沙一段火成岩储集空间类型多样，主要有原生的残余气孔、角砾间孔和次生溶孔、构造裂缝和收缩裂缝等，其中沙一段爆发相的火山角砾岩以原生的残余气孔、角砾间孔为主（王静等，2008）。

3. 塔河油田火山岩储层特征研究

1）岩石类型岩相特征

塔里木盆地塔河地区火山岩主要形成于二叠纪，岩石类型主要有 5 类，分别为熔岩类、火山碎屑熔岩类、火山碎屑岩类、沉积火山碎屑岩类和火山碎屑沉积岩类，其中以熔岩类为主，其次为火山碎屑岩（杨金龙等，2004；罗静兰等，2006）。

该区火山岩相可划分出 3 个相带，即火山爆发相、火山溢流相和火山沉积相（罗静兰等，2006）。

2）储集空间特征

杨金龙等（2004）将塔河地区火山岩的储集空间划分为两大类 11 亚类，为原生孔隙（包括气孔、砾间孔缝、晶间孔缝、冷凝收缩缝和晶内孔缝）和次生孔隙（包括粒（砾）间（内）溶孔、斑晶内溶孔、基质（或填隙物）内溶孔、溶蚀缝、构造缝和风化缝）。

4. 克拉玛依油田火山岩储层特征研究

1）岩石类型岩相特征

克拉玛依油田石炭系火山岩储层岩石类型以安山岩、玄武岩、凝灰岩和火山角砾岩为主（徐春华等，2007）。

2）储集空间特征

克拉玛依油田火山岩储层孔隙类型主要为裂缝和基质溶孔，储层模式主要为裂缝直接连通裂缝型、裂缝间接连通的孔隙-裂缝型（徐春华等，2007）。

克拉玛依油田克 92 井区火山岩储集空间可分为原生和次生两大类，其中原生孔隙主要为气孔、冷凝收缩缝、节理缝、晶间孔和粒内孔；次生孔隙主要为构造缝、溶蚀缝和溶孔。储集空间类型主要为孔隙型、裂缝型、孔隙-裂缝型（王兆峰等，2007）。

第二节 松辽盆地深层火山岩储层研究进展

松辽盆地北部徐家围子地区深层火山岩是松辽盆地最具有代表性的深层火山岩。该区近几年在勘探和开发进程中，已积累了大量的天然气储层资料，并基本掌握了天然气储层的国内外研究现状。王成等（2004a）、邵红梅等（2006）对研究区开展了储层基本特征和演化方面的探讨。依据国际地质科学联合会火山岩分类学分委会推荐的火山岩分类图——TAS 图解（Le Maitre et al.，1989），将松辽盆地火山岩详细划分为熔岩、火山碎屑岩、火山-沉积碎屑岩 3 大类 11 亚类 30 余种。通过铸体薄片研究表明，松辽盆地火山岩储集空间按结构可划分为原生气孔、杏仁体内孔、球粒间孔、斑晶溶蚀孔、基质内溶孔、构造裂缝、收缩缝、炸裂缝和溶蚀裂缝等 11 种（王成等，2004a）。裂缝和原生气孔及杏仁体内孔、晶粒间孔和溶孔构成了火山岩储层储集空间的主体。王璞珺等（2003a）针对松辽盆地火山岩提出了详细的火山岩相划分，并不断得到完善，近年在大庆油田勘探开发中的实际应用证明，该火山岩相划分方案较好地解决了钻井火山岩相划分和储层识别问题。

王成等（2004a）建立了松辽盆地火山岩天然气储层分类标准，并确定了有效孔隙度勘探下限。2005 年对该标准进行了修改，目前仍在沿用。

目前该区可供研究的探井较多，取心资料丰富，分析资料比较齐全，具有较好的工作基础。本院实验室现有的仪器设备基本满足研究需要，如激光共聚焦、万能研究级显微镜、冷热台、图像分析、扫描电镜、X 衍射仪、电子探针、X 荧光光谱仪等，为研究岩石类型、孔隙类型、孔隙成因和成岩作用及新方法的建立等提供了仪器保障。

第三节 火山岩储层研究技术发展趋势

一、火山岩储层研究技术发展方向

近十余年来火山岩油气藏在我国获得迅速发展，已建成一大批具有一定规模、一定储量和产量的以火山岩储层为主的油气田。火山岩储层的研究方法和技术手段已成为目前火山岩勘探的一个重要内容。

火山岩储层研究，在其岩石分类与命名方面研究程度较高，并逐步形成了公认的分类与命名方法，但在成岩作用与次生矿物组合研究、火山岩次生孔隙研究、储集性控制因素研究、储层分类与评价技术等方面，目前都还处于探索阶段。

1. 火山岩成岩作用与次生矿物组合研究技术与方法

次生矿物组合是在一定沉积和成岩环境下经历了一定成岩演化阶段的产物，包括岩石颗粒、胶结物、组构和孔洞缝特征及其演化的综合面貌。次生矿物组合的研究已成为低孔渗砂岩当前勘探阶段的研究重点。但对于火山岩储层成岩作用的研究还处于起步阶段。

邱隆伟（2000）在研究欧利坨子地区沙三下亚段火山岩时，把火山岩在埋藏过程中发生的物理及化学变化纳入成岩作用范畴的前提下，着重研究了成岩作用特征、演化及储集空间的演化。认为在不同沉积时期古地温梯度值不同，成岩作用阶段所对应的深度也随之而改变，厚层火山岩从沙一段末期至今主要处于早成岩 B 期，而下部火山岩则从东营组沉积期以后一直处于晚成岩阶段。

总体上，目前国内外关于次生矿物组合的研究尚处于初始探索阶段。国内外一些学者采用不同方案进行了次生矿物组合类型的划分，直接反映了成岩作用的特征，并开始利用次生矿物组合进行储层识别和评价，但多以定性为主。

2. 火山岩储层次生孔隙研究技术与方法

关于火山岩的孔隙类型尤其是火山岩储层次生孔隙前人已做了大量的研究。火山岩储层孔隙成因的主要研究内容包括：准确识别并定量评价不同类型岩石中各种主要的孔隙类型以及不同类型岩石中主要孔隙组合，识别并建立孔隙形成演化顺序，确定孔隙发育规律，建立孔隙演化模式。我们将一些主要地区的研究成果陈述如下。

邱隆伟（2000）研究欧利坨子地区地温梯度和成岩作用对次生孔隙的影响。厚层火山岩中储集空间以裂缝-原生孔隙或裂缝-混合孔隙为主，储集空间总体保存较差，在有机质的作用下，局部可保存较好；下部火山岩则以裂缝-次生孔隙为主，由于溶蚀作用，储集空间得以改善，因而在研究区较深埋藏条件下的火山岩中仍具有较好的成藏条件。

刘成林等（2008）在大量岩心描述的基础上，结合室内岩石薄片鉴定、铸体薄片孔隙特征分析及显微照相，对松辽盆地深层火山岩储层成岩序列与孔隙演化进行了研究，认为其岩石类型主要为玄武岩、安山岩、流纹岩、凝灰岩、火山角砾岩等；其储集空间类型为原生孔隙、原生裂缝、次生孔隙、次生裂缝 4 种。其中，次生孔隙有晶屑溶孔、岩屑溶孔、火山角砾溶孔、晶模孔、基质溶孔、断层角砾间孔、球粒间孔、填隙矿物溶孔等 8 种。

田海芹等（2000）对昌乐-临朐地区的火山岩孔隙系统进行了研究和分类。昌乐-临朐地处山东省中部，位于郯庐断裂带的沂沐断裂段。该地区分布着两百余座大大小小的火山，形成于中新世、上新世和更新世。通过对该区的地质背景、火山岩的分布、火山岩相及其裂缝和孔隙发育特征的详细研究，识别出四种主要的孔隙系统：①火山通道相（火山颈相），连通宏观半充填柱状层状孔隙系统；②火山熔岩相或溢流相，复合型（连通-半连通及宏观-微观、全充填-半充填-未充填）网状孔隙系统；③火山爆发相，复合型孔缝孔隙系统；④火山喷发沉积相，沉积孔隙型孔隙系统。并初步建立了各个孔隙系统的定量模式。

岑芳等（2005）发现准噶尔盆地石西油田石炭系火山岩孔隙性特征与相同埋藏深

度的碎屑岩、碳酸盐岩比较，其孔隙度偏高；与较浅火山岩比较，孔隙度也稍偏高。研究表明，石西油田石炭系深埋藏火山岩储集层高孔隙度的发育，主要受岩石类型和成岩后生作用的影响，成岩后生作用是决定性的因素。其中气体膨胀作用和溶蚀作用对火山岩孔隙度的影响最为显著。不同的岩石类型对石西石炭系火山岩储集层孔隙的形成有一定的影响，其中又以火山碎屑岩和中-中酸性火山岩的孔隙度较高。同时，还指出火山岩孔隙的形成和保存与埋藏深度的关系不大，无明显的线性关系。

3. 火山岩储层控制因素研究方法

火山岩储层控制因素研究是火山岩储层技术研究的重要方面，前人从不同方面做了大量的研究。

修安鹏等（2011）从火山岩岩石类型、岩相特征、储集空间类型等方面研究了英台地区火山岩储层特征，分析了火山岩储层物性的影响因素。研究表明：区内火山岩储层主要为流纹岩与凝灰岩，岩相主要为溢流相和爆发相，孔隙类型主要为孔缝组合，储集空间为气孔、溶蚀孔、裂缝等；储层物性影响因素主要有火山岩的岩石类型、相带、埋深以及构造作用。

吴磊等（2005）对松辽盆地杏山地区深部火山岩的研究表明，常规测井解释的裂缝孔隙度、产状以及预测结果与成像和取心结果符合较好；近火山口有利岩相带中，风化淋滤溶蚀作用和构造裂缝是营城组火山岩储层形成有利储集空间的主要控制因素。

侯英姿（2003）通过运用火山岩岩石薄片、铸体薄片、扫描电镜以及压汞分析等多种分析测试手段，系统地研究了杏山-莺山地区火山岩的储集空间类型及其特征，认为研究区储集空间主要由宏观缝洞系统和基块孔缝系统共同组成，其控制因素主要考虑三个方面：火山喷发作用、构造运动作用以及成岩-表生作用。

马志宏（2004）在对热河台-黄沙坨地区沙三段火山岩油藏分布现状进行分析的基础上，论述了沙三段火山岩成藏的控制因素，主要包括：良好的烃源条件、正向构造的形成期与生排烃期的有机匹配、主干断层活动、粗面岩体的发育和分布，以及裂缝的发育5个方面。

姜雪等（2009）着重研究了松辽盆地南部长岭断陷火山岩岩石类型岩相特征对储层的控制作用。通过对火山岩的岩心观察、薄片鉴定、测井资料、二维、三维地震资料的综合分析，提出长岭断陷火山岩主要发育于火石岭组和营城组，以火山熔岩和火山碎屑岩为主；发育爆发相、溢流相、火山通道相、侵出相和火山沉积相5种火山岩相及11种亚相，其中以爆发相和溢流相为主；长岭断陷深层火山岩主要沿深大断裂呈带状分布，裂隙式和中心式喷发兼有，在垂向上表现为多期次喷发序列的叠置；营城组发育3个火山喷发旋回。统计显示溢流相上部和下部亚相的流纹岩和爆发相热碎屑流亚相的凝灰岩的气孔、溶孔和裂缝发育，储集物性最好。

4. 火山岩储层分类与评价技术

火山岩储层的分类与评价标准正在日趋完善。

吴磊等（2005）利用测井约束地震反演预测的3种火山岩体参数（火山岩厚度、

上覆盖层厚度和构造曲率）进行叠合，可以较好地预测火山岩优质储层的空间分布特征。结合有利相带、储集空间类型以及储层物性特征，提出了研究区火山岩储层的综合分类评价标准。将营城组火山岩储层划分为 3 类，预测出 8 个有利储层发育区。

二、火山岩储集空间定量分析技术

火山岩储层的特殊性决定了其储集空间的特殊性，如孔隙大小不一、孔隙之间的连通性差等。火山熔岩内的气孔可以达到厘米级，基质内的微孔则为纳米级。因此，定量研究火山岩储集空间目前仍具有一定的难度。

1. 厘米–毫米级气孔分析

对于直径达到几毫米以上的气孔，采用直径 2.5cm 的铸体薄片法研究具有明显的缺陷，即观测视域较小，定量分析结果代表性差。对于该类储层，目前应用高分辨岩心扫描图像分析技术进行定量化研究。即应用定量化图像分析处理软件，对岩心扫描图像进行孔隙和基质部分的区分，并对孔隙部分的面孔率、孔隙直径大小等进行定量统计。

2. 毫米–微米级孔隙分析

对于大小为几毫米到几微米的孔隙，通常采用铸体薄片方法进行定量研究。铸体薄片是将有色液态胶体在加压下注入具有孔、洞、缝的岩石样品，待液态胶体固化后制成的薄片。在铸体薄片中的孔、洞、缝被有色胶充填，故在显微镜下对孔、洞、缝极易辨认和研究。应用图像分析专业软件，可以定量统计不同类型孔隙的数量，研究孔隙结构和微裂缝类型及其成因，经数据处理计算出各类孔隙的百分比、总面孔率、孔隙直径大小及孔隙结构其他参数，绘制孔隙分布累计曲线和直方图等。铸体薄片图像分析技术是目前最常用和最重要的储层孔隙类型研究手段之一。偏光显微镜的放大倍率一般从几十倍到 600 倍，可以定量分析孔隙直径为 $10\mu m$ 左右的孔隙。应用激光共聚焦显微镜，对孔隙的分辨率甚至可以达到 $1\sim2\mu m$，同时，还可以实现对孔隙结构的三维重建。

3. 微米–纳米级孔隙分析

对于大小为几微米到十几纳米的微孔隙研究，应用常规显微镜无法实现。目前采用场发射扫描电子显微镜进行观察效果较好。场发射扫描电子显微镜的理论放大倍数可以达到数十万倍，对于地质样品，在放大倍数接近 10 万倍时，孔隙结构特征仍然比较清晰。应用图像处理软件对电镜采集的照片进行孔隙统计，可以实现对微孔隙特征及数量的定量化。目前应用该方法研究一个尚未解决的问题是，在高倍电子显微镜下所采集的照片在实际地质样品中视域极小，因此需要随机采集大量的照片才能达到统计结果比较接近样品的实际情况，目前通过人工难以实现。在实际工作中，照片的采集需要具有较强的目的性，如果仅限于研究微孔隙的大小分布情况，照片采集主要应集中在孔隙比较发育的部位，如果需要统计微孔隙数量（面孔率），就需要兼顾局部孔隙发育与不发育的部位，从而使统计结果更能反映样品的实际情况。

第二章　区域地质概况

松辽盆地北部深层有利勘探区面积 28860km²，主要勘探领域为徐家围子断陷、古中央隆起带、双城断陷、古龙断陷和林甸断陷。勘探层位主要为深层的白垩系下统泉头组一、二段，登娄库组，营城组，沙河子组，火石岭组及盆地基底。其中，徐家围子断陷勘探程度相对较高，其他断陷勘探程度均较低。

第一节　深层地层分布及层序

松辽盆地深部地层由下至上依次发育有石炭系、二叠系变质岩基底，白垩系下统火石岭组、沙河子组、营城组、登娄库组、泉头组一、二段地层（表 2-1）。钻井揭示盆地基底岩石类型为泥板岩、千枚岩等变质岩和花岗岩等侵入岩。火石岭组-营城组为断陷期地层。在断陷内，火石岭组地层分布局限，以中性火山岩为主，局部地区发育沉积岩。沙河子组较发育，岩石类型为暗色泥岩夹煤层和杂色砂砾岩等。营城组与上覆拗陷期沉积的登娄库组地层呈不整合接触，大部分地区岩石类型以酸性火山岩为主，常见类型有流纹岩、紫红色、灰白色凝灰岩；在徐家围子断陷北部安达地区及中部丰乐地区局部以中基性火山岩为主，常见类型有安山岩、安山玄武岩；营城组上部分布一套灰黑、紫褐色砂泥岩，绿灰、灰白色砂砾岩。登一段地层岩石类型为粗砂岩、杂色砂砾岩。登二段地层以灰色泥岩为主，为本区较好的区域盖层。登三、四段为河流-湖泊相的砂泥岩互层沉积。沙河子组为本区主要的烃源层，营城组和登娄库组是本区主要的储集层发育段。泉一、二段地层以滨浅湖相的暗紫色泥岩为主，夹泥质粉砂岩、粉砂岩，分布稳定，为本区另一区域盖层。

表 2-1　松辽盆地储集层与含油气组合表

地层			段	储层厚度 /m	油气层	油气组合	储层岩石类型及 孔隙类型
系	统	组					
第四系 Q				0~50			
新近系 N	泰康组　N_2t						
	大安组　N_1d			0~70			
古近系 E	依安组　$E_{2-3}y$						

地层			段	储层厚度/m	油气层	油气组合	储层岩石类型及孔隙类型
系	统	组					
白垩系 K	上白垩统 K₂	明水组 K_2m	m_2	0~120		浅部含油气组合	砂岩、砾岩;原生孔隙
			m_1				
		四方台组 K_2s		0~140			
		嫩江组 K_2n	n_5	0~180	黑帝庙	上部含油气组合	砂岩;原生孔隙
			n_4				
			n_3	0~70			
			n_2	0~60			
			n_1	0~100	萨尔图	中部含油气组合	砂岩,局部为湖相碳酸盐岩和泥岩裂缝;砂岩以原生孔隙为主,其次为缩小粒间孔和次生孔隙,湖相碳酸盐岩以次生孔为主
		姚家组 K_2y	y_{2+3}	0~50			
			y_1	0~40	葡萄花		
		青山口组 K_2qn	qn_{2+3}	0~240	高台子		
			qn_1	0~30			
	下白垩统 K₁	泉头组 K_1q	q_4	0~30	扶余	下部含油气组合	砂岩;原生孔隙、缩小粒间孔和次生孔隙
			q_3	0~120	杨大城子		
			q_2	0~100		深部含油气组合	火山岩、砂岩、砾岩;火山岩为原生气孔、裂缝和风化淋滤形成的次生孔;砂岩主要为缩小粒间孔,有利储层孔隙为次生孔隙,其次为缩小粒间孔和正常粒间孔;砾岩为裂缝和砾间砂质内孔隙
			q_1	0~120	农安		
		登娄库组 K_1d	d_4	0~100			
			d_3	0~160	昌德		
			d_2	0~140			
			d_1	0~50			
		营城组 K_1yc	yc	0~400	兴城		
		沙河子组 K_1sh	sh	0~360			
		火石岭组 K_1hs	hs				
石炭系—二叠系 C—P					肇州		基岩风化壳;裂缝为主

第二节　研究区深层构造特征

深层构造特征主要受控于两期构造运动,即早期热隆起张裂沉降和晚期热冷却沉降。断陷层序以分隔断陷为主,断陷晚期联合形成北北东向断陷带。断陷层主体构造格架是断陷期形成的,并经历了断陷末期构造运动和盆地拗陷与反转作用的改造。构造演化具有继承性和差异性,断陷或断陷区沿袭基底构造薄弱带发育;拗陷层序沉积、分布和界面起伏一定程度继承断陷(区)、断隆区的发育,拗陷早期继承断陷(区)

发育部位形成拗陷中心。盆地萎缩期的构造变形并未改变断陷盆地的总体构造面貌。基岩顶面埋藏深的地区断陷期沉积厚度也大，上部地层也为负向构造。徐家围子地区深层构造整体呈现断隆相间的构造格局，由北向南由三个拗陷、两个隆起组成。三个拗陷分别是安达、杏山和肇州拗陷，两个隆起分别是宋站和丰乐隆起（图2-1）。目前三个拗陷均具有发现。

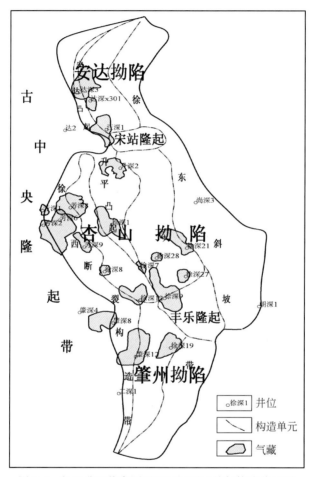

图 2-1　松辽盆地徐家围子地区深层天然气构造分区图

第三节　烃　源　岩

从目前的勘探成果看，深层以有机烃源气为主，兼有深源无机气，资源丰富。深层存在着两类天然气，一类是以甲烷等烃类气体为主的天然气，具有高甲烷，低重烃，碳同位素较重和非烃气含量较低的特点，甲烷含量一般81.76% ~ 96.14%，重烃含量0.674% ~ 4.586%，甲烷碳同位素-19.08‰ ~ -36.72‰，一般为-25‰ ~ -33‰。另一类 CO_2 含量较高，一般可达10%以上，芳深9井最高为93.1%，烃类气体相对较低，为无机成因。

松辽盆地深层天然气主要为煤型气及油型裂解气和煤型气的混合气，并且有少量无机烃类的混入。深层在区域上存在两套主要烃源岩，一是断陷期火石岭组、沙河子组、营城组暗色泥岩和煤系地层，二是拗陷期登二段暗色泥岩地层，以断陷期沙河子组为主要烃源岩。最新研究成果认为，基底石炭-二叠系烃源岩的二次生烃对深层天然气资源有一定的贡献。

徐家围子断陷期烃源岩主要有火一段、沙河子组、营二段等三套烃源岩，包括湖相泥岩和煤层，有机碳含量比较高，有机质类型以Ⅲ型为主，Ⅱ型干酪根也较发育，均已达高成熟-过成熟。徐深1井于火一段揭示暗色泥岩110.5m，煤层37.5m，泥质岩有机碳平均值0.77%，煤岩样品的有机碳范围4.97%~28.76%，平均值11%。计算火石岭组泥岩生气强度为$8.17 \times 10^8 \, m^3/km^2$，煤岩$97.78 \times 10^8 \, m^3/km^2$，泥质岩生气强度略小于沙河子组，但煤和泥总生气强度是沙河子组的2倍。因此虽然目前预测火一段仅分布于徐家围子断陷中部，但生烃潜力不容忽视。沙河子组湖相泥岩分布遍及整个断陷，厚度一般大于400m，厚度最大部位在徐家围子-杏山、肇州和宋站南部等三个地区，受北西向控陷断层控制，最厚达1000m以上。泥质岩有机碳值大多超过1.0%，是深层泥质烃源岩中最高的，煤层有机碳平均29%。营二段仅分布于榆树林西及宋站地区的向斜内，最厚达1200m，向东、西两侧上超到营一段顶面和宋西控陷断层上，预测烃源岩最大厚度可达600m。拗陷期的登娄库组二段也发育一定量的暗色泥岩，但生烃潜力相对较差。

最新资源评价结果，徐家围子断陷区天然气资源丰富，资源量达到$6772 \times 10^8 \, m^3$。需要强调的是，这一结果不包括煤的生气量，煤层生气能力一般是暗色泥岩的数倍，但目前对煤层分布的预测缺乏有效的技术手段。考虑煤的生气量，徐家围子断陷资源量将更大。

第四节 储集层类型

勘探已证实，松辽盆地深层在泉一二段、登娄库组、营城组、沙河子组、火石岭组及基底存在致密砂岩、砂砾岩、火山岩和基岩风化壳等多种类型储层。

1. 火山岩储层

火山岩储层岩石类型多样（邵红梅等，2001，2006；王成等，2003，2004a，2006a；刘启等，2005；曲延明等，2006）。从成分看，从中基性的玄武岩、安山岩到酸性的流纹岩均见产气层。升平以南地区的徐深1井以流纹质凝灰角砾岩、熔结凝灰岩和集块岩为主；汪家屯东升深101井、宋深2井为中性安山岩、安山玄武岩，宋深1井既有安山岩储层，也有流纹岩储层；昌德东地区火山岩储层以酸性喷发岩为主；肇州东肇深6井取心见流纹岩储层；安达地区以玄武岩为主。

前期研究认为火山岩储层存在原生孔隙、次生孔隙和裂缝等类型的储集空间（邵红梅等，2001，2006；王成等，2003，2004a，2006a、b；刘成林等，2008），进一步可划分为7种亚类，主要有宏观气孔、缩小原生气孔、斑晶溶蚀孔隙、基质内微孔隙、基质内溶蚀孔隙、构造裂隙（溶蚀构造裂缝、充填构造缝）、火山角砾岩基质收缩缝。裂缝一般占总孔隙度的一少部分，裂缝起到连通各种孔隙的作用。最近研究表明，基质内微孔对于连通气孔具有重要作用（冯子辉等，2009）。钻井取心在火山岩储层中常见气孔构造和裂缝，成像测井也显示火山岩储层孔洞和裂缝是比较发育的。

全直径岩心分析表明，火山岩储层孔隙度、渗透率变化较大，孔隙度4%~20%，水平渗透率0.1~122mD，垂直渗透率0.01~44.4mD，多数储层属低孔低渗储层。需要说明的是，全直径岩心取样部位多为非工业气层，裂缝不发育的部位，实际产层孔渗物性条件要好于该分析结果。由于裂缝发育，一些火山岩储层自然产能可达工业气流。

火山岩储层物性条件主要与喷发相带和后期改造有关，一般溢流相熔岩的顶底，爆发相火山角砾岩等物性条件较好。储集能力与产层埋深关系不是很大，这样可以在埋藏较深的部位仍可找到较好的火山岩储层。

火山岩体平面上分布主要与深大断裂的发育有关，火山机构一般沿着深大断裂发育。在纵向（层段）上看主要发育在营城组和火石岭组，以营城组分布最广，沙河子组也有少量分布。火山岩是徐家围子断陷主要储层。

2. 砂砾岩储层

砂砾岩储层泛指含砾砂岩、砂质砾岩和砾岩等粗碎屑岩储层，主要发育于登一段、营城组、沙河子组。多为近物源、快速堆积的产物，其中登一段为砾质辫状河沉积，营城组、沙河子组多为冲积扇、扇三角洲沉积、辫状三角洲沉积。

徐家围子断陷营城组四段到登娄库早期沉积时期，受盆地古构造格局和火山岩原始古地貌影响，以辫状河和辫状三角洲前缘沉积为主，在徐家围子断陷内部形成了大面积分布的砾岩，砾岩残余厚度最大290m，最小40m，一般在100~250m，断陷中部厚度大，边部薄。砾石从毫米级到厘米级，以厘米级为主，最大可达10cm左右。砾石磨圆较好，并常含有泥质和砂级颗粒。营城组四段砾岩砾石成分以中-酸性火成岩为主，约占砾石数量的90%，沉积岩和变质岩砾石约占10%。砾岩中的填隙物由杂基和胶结物两部分组成，杂基主要由泥及砂级碎屑物质组成。胶结物以方解石、浊沸石和石英（次生加大）为主。

砂砾岩储层一般无宏观的孔洞和裂缝。砂砾岩与砂岩储集空间类型相似，主要有正常粒间孔隙，粒间扩大溶蚀孔隙，胶结物内溶蚀孔隙、粒内溶蚀孔隙、裂缝孔隙、成岩收缩缝、缩小的线状粒间孔隙、黏土矿物晶间微孔等。孔隙均以各类微孔为主，通过粒间窄缝和少量裂缝相互连通。兴城地区砾岩储层以砾间裂缝、砾内裂缝和砾间（粒间）缩小孔为主。储层物性变化较快，局部物性较好。

全直径岩心分析，砂砾岩孔隙度一般2.0%~7.0%，水平渗透率0.1~5.87mD，垂直渗透率一般0.07~1.63mD，大多为致密低孔低渗储层，一般自然产能很难达到工业气流，必须进行大型压裂改造。与砂岩储层类似，砂砾岩储层物性随埋深增加而变差，但由于砾石的支撑作用，降低了砾石之间砂质充填物的压实程度，这样随着埋深增加，孔隙度降低的速率相对于砂岩就比较缓慢，在达到一定埋深以后，砂砾岩的孔隙度要优于砂岩。砂砾岩储层的另一个特点是微裂缝比砂岩发育,在相同孔隙度条件下,渗透率要比砂岩大,这样在较低孔隙度条件下,仍然可达到较高的产能。由于以上两个方面的原因,砂砾岩储层工业产能下限深度要比砂岩大。

营城组四段砂砾岩和登娄库组早期的砂砾岩储层在空间上连续分布,具有较有利的储集条件,成为徐家围子断陷重要的勘探目的层。

3. 砂岩储层

主要发育于登三、四段和泉一、二段,孔隙度一般5%~13%,渗透率0.01~10mD,砂岩储层孔隙以粒间孔和胶结物溶孔为主(王成等,2007,2004a、b)。因此,其物性条件与原始沉积环境和后期埋藏压实与成岩作用有关,一般在靠近物源区、粒度粗、砂层厚、物性条件好,而随埋藏深度加大,孔隙度迅速降低。砂岩储层有利储集地区主要是埋藏较浅,靠近物源的地区,主要发育于北部的安达-任民镇地区、古中央隆起区两侧和东南部的双城-太平庄到三站、五站地区。

4. 基岩风化壳储层

已找到基岩风化壳储层有花岗岩和变质岩两大类,其中变质岩包括千枚岩和动力变质岩两种。目前已在肇深1井花岗岩储层、汪902井动力变质岩储层获工业气流,昌102井千枚岩和昌401井花岗岩储层获低产气流。

基岩储层以裂缝或孔隙-裂缝为主要储集空间,根据储层形成条件,有利储集岩石类型以花岗岩为主,长期遭受风化剥蚀的古隆起区或断裂发育、构造形变大的地区往往储层较发育,目前勘探效果较好的地区主要是古中央隆起带。

第五节 盖 层

松辽盆地深层登二段和泉一、二段泥岩最发育,是天然气两个主要的封盖层位。登娄库组沉积时期盆地处于断陷向拗陷转化的过渡时期,主要为弱补偿条件下的扇三角洲-湖泊相沉积,岩性细。泥岩累积厚度为100~700m,高值区由断陷中心向四周泥岩累积厚度逐渐减小。

泉一、二段沉积时期,盆地正趋于统一的拗陷,主要为滨浅湖相沉积,泥岩明显较登娄库组发育。泉一段泥岩厚度为50~400m,高值区位于古龙及肇源地区,其值最高达400m以上。泥地比值一般均大于50%,高值区沿中央拗陷区呈带状展布。泉二段泥岩累积厚度全区在50~300m变化,具有和泉一段相同的分布趋势,泥地比值为30~90%,高值区多分布于凹陷的中心处。

登娄库组泥岩盖层排替压力在4.0~10.0MPa变化,泉一、二段排替压力在5~8MPa。松辽盆地深层两套泥岩盖层具有泥岩累积厚度大,泥地比值高的特点,均具较强的毛细管封闭能力,是相对较好的盖层。

由于深层地层埋深大、成岩作用强以及火山岩相带的变化,深层登娄库组、断陷期其他层段地层在局部也可能具有较好的封闭作用,成为较好的局部盖层,对天然气的保存起重要的作用。

第六节　松辽盆地北部深层天然气分布规律

松辽盆地北部深层天然气在区域构造的控制下，受区域盖层、砂体分布及断裂的影响，在基岩凸起、火石岭组、沙河子组、营城组、登娄库组和泉头组一、二段几套地层聚集成藏，具有以下分布规律：

（1）生烃断陷控制天然气分布区。深层天然气分布主要受到生烃断陷的控制，烃源岩分布控制天然气的平面分布。

（2）断陷边部隆起及斜坡带是油气运聚的有利地区。在断陷西部隆起带已发现昌德、昌德东、肇州西、汪家屯、汪家屯东、升平等气藏，东部斜坡带在肇深5井、朝深2井等都发现气层。一般在隆起区多形成基岩凸起或与构造有关的气藏，斜坡区多形成岩性气藏。

（3）伸入断陷中心的鼻状隆起具有得天独厚的油气聚集条件。伸入断陷中心的鼻状隆起具有距气源区近，又有利于油气聚集的特点，具有得天独厚的油气聚集条件，成为油气最富集区，徐家围子中部兴城鼻状隆起就是一个最好的例子，同样，南部肇州–丰乐鼻状隆起为有利的油气聚集区。

（4）构造控制油气的运聚，岩石类型是形成圈闭的重要条件。从油气运聚条件分析，大的区域性隆起是油气运聚的指向区，同一区带内构造高部位天然气最富集，但岩石类型对天然气圈闭保存起重要的作用。目前发现的火山岩气藏为岩性–构造复合气藏，隆起区的构造圈闭气藏也不是纯构造因素控制，往往是构造与岩性复合气藏。

（5）断层是深层油气纵向运聚的通道。断层一方面是深层油气运移的通道，使断陷期烃源岩形成的油气沿断层、不整合等运移至营城组、登娄库组等较浅层位形成气藏，同时断层又能起遮挡作用形成圈闭，如汪家屯登娄库组气藏。断层既可改善深层储层储集条件，有利于油气成藏，同时也对深层气藏破坏有一定的作用，汪家屯、三站、五站地区深层气藏受断层的破坏，使部分已聚集的天然气运移至扶杨油层形成气藏。

第三章　火山岩岩石学特征

第一节　火山岩鉴定技术

一、实验室岩石矿物常规鉴定技术

长期以来，实验室用于岩石鉴定的主要仪器为偏光显微镜、电子显微镜和 X 衍射分析仪，岩石命名主要依据薄片偏光显微镜鉴定，电子显微镜和 X 衍射分析仪主要用于砂岩中黏土矿物的产状和含量分析，原有的岩石矿物鉴定技术是在常规砂岩储层研究中发展起来的，但是随着油田勘探的不断深入，不仅局限于常规砂岩的鉴定，出现了基性至酸性火山岩及其过渡岩性、火山碎屑岩及其与熔岩和沉积岩的过渡岩性、极低级变质岩等越来越复杂的岩性问题亟待解决，显然仅仅依靠薄片偏光显微镜鉴定是无法解决上述问题的，为此在应用现有分析测试技术的同时，利用现有设备大力挖掘各仪器的潜力，建立新技术新方法，开发出适用于复杂岩石类型的岩石鉴定配套技术。下面简单介绍一下原有分析技术的应用现状和不足之处。

1. 偏光显微镜检测技术现状

用偏光显微镜来观察地质样品，在地质学研究中已有很长的历史。偏光显微镜检测技术是储集层评价的基础，是一套比较成熟的检测技术，对地质学家来说，偏光显微镜在鉴定岩石类型、矿物组合、结构和构造、共生顺序等方面是一种基本的工具，在这方面还找不出更好的技术来代替。若要对矿物进行精确鉴定、对样品作详细的化学研究或其他分析测试时，显微镜也是必须经过的研究阶段。只有在薄片研究的基础上，才能正确地提出进一步需要做其他微观分析测试的项目和具体要求，即其他微观岩矿分析测试是对薄片研究结果的补充和修正。因此薄片研究是该系列的基础，也是其他分析项目不能代替的。

其缺点是除常见造岩矿物外，不能依据光学性质对矿物准确鉴定，一是因为无法测定矿物化学成分，二是由于分辨率（0.01mm）的限制无法识别微细矿物、未结晶矿物或者光学性质相似的矿物。火山岩中常出现结晶程度差或未结晶的矿物，或是处于过渡类型，尤其是岩石常常含有玻璃质，或含有颗粒太细的组分，以及含有呈强烈分带的结晶；对于极低级变质反应敏感的泥质岩石，其矿物更是极其细小的，常常呈泥粒级大小（< 0.01mm），完全依靠薄片鉴定得出全面的鉴定结果是不可能的，因此薄片研究必须以其他矿物鉴定方法为补充。

2. 扫描电子显微镜技术现状

电子显微镜技术是 20 世纪 60 年代发展起来的一门新兴技术，电子显微镜的问世，使人们对微观世界的认识又进入了一个更微观、更丰富多彩的领域，对事物的现象和本质获得了前所未有的新认识。主要应用于岩石的扫描电镜形貌观察，方法是将小块样品镀金膜，主要用于观察砂岩孔隙空间自生矿物的形貌、产状等，确定储层中自生矿物产状、黏土矿物产状、黏土矿物晶间微孔隙的面貌和易溶矿物颗粒溶蚀情况。

以往在岩石鉴定方面的应用仅局限于自生矿物的形貌、产状以及微孔隙发育情况的定性观察，缺乏定量研究的开展，另外由于运用的是岩石样品，其观察结果很难与薄片鉴定进行配套分析，因此急需开展能谱定量分析和特殊岩石类型等方面的研究。

3. X 衍射分析技术现状

X 衍射分析仪器在岩石学方面主要用于黏土矿物的研究，虽然黏土矿物经常是极微细颗粒的集合体，但黏土矿物中的大部分还是属于层状硅酸盐结晶质的。由于不同种类黏土矿物的晶面间距不同，产生不同的 X 射线的衍射角度和强度，从而根据已知矿物的谱图数据对比计算，测定分析样品中不同黏土矿物的含量。应用 X 射线衍射技术可以对砂岩中小于 $5\mu m$ 的微粒部分矿物的组成进行定量分析，从而确定黏土矿物在砂岩中的含量即绝对含量和黏土矿物各组分的相对数量即相对量。

以往在岩石鉴定方面的应用仅局限于碎屑岩中黏土矿物相对量和绝对量的分析，即使是粉末法的全岩检测也相对应用较少，并且其观察结果很难与薄片鉴定进行配套分析，因此还有待进一步开展薄片 X 射线衍射和结晶度方面的研究。

通过对当前各检测项目的优缺点分析，可知每一种鉴定方法都有一定的缺陷。对于岩石的命名，除需鉴定出矿物种类，还需要鉴定其结构构造、矿物共生组合，分析其化学成分特征等。因此方法的选择是关键，掌握某种技术最适宜的用途，之间的相互配合、补充，恰当的结合才能达到最佳效率，快速、准确地解决实际问题。

根据实验室的仪器设备条件，针对火山岩及相关过渡岩类的鉴定越来越成为勘探中急需解决的实际问题，分析各仪器的性能和联合应用，以建立符合勘探开发需要的鉴定技术和配套方法。

二、岩石矿物鉴定新技术研究

岩石学研究是地质学研究领域中最为基础和重要的工作，以往实验室最常用的方法是用偏光显微镜来观察岩石薄片，给出岩石显微镜下的特征描述和定名。但是目前面对松辽盆地深层和海拉尔盆地出现的复杂岩石类型和疑难矿物，单一的薄片显微镜鉴定岩石矿物的手段不能满足科研生产的要求，为此，开展了薄片 X 衍射、薄片能谱和薄片显微红外以及扫描电镜鉴别火山尘 4 项岩矿鉴定新技术的研究，以期解决显微镜无法准确分辨细小矿物和疑难矿物的问题，这是对薄片显微镜鉴定的重要补充，其优点是，基于显微镜观察基础上的、直接对薄片上的矿物进行位置定点和成分定量的鉴定。由原来的光学鉴定发展到微束分析，总的特点是：分析的微区小，$0.2 \sim 0.1\mu m$；灵敏度高，$0.01\% \sim 0.05\%$；实际感量高，$6 \sim 10g$；分析的元素广，$Be4 \sim U92$；分析范围广，点–线–面成分分析；应用范围广，形貌–成分–结构分析。

（一）薄片 X 衍射鉴定技术

岩石薄片（标准厚度为 0.03mm）在偏光显微镜下的鉴定，是根据结晶矿物晶体光学的基本原理，不同的矿物在单偏光，正交偏光和锥光镜的光学特征不同，鉴定出矿物岩石名称。但是对于其他分析手段而言，偏光显微镜分辨率的限制（一般放大倍数为数百倍），对体积细小，同种属光学性质相似矿物鉴定起来有难度，如白云石、方解石等碳酸盐矿物。另外对矿物含量的计算，主要基于目测观察，受人为因素影响比较大，容易产生误差。为了解决上述问题，开发了普通薄片的 X 衍射鉴定技术。

1. 原理

普通薄片的 X 衍射鉴定技术，主要是基于 X 射线在薄片上扫描时，薄片中的矿物因其晶体结构的不同，会产生不同的衍射图谱。通过软件将图谱处理后，和标准矿物数据进行比较就可以准确地鉴定岩石矿物，再利用全岩检测的方法，就可以进行含量计算。

该方法原理上和全岩鉴定相同，但是样品的状态是不同的。全岩鉴定采用的是粉末压片的方法，均一性和重复性比较好，但不是岩石的原始状态。而薄片衍射采用的是岩石薄片，检测的是岩石的原始状态，容易与显微镜配合鉴定。但是由于样品太薄，产生的方向性和透射性等因素，检测结果比较敏感，对检测技术的要求比较高。

2. 技术要点与难点

1）薄片的选择

薄片的表面应该新鲜，无污染，不能有太多的胶，过量的胶会改变 X 衍射的基线，掩盖部分矿物的特征峰，影响鉴定。普通薄片应该去掉盖薄片，由于岩石薄片的标准厚度为 0.03mm，所以在去掉盖片的时候要小心不要损坏。另外碳酸盐薄片的鉴定，最好先不要染色。

2）样品的放置

首先要保证样品的平面与测角仪圆周相切，考虑到磨片的厚度，采用机械补偿和软件校正，得到了比较好的强度，造成的图谱偏移也在误差范围内。再有，要防止 X 射线的透射样品损失强度，可以在薄片的后面粘上毛玻璃。最后有的薄片样品没有粘在载玻片的中心，对其要进行不同方向的扫描，以免遗漏矿物。通过多次试验寻找出最佳的扫描参数，这样就可以得到满意的图谱。

3）矿物鉴定

疑难矿物的鉴定应该尽可能收集化学成分，晶体结构等有用信息，保证鉴定尽可能的准确。PCPDF 检索软件拥有 1~51 号加上 70~89 号数万种的数据卡片，不但拥有所有的矿物数据，还有有机物、合金、金属等，这也使检测范围得到极大的扩展。

3. 可行性试验

为了检验该技术的可靠性和检测结果的准确度，利用徐深 1 岩石的薄片和粉末样品，进行了对比试验，试验结果如图 3-1 所示。

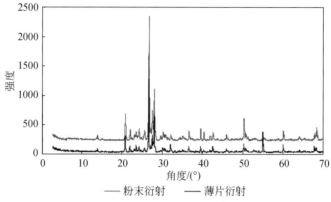

图 3-1　薄片法和粉末法 X 衍射对比谱图

可以看出薄片法衍射图谱的衍射峰强度还是很高的，完全满足矿物和定量计算的要求。薄片法和粉末法图谱上主要矿物是一致的，产生的细微差别是粉末混合和取样位置不绝对相同导致的。在鉴定结果上和薄片法基本上是一致的。因此该技术方法上是成功的，可以和薄片鉴定的结果结合起来进行快速鉴定。

4. 应用实例

1）碳酸盐矿物的快速鉴定和定量检测

科研人员在海拉尔盆地 30 多口探井岩心描述过程中，常遇到极细粒岩石，矿物无法准确鉴定，例如，海拉尔地区的地层中普遍含有泥晶碳酸盐矿物，由于矿物颗粒细小，显微镜下难以确定，常规鉴别的方法是观察岩心与盐酸产生的起泡反应。由于碳酸盐矿物含量有时比较低，肉眼很难观察到，经常造成岩石类型描述错误。

薄片法鉴定碳酸盐矿物需要用茜素红等染色特殊手段来区分。例如，为了准确区分相互混搅的方解石和白云石，在鉴定前，应配合染色剂给岩片局部染色。比较复杂又不是特别准确，需要丰富的经验。

而 X 衍射是通过晶体结构来鉴定矿物，反映的是晶体内部特征，是目前鉴定碳酸盐矿物最准确的方法。应用普通薄片的 X 衍射鉴定技术可以对所有碳酸盐矿物进行准确鉴定和计算含量。

下面举例典型图片说明通过薄片鉴定只能给出碳酸盐矿物大类，由于颗粒细小无法对具体矿物进行命名，那么应用该技术可以进行快速检测得到定性和定量衍射结果（表 3-1、表 3-2）。

表 3-1　薄片 X 衍射全岩定量鉴定结果表

井号	深度/m	矿物含量/%						
		石英	斜长石	钾长石	菱铁矿	方沸石	铁白云石	白云石
贝35	2240.90	40.32	—	—	59.68	—	—	—
德106-203A	1659.42	46.19	10.52	14.41	—	17.75	11.13	—
德106-203A	1659.37	69.58	11.49	10.14	—	—	4.50	4.28
德106-203A	1511.24	53.07	22.04	15.59	—	9.30	—	—

表 3-2　薄片图像与薄片 X 衍射全岩衍射图谱对比

疑难矿物	薄片图片	衍射图谱

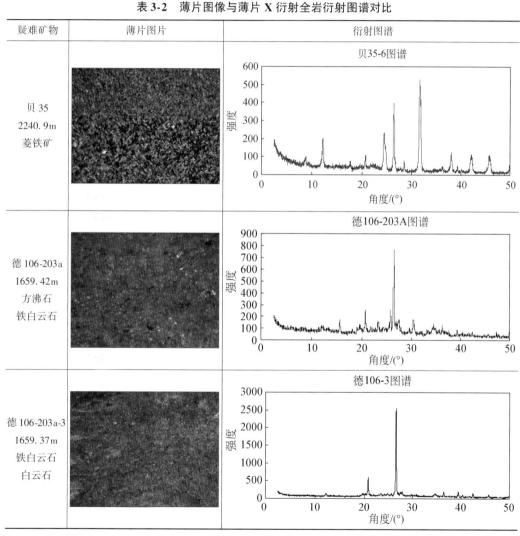

2）疑难矿物鉴定

除了主要造岩矿物外，岩石薄片鉴定中还经常遇到不常见的矿物或显微镜下无法识别的矿物。例如在徐深 1 井的薄片鉴定中，遇到显微镜下无法鉴定的矿物，于是采用薄片 X 衍射法对整个薄片进行了扫描，根据得到的图谱（图 3-2），与薄片结合鉴定出全岩标准矿物以外的比较少见的矿物萤石，因此两项技术的互相配合可以达到准确鉴定的目的。

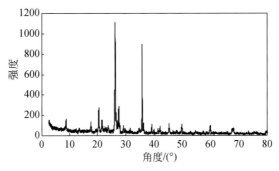

图 3-2　徐深 1 井萤石图谱

在对外围盆地 40 余块薄片鉴定过程中，选择其中 12 块做定点 X 射线扫描，首次测定文石衍射图谱。在 W3 井薄片鉴定中，发现一种矿物呈针状，在镜下为无色，闪突起，珍珠状高级白干涉色，与方解石相同，但形态针状区别于方解石，初步定为文石。经过 X 衍射定性和定量分析，从 X 衍射图谱（图 3-3）上各矿物特征的 2θ 角度，可以确定为文石，由此证实了薄片鉴定结果。

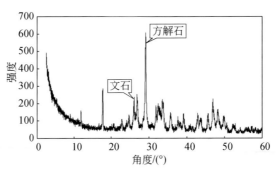

图 3-3　望 3 井文石图谱

5. 应用效果分析

薄片 X 衍射鉴定技术的优点在于，从晶体结构特征上准确鉴定矿物，是薄片显微镜鉴定的重要补充，是目前鉴定碳酸盐矿物、方沸石等全晶质矿物和其他不常见矿物的快速准确的定量方法，成功地区分了碳酸盐矿物中的方解石、铁方解石、白云石、铁白云石、菱铁矿，为恢复沉积环境和后期演化提供重要依据。检测过程中发现海拉尔盆地沉凝灰岩中普遍含有方沸石。方沸石（$NaAlSi_2O_6 \cdot H_2O$）为等轴晶系架状硅酸盐矿物，是火山灰蚀变的产物，是鉴定火山–沉积碎屑岩的标志性矿物。

另外该技术可实现对矿物的定量分析，虽然对矿物的最低含量有一定的要求（如果含量小于 2%，衍射峰将被淹没在背景中而无法识别），相对薄片目测估算，更为客观，准确。该方法检测速度快，包括开机预热的时间在内，可以在拿到样品的 1 个半小时内给出常规岩石矿物的鉴定结果。

其缺点是对薄片的要求比较高，需要不加盖片，表面清洁完整，保证一定的衍射面积。定量检测时要求矿物的含量不少于 5%。要求胶的含量尽量少，才能不影响衍射背景。

（二）光薄片显微红外光谱鉴定技术

早在 20 世纪 60 年代，红外光谱就用来鉴定纯矿物，并得到广泛应用。国际矿物及新矿物命名委员会规定红外光谱数据是矿物的基本数据，由此可见红外光谱技术在矿物鉴定中的重要作用。利用显微–红外光谱技术来鉴定矿物比普通红外更优越，不用分离得到纯矿物，只要做成薄片，十几个微米就可以。这样可以保证从其他微区分析得到的信息与显微–红外分析得到的结构信息的一致性。

1. 样品制备及分析条件

（1）薄片的磨制，薄片厚度要求在 0.03 ~ 0.05mm，不加盖片，使用 502 胶。

（2）将薄片放在丙酮中浸泡 4 小时，以除去其中的 502 胶，并将岩片和载玻片分开。

（3）对于需要鉴定的岩石薄片，首先要在酒精灯下加热去掉盖片，然后用酒精棉擦拭薄片表面，以除去冷杉胶，再移至显微镜下找到要鉴定的未知矿物，用笔圈下来。用酒精和丙酮分别浸泡 4 小时，以便显微–红外光谱分析。

（4）使用 Nicolet 公司 670 型 NEXUS Micro–Ftir 光谱仪对岩片进行分析，分析条件：检测器 MCTA，扫描范围 $4000 \sim 650 cm^{-1}$，扫描次数 128 次，分辨率 $8cm^{-1}$。

2. 显微–红外光谱的基本原理

显微–红外光谱就是利用带有显微镜的傅里叶变换红外光谱仪进行微区样品分析，通过显微镜观察被测样品的外观形态或物理微观结构，并直接测试样品某特定部位的化学结构，得到其红外谱图。本方法采用的分析仪器是美国 Nicolet 公司 670 型 NEXUS Micro-Ftir 光谱仪，Continuum 显微镜的技术参数为：10×目镜、32×物镜和聚光镜，具有同轴（on-axis）光路、Cassegrainian 聚光镜聚焦、双光栏遮蔽、无限超微校正、厚度补偿、灵敏度高，最低可检测到 Pg 级。

3. 实验结果与讨论

1）样品的重复性和精度实验

选取徐深 8 井 3717.11m 岩石薄片样品的同一石英做重复性测定，结果见表 3-3。从表中可以看出相对偏差都小于 1.6%，说明本方法对岩石矿物的测定有很高的测试精度。

表 3-3 岩石矿物显微–红外光谱重复性实验测定结果

井号	次数	红外吸收峰/cm^{-1}								
		1985	1874	1792	1684	1608	1522	1160	795	698
徐深 8	1	13.117	24.784	9.080	5.443	17.852	14.011	497.82	73.184	20.173
	2	13.111	24.689	9.072	5.456	17.687	13.964	495.727	74.567	20.762
相对偏差/%		0.02	0.19	0.04	0.12	0.46	0.17	0.21	0.94	1.44
徐深 8	1	13.062	24.669	9.035	5.413	17.432	14.135	493.717	73.612	20.582
	2	12.977	24.669	9.023	5.411	17.484	14.162	491.272	72.500	21.242
相对偏差/%		0.33	0.00	0.06	0.02	0.16	0.10	0.25	0.76	1.58

2) 建立矿物的红外光谱标准谱图库

与人工合成的物质材料不同，天然产出的矿物的化学组成有一定的变化范围。而不同产地、不同产出环境的同一种矿物的化学组成是绝不会完全相同的，甚至在同一产地、同一产出环境的同一种矿物的化学组成也不一致。虽然已有一些矿物的谱图库公开发表，但有的使用矿物命名不规范，有的谱图质量差，有的甚至有错误的谱图。因此，必须建立自己的矿物谱图库。把买来的标准样品分两种方法分别建库，一种是采用中红外区 4000～400cm^{-1}，溴化钾压片，检测器 DTGS，扫描次数 128 次，分辨率 4cm^{-1}；一种是采用显微–红外光谱 4000～650cm^{-1}，样品制成岩石薄片，先用显微镜观察，目标矿物作上标记，去掉 502 胶后再测其红外光谱，检测器 MCTA，扫描次数 256 次，分辨率 8cm^{-1}；这样做的好处是一块岩石样品可以得到许多标准矿物。

4. 疑难矿物鉴定应用

1) 碳酸盐类矿物的鉴定

首先对碳酸盐类矿物的标样进行测试，建立了各类标样的显微红外光谱谱图，那么就可以对未知矿物进行鉴定。

图 3-4 为白云石的光谱图，特征吸收峰为 3466cm^{-1}、3020cm^{-1}、2897cm^{-1}、2627cm^{-1}、2523cm^{-1}、1822cm^{-1}、1435cm^{-1}、880cm^{-1}、728cm^{-1}。图 3-5 为文石矿物红外光谱图，其特征吸收峰为 2981cm^{-1}、2873cm^{-1}、2512cm^{-1}、1797cm^{-1}、876cm^{-1}、711cm^{-1}。图 3-6 为方解石的光谱图，特征吸收峰为 3467cm^{-1}、2981cm^{-1}、2873cm^{-1}、2512cm^{-1}、1797cm^{-1}、1449cm^{-1}、876cm^{-1}、711cm^{-1}。图 3-7 为菱铁矿的光谱图，特征吸收峰为 3442cm^{-1}、1424cm^{-1}、1034cm^{-1}、866cm^{-1}、738cm^{-1}。

从这些图中，吸收峰结合峰形可以很容易地区分碳酸盐矿物。方解石为 876cm^{-1}、710cm^{-1}；白云石为 880cm^{-1}、728cm^{-1}；文石为 876cm^{-1}、711cm^{-1}；菱铁矿为 866cm^{-1}、738cm^{-1}。方解石和文石的峰形与吸收峰差不多，无法区分，但可利用 876/710 之比来区分，方解石为 1.40，文石为 1.63。

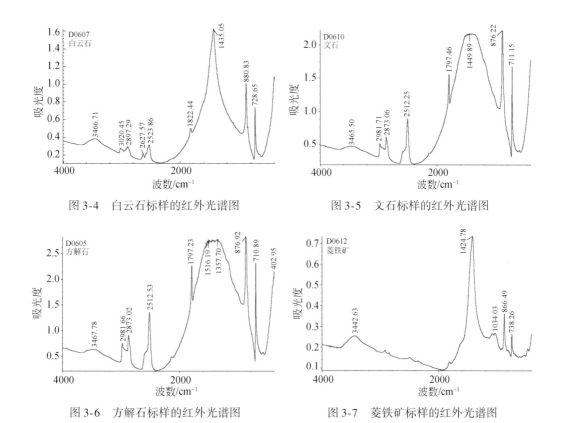

图 3-4　白云石标样的红外光谱图　　　　图 3-5　文石标样的红外光谱图

图 3-6　方解石标样的红外光谱图　　　　图 3-7　菱铁矿标样的红外光谱图

2）重矿物的鉴定

重矿物是指岩石中相对密度大于 2.86 的重质部分。重矿物在沉积岩中的含量很少，一般不超过 1%，但它在沉积相研究、地层划分与对比研究工作中具有较重要的意义。需要进行显微红外鉴定的重矿物，在普通显微镜下观察后，要清洗去掉重液和浸油，然后才能进行红外光谱分析。从样品中分离得到单个重矿物的质量很少，估计在十几毫克左右，这么小的样品量只有在显微–红外显微镜下才能分析。充分体现了微束分析的优势。图 3-8 为贝 59 井南屯组 2302.42m 未知重矿物在显微–红外显微镜下得到的谱图，经红外光谱对比鉴定，确定为透绿泥石。

3）泥晶岩石矿物组分鉴定

对海拉尔盆地泥晶岩石的分析，弥补了薄片对细微矿物鉴定的不足，对 12 口井 60 块样品进行了显微–红外光谱分析测试，分析结果如下：对贝 10 井 1772.93m 分析表明其成分主要为泥晶白云石 90%，泥晶石英 5% 见图 3-9。贝 10 井 1616.7～1773.83m 各层段显微–红外光谱定性结果见表 3-4。

分析结果表明，海拉尔盆地沉积–火山碎屑岩地层中存在泥晶白云岩和泥粉晶菱铁矿岩的薄互层。

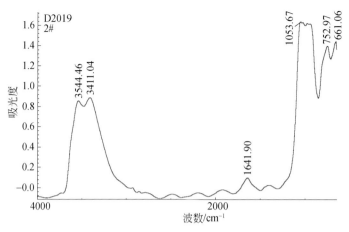

图 3-8　贝 59 井 2302.42m 重矿物中透绿泥石红外谱图

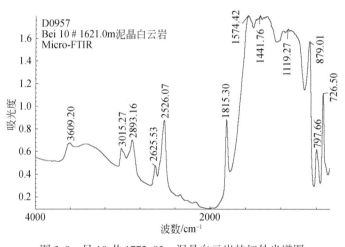

图 3-9　贝 10 井 1772.93m 泥晶白云岩的红外光谱图

表 3-4　海拉尔盆地部分探井显微–红外光谱鉴定结果

检测编号	井号	井深/m	矿物含量
D0994 D0996	贝 10	1773.83	泥晶石英+泥晶白云石 75%，泥晶石英 20%
D0997	贝 10	1772.93	泥晶石英+泥晶白云石 95%
D1000 D1004	贝 10	1769.78	泥晶石英+泥晶白云石 85%，泥晶白云石 7%，方解石 2%
D1005 D1006	贝 10	1768.33	泥晶石英+泥晶白云石 70%，石英+泥晶白云岩 23%
D1009 D1019	贝 10	1767.53	泥晶石英+泥晶菱铁矿 60%，文石 20%，方沸石 10%，方解石 3%
D1021 D1025	贝 10	1767.33	泥晶石英+泥晶白云石 90%，方解石 1%，石英 5%
D1032 D1033	贝 10	1766.63	泥晶石英+泥晶白云石 95%，石英 3%
D1035 D1040	贝 10	1728.42	石英 95%，方解石 1%
D1042 D1047	贝 10	1679.04	泥晶石英+泥晶菱铁矿 54%，石英 30%，方沸石 10%
D1050 D1052	贝 10	1677.24	泥晶石英+泥晶菱铁矿 85%，石英 5%，矿物 3%
D1053 D1056	贝 10	1676.44	泥晶石英+泥晶菱铁矿 88%，石英 5%，方沸石 3%

续表

检测编号	井号	井深/m	矿物含量
D1057 D1061	贝10	1672.84	泥晶石英+泥晶菱铁矿85%，石英14%
D1062 D1066	贝10	1669.54	泥晶石英+泥晶菱铁矿73%，石英20%，方沸石4%
D1068 D1069	贝10	1668.04	泥晶石英+泥晶白云石76%，方解石20%
D1070 D1071	贝10	1628.0	泥晶石英+泥晶菱铁矿90%，石英5%
D1078	贝10	1616.7	泥晶石英+泥晶菱铁矿95%
D1079	贝10	1361.48	泥晶石英+泥晶菱铁矿95%
D1126 D1131	贝10	1676.84	泥晶石英+泥晶白云石90%，蛋白石2%
D1085 D1088	霍3	1521.90	泥晶石英+泥晶菱铁矿75%，方英石10%，石英5%
D1094 D1097	霍3	1496.44	泥晶石英+泥晶菱铁矿60%，方英石15%，石英20%
D1098 D1100	霍3	1025.27	泥晶石英+泥晶菱铁矿83%，高岭石12%
D1114 D1116	D103-226	1850.39	泥晶石英+泥晶白云石85%，方英石5%，方解石3%
D1118 D1120	D103-226	1850.04	泥晶石英+泥晶白云石95%，白云岩1%
D1122 D1123	D103-226	1848.14	泥晶石英+泥晶白云石85%，石英15%
D1132 D1133	贝15	1780.84	泥晶石英+泥晶菱铁矿85%，泥晶石英8%
D1138 D1140	贝13	1517.06	泥晶菱铁矿85%，泥晶石英+菱铁矿3%，石英5%
D1141 D1143	贝13	1515.36	泥晶石英+泥晶菱铁矿80%
D1146 D1148	贝13	1513.26	泥晶石英+泥晶菱铁矿80%
D1150 D1152	乌21	1848.3	泥晶石英+泥晶菱铁矿70%，石英20%
D1153 D1155	乌21	1848.2	泥晶石英+泥晶菱铁矿80%，白云母10%

5. 实验结论

综上所述，显微-红外光谱是岩石薄片鉴定的一种很好的辅助方法。比普通红外更有优点，不用分离得到纯矿物，只要做成薄片，十几个微米就可以。这样可以保证从其他微区分析得到的信息与显微-红外光谱得到的结构信息一样。可以在微区下与岩矿鉴定、扫描电镜很好地结合，对光性特征相近的岩石矿物如碳酸盐类矿物、斜长石类矿物、角闪石类矿物、绿帘石类矿物等，可以很好地鉴定。对未知重矿物也可以很好地分类和鉴定。相信随着与岩矿鉴定和重矿物的充分结合，显微红外光谱会越来越多地鉴定出未知矿物，为研究沉积环境、地层划分对比提供新的技术指标。

（三）扫描电镜能谱仪定量检测技术

1. 应用扫描电镜识别火山尘

火山尘是指粒度小于0.0625mm的火山碎屑，是火山碎屑岩最细的火山碎屑物。它是一种玻屑和晶屑的混合物，常作为较粗的碎屑的填隙物，或者细凝灰岩的主要组成部分。因为粒度细微，即使在高倍显微镜下也不易分辨其形态，尤其是部分遭受黏土矿化后更加难以辨别，因而影响了岩石的准确定名。

应用扫描电镜能谱仪定量检测技术，首先选取较纯的火山尘凝灰岩与泥岩进行对比试验，以确定火山尘在扫描电镜下的特征形态。通过对海拉尔野外露头火山尘凝灰岩和英16井泥岩扫描电镜下特征作对比，发现二者有很大不同，泥岩为均一致密状，基本无自形的颗粒形态；而火山尘则表现出非常丰富的形貌特征，如叠瓦状、弯曲状、棱角状，含有自形微晶、微孔隙等，由此建立了凝灰岩和泥岩对比图版，对海拉尔盆地凝灰岩，尤其是细凝灰岩的准确鉴定和储层研究具有重要意义。

2. X 射线能谱仪定量检测技术

采用扫描电子显微镜（SEM）与 X 射线能谱仪（EDX）进行联机。扫描电子显微镜的电子像是由分解为百万个量级的像元逐点扫描，依次记录而成的，因而可在观察样品表面形貌的同时，经 X 射线能谱仪探头探测的 X 射线，进行快速的成分与元素分析，达到定性及定量分析。

1）工作原理

在扫描电子显微镜用经聚焦的高压电子束轰击样品表面时，产生各种信息。如二次电子、背散射电子、X 射线、阴极发光、透射电子等，经 X 射线能谱仪的 Si（Li）探测器探入 X 射线并对接收的信号进行转换、放大。再经过线性放大器、脉冲处理器、多道分析器的进一步放大和分析，可获得各元素的特征 X 射线的能谱及其强度值，再通过与相应元素的标准样品的 X 射线的对比测定，以及修正计算处理，最终可以获得被测样品的化学组成的定量分析结果。

2）检测分析条件

被测样品表面要作净化处理。样品放入无水乙醇等溶液中，经超声波清洗器中进行清洗，去掉一切外来污染物。对样品表面进行磨平与抛光，对不允许磨光样品，将选择比较平坦的表面备分析。不导电的样品要进行镀碳膜处理，保证与试样座有良好的导电性能。

加速电压的选择应是样品中主要元素特征 X 射线的临界激发电压的 2 ~ 3 倍以上，在定量分析时，各类样品选择不同的加速电压值：

金属和合金样品：25kV；

硫化物矿物样品：20kV；

硅酸盐和氧化物矿物样品：15kV。

计数时间设定应满足分析精度的要求，一般为100s，计数率为2000cps左右。

3）定量分析

根据样品特征，采用合适的测量条件及调入 X 射线能谱定量分析程序，调入或建立检测试样所需的标准样品数据库文件。收集检测样品的定量分析用 X 射线能谱，选用建立标样数据库完全一致的测量条件进行谱的收集，经计算机定量分析应用软件进行修正计算最终得出定量结果。

对平坦的无水分、致密、稳定和导电性良好的样品，定量分析总量偏差<±3%。对于不平坦样品，可用三点分析结果的平均值表示或在总量偏差≤±5%的情况下，如确认没有遗漏元素时，允许使用归一化值作为定量分析结果，偏差>±5%时，只能作半定量分析结果处理。

3. 应用效果

为配合薄片定点鉴定，采用薄片镀碳的方法，而不是岩块镀金法，这样可以直接在薄片上分析疑难矿物，如碳酸盐矿物、全晶质矿物、长石系列、典型晶体形态的矿物等。例如，在海拉尔盆地火山碎屑岩中鉴定出方沸石，在深层火山岩中鉴定出钠铁闪石、氟碳钙铈矿等，为岩石的成因和后期次生变化的鉴定提供了重要依据。

（四）X荧光光谱分析技术

在岩石学研究中，岩石的地球化学特征是地质综合特征研究的一个方面。X射线荧光光谱分析方法（XRF）是目前用于分析岩石样品的主要元素和微量元素最常用的方法。目前无机元素X荧光检测技术，通过建立工作方法，可以检测原子序数大于11的80多种元素，包括常量元素和微量元素，该方法适用性很广，检测浓度范围从100%变化到百万分之几，是一种快速的分析方法，能在相对较短的时间内进行大量的精确分析，具有精密度、准确度和灵敏度均高的综合优势。

松辽盆地北部深层天然气勘探，近年来获得了重大突破，火山岩是重要的储层之一，火山岩的分类和准确命名十分重要，而火山岩的化学成分是火山岩分类和命名的主要依据。该方法比矿物成分的命名方法简单、精确。因为显微镜下的岩石鉴定，主要是根据岩石的光学性质来鉴别矿物，通过矿物组合和特征的岩石结构来命名，那么对于矿物细小、结晶程度差或是处于过渡类型的火山岩来说，难度很大。因此应用X荧光元素分析技术是解决该类问题的有效方法，它是地质研究的基础，因此开展该技术的研究和应用，对勘探具有重要的意义。

1. 建立技术和工作方法

1）仪器的基本原理

本分析方法采用的飞利浦PW2400多道荧光光谱仪。该仪器的基本原理如图3-10所示：由X光管发射的原级X射线入射到样品上，样品中各元素原子的内壳电子被激发逐出原子而引起壳层电子跃迁，并发射出该元素的特征X射线，每一种元素都有其特定波长（或能量）的特征X射线。特征X射线与原级X射线的散射线一起，通过初级准直器，以平行方式投射到晶体表面，按布拉格条件发生衍射，衍射的X射线与晶体散射线一起，通过次级准直器进入探测器，进行光电转换，把不可直接测量的光子转变成为可以测量的电信号脉冲。探测器的输出脉冲经放大器幅度放大和脉冲高度分析器的幅度甄别后，即可通过定标器并进行测量，由计算机进行数据处理，输出分析结果。

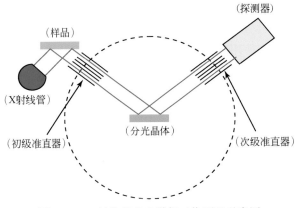

图 3-10　X 射线荧光光谱仪工作原理示意图

2）技术难点分析

该项研究突破了应用 X 射线荧光光谱仪分析岩石化学成分的 4 个技术难点。

（1）汇编应用程序。汇编应用程序包括对每个元素建立通道，设定仪器系统参数，针对不同元素仪器的工作条件不同。晶体、探测器、电压电流选用的不当都会减弱元素特征 X 射线的强度，直接降低或增加元素的浓度。程序应用中，所有的峰强度都必须进行背景校正，每个元素通过探测器的脉冲高度分布必须在 $50\% \pm 5\%$ 范围内。应用程序的编制，是该分析方法的基础。

（2）标准工作曲线的建立。标准工作曲线的建立是样品分析最关键的一步，工作曲线的好坏直接影响测量结果，它要求有一套标准物质，并严格地把每个标准物质在同样的条件下烘干、称量、压片后，进行扫描，因为每一块样品中不是只有一种或两种元素存在，而是几十种元素同时存在，因此不同元素发出的谱线也是相互干扰的，干扰线的扣除以及校正系数的大小选择，必须由具备丰富经验的技术人员操作。图 3-11 是常量元素 Na 和微量元素 Ni 校正后的工作曲线。工作曲线建成后，要检验它的准确性，即检测标准样品，用测得结果与标准物质给出浓度相对比，要求所测每个元素浓度均满足检测标准。对于样品中成分的不同含量，元素分析误差的范围见表 3-5。

（3）样品制备。样品制备技术要求较高，样品研磨需要至 200 目以上（0.076mm），用四分法选取适量的样品在 105℃ 下烘干 24h，除去样品中的水分，用电子天平准确称取样品 3.000g，误差在 ± 0.0005g，黏结剂 0.600g，误差在 ± 0.0005g。把样品和黏结剂混合放入玛瑙研钵中研磨均匀，在 30t 压力下压制成片。样品制备的好坏影响样品分析的准确度，如果颗粒较大产生的粒度效应直接分析结果。压出的片子要求无裂痕，样品和黏结剂混合均匀无白点。样品制备必须严格按照标准样品的制备条件，否则将会带来较大误差。

（4）工作曲线的监测。仪器的各项性能指标发生变化时，如流气、过滤水器的更换等，对工作曲线都要校正，为了保证分析的准确度，我们要求每次样品分析前首先对工作曲线进行漂移校正，即用标准样品对工作曲线进行校正，以更好地提供准确可靠的数据。

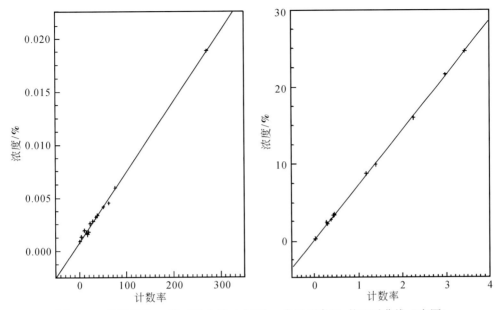

图 3-11　微量元素 Ni 校正后曲线（左图），常量元素 Na 校正后曲线（右图）

表 3-5　元素分析误差范围表　　　　　　　　　　　（单位:%）

元素含量	允许相对误差
>20	3
>10 ~ 20	5
>5 ~ 10	8
>1 ~ 5	10
>0.1 ~ 1	15
>0.01 – 0.1	25
>0.001 ~ 0.01	30
≤0.001	50

2. 可行性实验

　　为了解所测样的准确度，在国家地质实验测试中心（北京）和中国地质大学（北京）做了外检样并将其作为标准值进行对比（图 3-12、表 3-6），分析结果对比数据及误差分析表明该技术所测得的数据是准确的。

　　为了检测测定数据的精确度，选取徐深 6 井 3650.36m 样品分别做单次制样的多次测定和多次制样单次测定检测，检测结果（表 3-7、表 3-8）显示，数据具有较好的重复性。

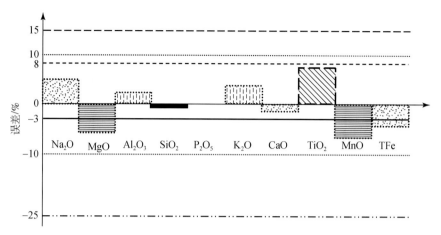

图 3-12 徐深 6 井 3850.36m 样品检测数据误差范围图

表 3-6 分析结果对比数据及误差分析 （单位:%）

项目	Na₂O	MgO	Al₂O₃	SiO₂	P₂O₅	K₂O	CaO	TiO₂	MnO	TFe	LOI	总计
标准值	1.85	0.05	9.5	77.52	0.02	5.9	0.13	0.16	0.03	2.94	1.72	99.82
实际检测值	1.94	0.047	9.7	76.89	0.02	6.1	0.125	0.17	0.028	2.81	1.8	99.63
误差	0.09	−0.003	0.2	−0.63	0	0.2	−0.005	0.01	0.0	−0.13		
相对误差	4.9	−6.0	2.1	−0.81	0.0	3.4	−3.8	6.3	−6.7	−4.4		
允许相对误差	±10	±25	±8	±3	±25	±8	±15	±15	±25	±10		
检测结果	合格	合格	合格	合格	合格	合格	合格	合格	合格	合格		

表 3-7 徐深 6 井 3650.36m 样品同一制片的多次测定

类别	TFe	MnO₂	TiO₂	CaO	K₂O	P₂O₅	SiO₂	Al₂O₃	MgO	Na₂O	烧失量	总计
真值	2.94	0.03	0.16	0.13	5.900	0.02	77.52	9.50	0.05	1.85	1.72	99.82
1	2.81	0.028	0.17	0.125	6.1	0.02	76.89	9.7	0.047	1.94	1.8	99.63
2	2.82	0.029	0.16	0.125	5.99	0.018	76.95	9.68	0.047	1.93	1.8	99.55
3	2.87	0.03	0.17	0.128	6.09	0.021	76.9	9.71	0.049	1.94	1.8	99.71
4	2.88	0.03	0.15	0.126	6.11	0.02	76.88	9.66	0.048	1.93	1.8	99.63

表 3-8 徐深 6 井 3650.36m 样品多次制片单次测定

类别	TFe	MnO₂	TiO₂	CaO	K₂O	P₂O₅	SiO₂	Al₂O₃	MgO	Na₂O	烧失量	总计
真值	2.94	0.03	0.16	0.13	5.9	0.02	77.52	9.50	0.05	1.85	1.72	99.82
1	2.81	0.028	0.17	0.125	6.1	0.02	76.89	9.7	0.047	1.94	1.8	99.63
2	2.87	0.025	0.19	0.131	6.05	0.018	76.95	9.63	0.053	1.93	1.82	99.67

三、疑难矿物鉴定配套技术与应用

显微镜主要用途是根据光学性质对矿物作初步鉴定，如鉴定矿物的颜色、多色性、解理、双晶等；或者与石英、长石或其他易鉴别的黑色矿物对比估定折射率；偶尔在锥光下检查延性和光性符号，一般不必花费时间去精确测定 $2V$ 角和主折射率（新矿物除外），因为用偏光显微镜技术不可能对矿物做出最终鉴定，那么应用薄片 X 射线技术、薄片扫描电镜能谱测试技术和显微红外光谱技术，配合偏光显微镜鉴定就可以准确鉴定矿物，不破坏样品的扫描电镜能谱分析技术可以直接测定矿物成分的变化。另外配合扫描电镜的观察可以对矿物内部精细构造和变形特征进行研究，具体操作流程如下图（图 3-13），根据该配套技术，鉴定了普通薄片显微镜无法解决的难题，例如全晶质矿物或同族矿物，如沸石族、长石族、角闪石族、碳酸盐类等。众所周知，岩石是由矿物组成的，那么矿物的准确识别对于岩石的鉴定和分析岩石的形成环境具有重要意义。

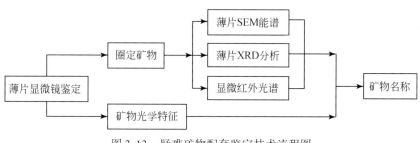

图 3-13　疑难矿物配套鉴定技术流程图

1. 钠铁闪石的鉴定与地质意义

钠铁闪石是角闪石亚种之一，分子式为 $Na_3Fe_4^{2+}Al[Si_4O_{11}]_2(OH,F)_2$，角闪石是分布很广的一种造岩矿物，化学成分复杂，但无论是哪种角闪石亚种，都具有硅氧四面体所构成的双链构造。钠铁闪石正突起高 $N_m = 1.680 \sim 1.705$，$N_g - N_p = 0.005 \sim 0.013$，单偏光镜下也具有明显的多色性，$N_p$ 深蓝绿、深绿，N_m 紫色、褐色，N_g 淡黄绿、淡绿褐。钠闪石正突起高，$N_m = 1.695$，$N_g - N_p = 0.004$，单偏光镜下具有明显的多色性，表现在 N_p 深蓝，N_m 蓝色，N_g 淡黄绿。蓝闪石正突起中 $N_m = 1.632 \sim 1.664$，$N_g - N_p = 0.013 \sim 0.019$，镜下 N_p 淡黄绿，N_m 红紫色，N_g 深天蓝。可见光学性质相似，很难在显微镜下将各亚种矿物区分开。

徐深 6 井 3729.26m 流纹质熔结凝灰岩中的目标矿物在镜下怀疑是钠铁闪石或钠闪石其中的一种，为此进行了薄片 X 衍射（图 3-14）、显微红外、扫描电镜能谱综合测试，红外光谱鉴定结果显示其不是钠闪石（图 3-15），可能是钠铁闪石或蓝闪石，但不能完全确定。同一部位做扫描电镜分析，分析其元素含量的差异，钠铁闪石分子式为 $Na_3Fe_4^{2+}Al[Si_4O_{11}]_2(OH,F)_2$，钠闪石为 $NaFe_3^{2+}Fe_2^{3+}[Si_4O_{11}]_2(OH)_2$，蓝闪石为 $Na_2Mg_3Al_2[Si_4O_{11}]_2(OH)_2$，经能谱扫描元素分别为钠、铁、铝、氧、硅，若是蓝闪石应无铁元素（图3-16）。所以综合鉴定为钠铁闪石。

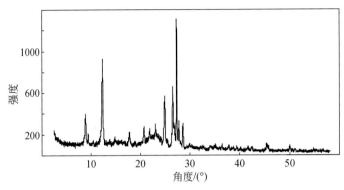

图 3-14　钠铁闪石 X 衍射谱图

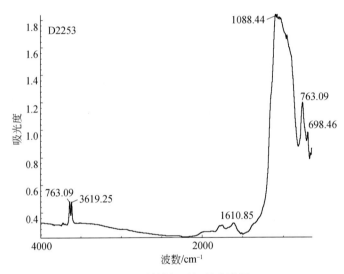

图 3-15　钠铁闪石红外光谱图

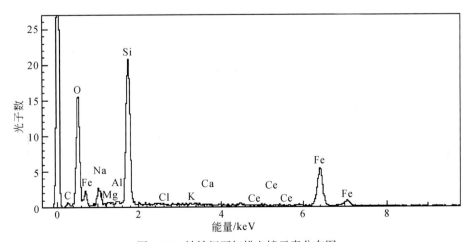

图 3-16　钠铁闪石扫描电镜元素分布图

钠铁闪石的发现为确定深层火山岩的碱交代作用起到重要作用，它是碱交代作用生成的次生矿物之一，主要见于松辽盆地深层球粒流纹岩和流纹质凝灰岩中，如升深202 井 2896.9～3143.03m、升深 203 井 3153～3223.8m、徐深 6 井 3700～3800m、徐深6-2 井 3666～3736m、徐深 601 井 3565.42m。

2. 沸石类矿物鉴定与地质意义

通过 X 衍射分析、显微红外光谱、扫描电镜矿物典型形貌以及能谱矿物成分分析，大庆探区目前见到方沸石、浊沸石两种沸石类矿物。

1）方沸石

方沸石（$Na_2[AlSi_2O_6] \cdot H_2O$）的化学组成为 Na_2O 14.09%，Al_2O_3 23.20%，SiO_2 54.54%，H_2O 8.17%。有时含钾、钙及少量的镁。在单偏光镜下，方沸石呈六边形或近圆形，无色，突起中等；在正交偏光镜下为全消光均质体，红外光谱分析后得到进一步证实（图 3-17）。

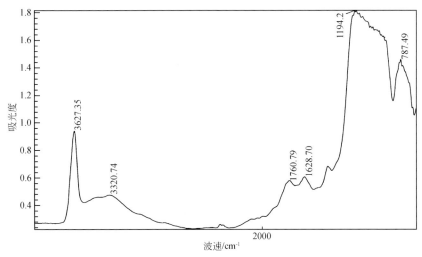

图 3-17　方沸石红外光谱谱图

在大庆探区中方沸石发现尚属首次，其存在于海拉尔盆地火山碎屑岩，尤其是凝灰岩中，是火山灰蚀变的产物，沸石化几乎是火山碎屑岩特有的交代蚀变产物，因此为确定火山–沉积碎屑岩的成因提供了一种标志性矿物指标。

2）浊沸石

浊沸石是一种含钙含水的铝硅酸盐矿物，其分子式为 $Ca[AlSi_2O_6]_2 \cdot 4H_2O$。在砂岩中以胶结物形式产出，是一种典型的成岩自生矿物。光学特征纯浊沸石呈肉红色，单斜板柱状晶体，两组节理（110）和（010）发育，近于正交。折光率 $N_g = 1.5234$，$N_m = 1.5228$，$N_p = 1.5126$，双折光率 $N_g - N_p = 0.0108$，干涉色为一级灰白至一级黄白色，正延性。

采用 X 射线衍射、红外光谱综合分析法，X 射线衍射分析与 JUPDS 标准卡片 15 ~ 276 浊沸石相符合，仅有几个衍射峰是由于少量正长石的混入引起的。经过红外光谱分析（图3-18）均确定为浊沸石。

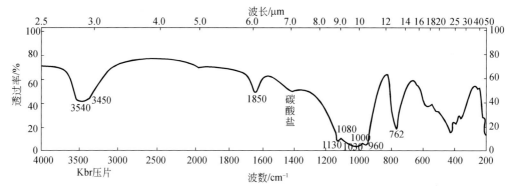

图 3-18　浊沸石红外光谱图

松辽盆地深层碎屑岩中的浊沸石主要出现在埋深约 1800m 以下（最浅 1300m）泉头组三段下部至沙河子组砂岩中，特别是泉头组一、二段和登娄库组中最常见，营城组和沙河子组砂岩中多为断续出现，且含量不等，浊沸石大部分被溶蚀形成次生孔隙，主要分布于升深 1、升深 3、昌 403、汪 901、卫深 5、芳深 3、芳深 4 等井，是深部碎屑岩储集性能改善的重要原因。因此浊沸石的准确鉴定对深层次生孔隙的成因、预测研究具有重要意义。

3. 片钠铝石的鉴定与地质意义

通过薄片和扫描电镜能谱分析，准确鉴定了片钠铝石，其分子式为 $NaAlCO_3(OH)_2$。能谱仪分析结果表明，片钠铝石主要由 Na、Al、O、C 等组成（图3-19）。

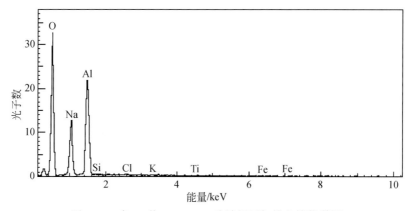

图 3-19　乌 28 井 1248.66m 片钠铝石扫描电镜能谱图

片钠铝石主要见于海拉尔盆地乌尔逊凹陷南屯组砂岩中，含片钠铝石砂岩与 CO_2 气井分布一致（表3-9）。例如，苏 12、16、302 井均为工业气井，其中苏 302 井南屯组一段 73 号层含片钠铝石砂岩中日产气 44599m^3。苏 16 井 67 号含片钠铝石不等粒砂岩层日产气 12191m^3。

表 3-9　海拉尔盆地砂岩中片钠铝石的分布

井号	层位	深度/m	片钠铝石百分含量/%	岩石类型
巴 2	K_1d^2	1339.7	12	含片钠铝石泥质粉砂岩
	K_1d^1	1600.44 ~ 1606.49	3 ~ 14	含片钠铝石泥质粉砂岩、含泥粗砂岩
巴 x2	K_1n^2	1818.8 ~ 1824.26	2 ~ 6	凝灰质中、粗砂岩、砂砾岩
巴 13	K_1n^2	1448.08 ~ 1472.03	5	（碎裂）沉凝灰岩
德 6	K_1d^1	928.2 ~ 941.84	10 ~ 15	含片钠铝石、含泥、泥质粉砂岩、细砂岩
苏 10	K_1t	1627.49 ~ 1628.6	2 ~ 8	含泥不等粒砂岩、不等粒砂岩
苏 302	K_1n^1	1854.93 ~ 1931.72	3 ~ 13	砾质砂岩、岩屑长石或长石岩屑粉细粗砂岩
苏 12	K_1n^2	1309.07 ~ 1332.68	14 ~ 20	含泥含片钠铝石不等粒砂岩
	K_1n^1	1589.68 ~ 1590.59	2	含高岭石岩屑长石粗砂岩、含高岭石不等粒砂岩
苏 16	K_1n^2	1656.7 ~ 1671.52	4 ~ 11	含钙不等粒砂岩
	K_1n^2	1746.12 ~ 1759.13	2 ~ 14	含片钠铝石不等粒砂岩、不等粒砂岩
	K_1n^1	1947.44 ~ 1954.46	2	砾岩、岩屑长石粗、细砂岩
	K_1n^1	2017.39 ~ 2019.14	3 ~ 5	不等粒砂岩、岩屑长石粗、中砂岩
苏 33	K_1n^2	1717.77 ~ 1719.92	2 ~ 3	细粒长石砂岩、不等粒砂岩
乌 20	K_1n^2	1935.94 ~ 2088.59	1 ~ 7	砂砾岩、砾质砂岩、粗粒岩屑长石砂岩、等粒砂岩
乌 28	K_1n^2	1248.66 ~ 1262.92	5 ~ 15	含片钠铝石不等粒砂岩、凝灰质或钙质砂砾岩、不等粒砂岩
	K_1n^1	1438.77 ~ 1442.64	5 ~ 6	碳酸盐化细砂岩、含钙不等粒砂岩、中砂质粗粒长石岩屑砂岩

在偏光显微镜和扫描电镜下观察发现片钠铝石的产状有 3 种：①部分或全部交代长石、石英等碎屑颗粒，多呈长柱状、片板状集合体；②作为胶结物充填于碎屑颗粒间的孔隙中，呈放射状、束状、发丝状、菊花状集合体；③充填在碎屑矿物的溶洞或裂隙中，呈纤维状集合体。

国内外最新研究资料表明，片钠铝石的形成需要过量的 CO_2 供给，并形成于碱性环境。其形成过程是：

$$KAlSi_3O_8 + Na^+ + CO_2 + H_2O \Longrightarrow NaAlCO_3(OH)_2 + 3SiO_2 + K^+$$

当 CO_2 溶于地层水形成酸性流体后，首先交代富钠铝的长石类形成片钠铝石，从而消耗了大量的 CO_2，并导致溶液中 Na^+ 和 Al^{3+} 浓度增加，流体转为碱性并引起片钠铝石的直接沉淀，因此可作为深部 CO_2 热流体活动的示踪矿物。

另外在英 34 井 1418.9 ~ 1420.4m 粉砂质细粒长石岩屑砂岩中，孔隙中见有片钠铝石充填或交代矿物，含量较高，约为 16% ~ 20%。其成因是否与 CO_2 气藏有关值得探讨。

4. 碳酸盐类矿物鉴定与地质意义

碳酸盐矿物为金属元素阳离子与碳酸根的化合物。碳酸盐矿物分布广泛，占地壳总重量的 1.7%。目前发现的碳酸盐矿物有 101 种。自然界发现该矿物中呈阳离子的有 Ca、Mg、Na、Fe 及 Cu、Pb、Ba 和 Mn 等元素。酸根以离子键与阳离子相结合。碳酸盐矿物多呈柱状、菱面体和板状晶体。常有三组菱形解理。某些碱金属碳酸盐矿物溶于水。碳酸盐多数由沉积作用和热液作用形成，部分产于氧化带，岩浆岩和变质岩中也有产出。

通过综合应用薄片 X 射线技术、薄片扫描电镜能谱测试技术和显微红外光谱技术，在大庆探区识别出的碳酸盐矿物有方解石、铁方解石、白云石、铁白云石、菱铁矿、文石、菱镁矿、氟碳钙铈矿等。上述矿物的鉴定过程在上一章中业已提及，现将氟碳钙铈矿加以介绍。

氟碳钙铈矿其分子式为 $(Ce,La)_2Ca(CO_3)_3F_2$，含有稀土元素 Ce、La，显微镜镜下光性特点为无色，他形粒状或柱状，突起高，干涉色高，一轴晶正光性。通过显微红外光谱和扫描电镜能谱分析技术进一步进行了测试，得到红外谱图（图 3-20）和扫描电镜能谱谱图（图 3-21）。该矿物在营城组火山岩中含量很少，不足 1%，但分布还是比较普遍的，如在徐深 6 井中分布较多，另外在徐深 601、徐深 8、徐深 10、徐深 11、升深更 2 井中均有见，可以作为碱性热液蚀变的指示矿物。

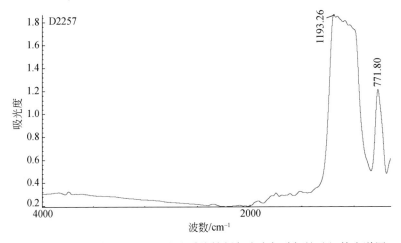

图 3-20 徐深 6 井 3725.81m 流纹质熔结凝灰岩中氟碳钙铈矿红外光谱图

1) 层序划分和对比的依据

岩心观察表明海拉尔盆地沉积–火山碎屑岩地层中，从大磨拐河组至铜钵庙组存在泥碳酸盐岩薄互层。通过应用该配套薄片综合鉴定技术，确定碳酸盐类矿物主要为白云石、铁白云石、菱铁矿（表 3-10），因此命名为泥晶白云岩和泥粉晶菱铁矿岩，岩石主要由泥晶白云石或泥粉晶菱铁矿组成，占岩石总成分的 80% 以上，矿物成分单一，并且颗粒细小，一般颗粒长轴直径小于 0.03mm，多为泥晶，分布比较均匀，表明该层沉积时期缺乏正常的陆源沉积物源和火山碎屑来源，代表火山喷发短暂的间歇期的相

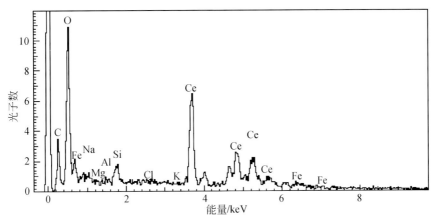

图 3-21 氟碳钙铈矿扫描电镜能谱谱图

对宁静的深水化学沉积环境,因此矿物的准确鉴定对于层序划分和对比以及恢复古环境具有一定的指示作用。

表 3-10 海拉尔盆地部分钻井中碳酸盐岩分布

井号	层位	深度/m	矿物组合	定名
德 4	$K_1 n^1$	1367.03	泥晶白云石和少量粉砂	泥晶云岩
德 106-203A	$K_1 n^1$	1659.37	泥晶白云石	泥晶云岩
巴 X3	$K_1 n^1$	1729.2	菱铁矿和少量粉砂	泥晶菱铁矿岩
巴 13	$K_1 n^2$	1321.93	泥晶白云石与呈隐晶状的黏土质	黏土质泥晶云岩
贝 10	$K_1 n^1$	1616.7~1679.04	泥晶菱铁矿	菱铁矿岩
贝 10	$K_1 t$	1767.33~1773.83	泥晶白云石	泥晶云岩
贝 13	$K_1 n^2$	1513.26~1517.06	泥晶菱铁矿	泥晶菱铁矿岩
贝 35	$K_1 t$	2240.9	泥晶菱铁矿	泥晶菱铁矿岩
霍 3	$K_1 d^2$	1496.44~1521.90	泥晶菱铁矿	泥晶菱铁矿岩
乌 21	$K_1 n^2$	1848.2~1848.3	泥晶菱铁矿	泥晶菱铁矿岩

2)划分成岩作用序列

碳酸盐类矿物除了在沉积作用中形成以外,还可以在热液中形成,常常作为次生矿物充填于砂岩、凝灰质砂岩、火山岩等各种岩石的孔隙和裂缝中。海拉尔盆地凝灰质砂岩储层中碳酸盐类矿物胶结物表现为多期次多成分的特点,反映了复杂的成岩作用特征。

海拉尔盆地布达特群的碳酸盐类矿物表现为铁白云石交代和铁白云石脉;兴安岭群的碳酸盐类矿物表现为泥屑铁白云石、补丁状铁白云石、连生铁白云石;大磨拐河和南屯组的碳酸盐类矿物表现为泥晶碳酸盐矿物、白云石、铁方解石、铁白云石。

根据其存在状态的差异将其划分为三个期次:Ⅰ期胶结物为铁白云石泥屑,颗粒微小,成集合体状,围绕着火山碎屑和长石颗粒的边部生长,形成时间最早;Ⅱ期钙质胶结物的特点是铁白云石结晶颗粒较粗大，呈补丁状充填在颗粒之间，起着胶结作用；Ⅲ期钙质胶结物的特点是铁白云石大量发育，形成呈连生结构的胶结物，由于伴生强烈的交代作用，碎屑颗粒呈漂浮状分布于连生铁白云石胶结物中。

3）含铁碳酸盐矿物的敏感性

在酸化过程中，如果碳酸盐矿物为含铁的变种，那么由于含铁碳酸盐矿物中为 Fe^{2+}，其在 pH 接近 7 时才发生沉淀，所以在酸的 pH 小于 7 时则无需加入稳定剂。但是 Fe^{2+} 在氧化环境中遇到氧化剂易被氧化为 Fe^{3+}，pH 超过 2 即发生 $Fe(OH)_3$ 胶体沉淀，堵塞孔隙，因此准确鉴定碳酸盐矿物是否含有阳离子 Fe 和其价态十分重要，海拉尔盆地中含铁碳酸盐矿物在各探井中的分布较常见，那么对于储层保护方面提供了准确的岩石矿物资料。

四、火山岩鉴定配套技术

松辽盆地深层火山岩勘探取得了重要进展，但是岩石类型复杂给储层预测带来一定的难度。对于火山岩岩石学特征的研究，并非是对每个分析项目进行测试得出数据就解决问题了，有效利用已有的技术，进一步扩大其应用范围，不断提高所得数据的解释能力是关键，为此对松辽盆地深层火山岩进行了 5 个项目的配套分析，对实验数据进行对比解释，形成了配套的火山岩鉴定系列技术，分析流程如图 3-22 所示，并将配套技术及时应用于新钻探井跟踪分析和老井复查的研究工作中。

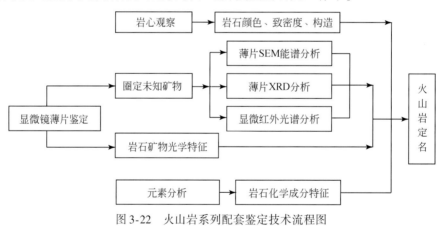

图 3-22 火山岩系列配套鉴定技术流程图

第二节 火山岩岩相学特征

火山岩的分类主要依据 1989 年国际地质科学联合会（IUGS）火山岩分类学分委会推荐的火山岩分类方案。该分类方案中对于火山熔岩的分类有两种方案：一是根据熔岩矿物成分的 QAPF 双三角图解分类，二是根据火山岩化学成分的 TAS 图解（Le Maitre et al.，1989）分类。对于火山碎屑岩的分类，由于 2002 年国际地质科学联合会

（IUGS）对其 1989 年推荐的火山碎屑岩分类方案的修改与补充方案中仍未涉及火山碎屑熔岩与熔结火山碎屑岩这两个常见的类型，因此，目前我国火山碎屑岩分类主要采用孙善平等的分类方案（邱家骧，1982，1996；孙善平等，2001）。

在以上火山岩分类原则与方案基础上，通过 1000 余片岩石薄片显微镜下观察与鉴定，结合火山熔岩全岩化学分析，将松辽盆地北部营城组火山岩划分为火山熔岩类、火山碎屑岩类、火山–沉积碎屑岩类、侵入岩 4 大类 30 余种岩石类型。其中火山熔岩类、火山碎屑岩类分布广泛，熔岩从酸性至基性岩均有分布，包括凝灰熔岩、珍珠岩、英安岩、安山岩、粗安岩、粗面岩、玄武安山岩、安山玄武岩、玄武岩；火山碎屑岩有凝灰岩、熔结凝灰岩、火山角砾岩、火山集块岩以及沉火山碎屑岩。现将常见的火山岩岩石类型的基本特征情况总结于表 3-11。

表 3-11　松辽盆地北部深层火山岩岩石类型

侵入岩	浅成岩	闪长玢岩
		二长玢岩
火山熔岩	基性熔岩	玄武岩
	中基性熔岩	安山玄武岩
		玄武安山岩
	中性熔岩	粗面岩
		粗安岩
		安山岩
	中酸性熔岩	英安岩
	酸性熔岩	球粒流纹岩
		流纹岩
		珍珠岩
	火山碎屑熔岩	凝灰熔岩
火山碎屑岩	熔结火山碎屑岩	（晶屑）熔结凝灰岩
	正常火山碎屑岩	（晶屑）凝灰岩
		火山角砾岩
		火山集块岩
	沉火山碎屑岩	沉凝灰岩
		沉火山角砾岩
火山–沉积碎屑岩	火山–沉积碎屑岩	凝灰质砂岩

一、熔　岩　类

火山熔岩指火山宁静期溢流出来的熔岩流经冷凝结晶而形成的岩石，熔岩基质中分布的火山碎屑<10%。从 27 口井的岩心观察、1000 余片薄片鉴定统计结果来看，本

区熔岩以流纹岩和英安岩为主，含少量的玄武岩、安山岩与粗面岩。

1. 流纹岩

岩石致密块状，具流纹构造，高角度构造裂缝发育，多为灰白色，局部遭受氧化铁染或热液蚀变（如钠铁闪石化）而呈紫红色。偏光显微镜下具斑状结构，斑晶主要为石英和碱性长石（图版I-I，Ⅱ），暗色矿物少见，斑晶溶蚀可形成斑晶内溶孔；玻璃质基质大部分已脱玻化成长英质物质，若基质为球粒结构，则为球粒流纹岩，并形成球粒内脱玻化微孔。气孔发育，并沿流纹构造多呈定向分布。次生蚀变较强烈，常见有钠长石化（图版I-Ⅲ）、钠铁闪石化、绢云母化、碳酸盐化、褐铁矿化、绿泥石化等。

流纹岩分布广泛，钻遇流纹岩的井有徐深1、徐深1-3、徐深6、徐深7、徐深8、徐深9、徐深11、徐深12、徐深13、徐深14、徐深15、徐深21、徐深23、徐深27、徐深28、徐深201、徐深211、徐深231、徐深302、徐深33、徐深41、徐深44、升深2、升深202、升深203、汪深101、芳深7、芳深9、宋深3、宋深7、肇深6、肇深8、肇深10、朝深1、朝深4、朝深5、朝深6、朝深7等48口井。在外围断陷古深1、古深2、莺深2、莺深3等井也有产出。

2. 英安岩

岩石呈深灰色、灰褐色、灰绿色、紫色，呈块状、气孔-杏仁构造，杏仁体主要为硅质和方解石。偏光显微镜下具斑状结构（图版Ⅰ-Ⅳ），斑晶含量从极少至35%，以灰白色斜长石、肉红色钾长石和无色-烟灰色石英为主，暗色矿物为黑云母、角闪石，粒度0.3～2.5mm。长石斑晶呈较好板柱状，可见高岭土化、钠长石化、绿泥石化、碳酸盐化、绿帘石化。黑云母、角闪石有些晶形较好，部分具暗化边，甚至完全暗化。在少数岩石中，角闪石、黑云母不具有暗化边，但已全被绿泥石、绿帘石、碳酸盐交代，保留其假象。基质具交织结构，基质>65%，由大量半定向排列的板条状斜长石微晶和微粒状钾长石、石英所组成。基质中有少量微粒状、尘点状磁铁矿分布。部分样品基质为霏细结构，局部为球粒结构，基质中有少量尘点状磁铁矿。有的长石微晶被碳酸盐交代，岩石局部具碳酸盐化。

见于升深6、升深101、汪903、汪深101、宋深1、宋深2、肇深7、朝深1、尚深1、达深2、达深8、达深401、徐深3、徐深4、徐深5、徐深9井、莺深1、莺深2。

3. 安山岩

岩石呈紫色、灰紫色、紫灰色、深灰色，呈块状，常见气孔-杏仁构造，气孔被绿泥石、硅质和碳酸盐充填。偏光显微镜下具斑状结构，斑晶含量低，一般10%左右，主要为斜长石，呈板柱状，发生了程度不一的碳酸盐化和绢云母化，粒度0.5～1mm，大者在2mm左右。岩石中所含的少量暗色矿物斑晶几乎全部被绿泥石交代，原矿物难以恢复。基质具交织结构、玻晶交织结构，主要由条状斜长石微晶和火山玻璃组成（图版Ⅰ-Ⅴ），部分火山玻璃已脱玻化，有的被绿泥石交代，长石微晶具较好的定向性。基质中有少量微粒状磁铁矿分布。

见于徐深 10、徐深 11、徐深 13、徐深 17、徐深 401、达深 302、达深 4、升深 101、升深 6、升深 10、芳深 3、宋深 1、宋深 2、宋深 102、宋深 3、宋深 7、卫深 4、朝深 1、朝深 5、尚深 1、莺深 1、双深 10 井。

4. 玄武岩

岩石呈深灰色、紫色、灰紫色、黑色，块状构造，岩石较致密，少量发育裂缝。常见气孔、杏仁构造，杏仁体有绿泥石、方解石、石英、沸石、葡萄石等，其中绿泥石、方解石、石英不只发育一期。偏光显微镜下具斑状结构，斑晶主要为斜长石，呈板柱状，部分轻微绢云母化，边缘不平直，呈微港湾状，粒度长 0.5mm、宽 0.1mm 左右。基质具显微嵌晶含长结构、拉斑玄武结构，有的局部具间粒结构，主要为条状斜长石微晶和不规则粒状辉石组成，长石微晶嵌在不规则状辉石之中，或斜长石微晶组成格架，粒状辉石（图版Ⅰ-Ⅵ）、橄榄石充填其中，辉石发生了强烈绿泥石化，少量微粒状橄榄石已被伊丁石交代，基质中分布有黑色磁铁矿颗粒。有的岩石具碳酸盐化。

见于宋深 2、宋深 102、朝深 1、肇深 9、达深 1、达深 3、达深 302、达深 4、芳深 6、徐深 17 井、古深 1 井。

5. 凝灰熔岩

火山碎屑体积分数占 10%～90%，碎屑由熔浆胶结，称为火山碎屑熔岩。根据力度大小可分为凝灰熔岩、角砾熔岩和集块熔岩。本研究区主要为凝灰熔岩。凝灰熔岩中的碎屑以晶屑为主，也可有少量刚性岩屑，但一般不出现玻屑。

岩石呈肉红色、灰白色、灰绿色、灰紫色、灰色、深灰色、浅紫色等，呈块状，具熔岩和火山碎屑结构。火山碎屑含量变化范围大，大致在 20%～70%，范围集中在 30%～60%，主要由晶屑、岩屑组成，粒度一般<2mm，少量在 2～5mm，呈棱角状，有的碎屑具溶蚀现象，有的长石呈较好板柱状。晶屑主要包括钾长石、斜长石、石英，颗粒具有溶蚀港湾状、浑圆状晶形。岩屑以酸性火山岩岩屑为主，有的岩石中具有少量中酸、中性火山岩岩屑和泥质岩岩屑。胶结物英安质和流纹质熔岩含量 30%～80%，集中分布在 40%～70%，具斑状结构，斑晶主要为板条状斜长石，基质具隐晶质结构和交织结构，部分基质脱玻化，显示霏细结构、微球粒结构（图版Ⅱ-Ⅰ），一般不呈定向分布，在个别岩石中，局部具流动构造。有的岩石局部有脉状、团状分布的碳酸盐。

见于徐深 12、徐深 15、徐深 211、徐深 23、徐深 27、徐深 3、徐深 301、徐深 6-108、徐深 6-2、徐深 801、徐深 8-1、徐深 9-1、徐深 9-2、徐深 9-4、徐深 901、徐深 903、升深 2-5、升深 2-7、升深 2-25、朝深 8、莺深 1、莺深 3、林深 3 等井。

二、火山碎屑岩类

火山碎屑岩主要是一些高黏度、高挥发分含量的岩浆爆发式喷发而形成。火山碎屑岩中火山碎屑物的含量>90%，主要由火山碎屑物经压结或熔结作用而成。根据成岩方式的差异，又可分为（普通）火山碎屑岩与熔结火山碎屑岩两个亚类。

1. 普通火山碎屑岩

普通火山碎屑岩主要由火山碎屑物经压实胶结而成。在成岩过程中，由于水化作用，火山灰分解物常常转变为胶结物蛋白石与蒙脱石，重结晶后变成玉髓和水云母集合体。这类岩石在本区取心井升深更 2、徐深 15、徐深 4 井等井中均可见到。大多数具凝灰结构，少部分为角砾结构，岩石类型以火山角砾岩、凝灰岩为主。碎屑成分以流纹岩、流纹英安岩、英安岩和凝灰岩为主，少量凝灰质安山熔岩、凝灰质泥岩、泥质粉砂岩、泥岩及长石和石英晶屑。填隙物主要为凝灰质物、泥砂质物。

1）凝灰岩

凝灰岩为松辽盆地深层最为发育的火山碎屑岩，化学成分上以流纹质为主，少量安山质、玄武质、英安质。根据碎屑成分可分为晶屑凝灰岩、玻屑凝灰岩（图版 Ⅱ-Ⅲ）、岩屑凝灰岩。包括角砾凝灰岩等过渡类型。镜下碎屑物由晶屑、岩屑和火山尘组成，其中晶屑成分主要为石英、碱性长石、斜长石等，晶屑一般呈棱角-次棱角状，石英多具裂纹，部分长石受熔蚀、交代作用；岩屑成分主要为流纹岩、安山岩、粗面岩、粉砂质泥岩、片岩等，多为次棱角-次圆状；碎屑间充填火山尘，长英质常发生脱玻化成霏细结构。

见于徐深 1、徐深 1-1、徐深 3、徐深 401、徐深 502、徐深 6、徐深 601、徐深 602、徐深 8、徐深 9、升深 7、芳深 701、芳深 901、莺深 3 等约 58 口井。

2）火山角砾岩

岩石呈紫红色，块状，具火山角砾结构，化学成分上以流纹质为主（图版 Ⅱ-Ⅴ），少量安山质、玄武质（图版 Ⅱ-Ⅵ）。包括凝灰角砾岩等过渡类型。岩屑角砾成分主要为流纹岩、流纹质（熔结）凝灰岩、安山岩、少量粉砂岩、浅变质岩等，晶屑主要为斜长石碎屑和少量石英碎屑。角砾间充填石英、长石晶屑、细小的中酸性喷发岩岩屑及火山尘，并且局部充填后期胶结物硅质、方解石等，有些已被褐铁质交代，局部还被绿帘石交代。火山尘均脱玻化呈霏细结构。

见于徐深 1、徐深 12、徐深 13、徐深 141、徐深 15、徐深 16、徐深 25、徐深 401、徐深 5、徐深 6-101、徐深 601、徐深 602、升深 101、升深 201、升深 7、芳深 3、芳深 9、宋深 1、肇深 8、朝深 1、朝深 5、达深 X5、达深 10、古深 1、莺深 1 井。

3）集块岩

岩石具火山集块结构，集块成分为流纹岩、凝灰岩、闪长岩、安山岩等。集块大小不等，杂乱分布，集块间为火山灰胶结。见于徐深 1、徐深 601、徐深 602 井。

2. 熔结火山碎屑岩

火山碎屑物在堆积后仍具较高的温度，处于可塑状态，在上覆物质的负荷压力下，经变形、熔结而成。岩石具熔结结构，碎屑主要由晶屑、塑变岩屑、塑变玻屑和火山尘组成，也可有少量的刚性岩屑，由于塑变碎屑拉长定向而具流状构造。

　　据碎屑的粒度分为熔结集块岩、熔结角砾岩和熔结凝灰岩，进一步定名，再加上相应熔岩名称作为前缀，如流纹质玻屑熔结凝灰岩等。熔结集块岩和熔结角砾岩在露头上经常共生，主要见于火山喷出口附近，是近火山口相产物。熔结凝灰岩则分布较广，可分布在近火山口附近，也可以远离火山口分布。

　　熔结火山碎屑岩在研究区主要为流纹质熔结凝灰岩，岩石呈灰白色，具熔结凝灰结构，岩石中含大量塑性玻屑和刚性岩屑，少量刚性晶屑（图版Ⅱ-Ⅱ），粒径一般<2mm，呈棱角状、次棱角状、鸡骨状。岩屑主要为酸性火山岩岩屑，晶屑主要为斜长石、石英。具塑性变形的玻屑具有较好的定向性，玻屑被压扁拉长，呈透镜状、条带状，遇到刚性晶屑颗粒有绕过现象，具流状构造。

　　见于徐深1、徐深1-1、徐深1-2、徐深1-4、徐深1-203、徐深1-304、徐深13、徐深22、徐深232、徐深28、徐深301、徐深33、徐深43、徐深5、徐深502、徐深6、徐深601、徐深602、徐深603、徐深6-101、徐深6-102、徐深6-104、徐深6-105、徐深6-107、徐深6-108、徐深6-2、徐深6-3、徐深7、徐深8井、徐深801、徐深9、徐深9-1、徐深9-3、徐深901、升深202、升深203、升深2-5、升深2-7、升深更2、升深2-21、升深2-25、汪深101、芳深701、芳深9、朝深1、莺深1、莺深2、莺深3约48口井。

三、火山-沉积碎屑岩类

　　火山-沉积碎屑岩是正常火山碎屑岩类和沉积岩类之间的过渡岩石类型。指火山碎屑物的含量在10%~25%，通过正常沉积作用而成的岩石。该类岩石在本区各取心井中均有少量分布（如升深2-12井3354.95~3355.55m），以夹层形式分布于火山熔岩或火山碎屑岩之间。碎屑含量为30%~40%，粒径0.2~12cm，含少量分选性与磨圆度差的砾石。砾石成分以棕红色石英为主，其次为硅质岩。填隙物为深灰绿色凝灰质、泥质与粉砂质物。岩石类型包括凝灰质砂砾岩、凝灰质砂岩、凝灰质粉砂岩、凝灰质泥岩。

四、次火山岩

　　依据岩浆侵入地壳中的部分深浅，分为深成岩（>3km）、浅成岩（1.5~3km）和超浅成岩（0.5~1.5km）。研究区所钻遇的岩石主要为浅成岩（次火山岩），升深2-1井2823.73~2830.65m处见深灰色闪长玢岩，矿物颗粒呈灰白和深灰色、大小3~8mm均匀分布，浅色矿物含量在55%左右，暗色矿物在45%左右。镜下可见石英，含量15%~20%，闪长玢岩一般石英含量很低，该石英明显增多，可能是向长英质岩过渡的类型。灰白色斜长石在30%左右，暗色矿物为角闪石和少量黑云母。可见斜长石聚片式双晶及斜长石的环带结构，部分长石发生了碳酸盐化。在林深3井3800~3956m处为灰绿色闪长玢岩。

第三节　火山岩岩石化学、地球化学特征

一、岩石化学特征

1. 火山岩岩石类型

火山岩的化学成分是火山岩分类和命名的主要依据，国际地质科学联合会（IUGS）火成岩分类委员会推荐的 TAS 全碱-硅图解（Le Maitre et al.，1989），是适合于火山岩分类和命名的最有用的分类方法之一。TAS 图解具有充分的理论依据，是用 24000 个新鲜火山岩的分析数据绘制的，原始数据中每个岩石均有自己的名称。将相邻岩石重叠最小的边界定义为不同岩石分布区域的界线。

本研究在做 TAS 分类图解时，进行了如下数据处理。在去掉 H_2O 和 CO_2 分析值的基础上，把全部分析数值再换算成 100%；计算 CIPW 标准矿物含量时，把全铁换算成 FeO 和 Fe_2O_3；在使用 TAS 分类图解之前，首先检查一下要进行分类命名的岩石是否为"高镁"火山岩。

飞利浦 PW2400 多道荧光光谱仪是大庆油田研究院地质试验室 1998 年引进的，应用该仪器建立的 X 射线荧光光谱（XRF）分析技术是目前用于分析岩石样品的主要元素和微量元素最常用的方法。对松辽盆地北部营城组火山岩 43 口井 305 件样品进行了元素分析测试，由 305 件样品绘制的 TAS 分类图（图 3-23）看出，营城组火山岩岩石

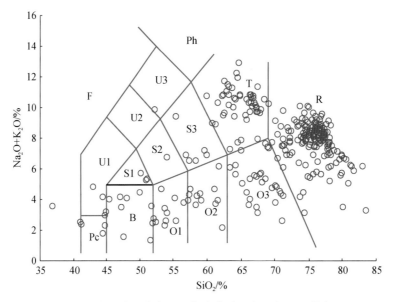

图 3-23　松辽盆地徐家围子断陷营城组火山岩 TAS 分类图

F. 副长石类；U1. 碧玄岩（Ol>10%）、碱玄岩（Ol<10%）；U2. 响岩质碱玄岩；U3. 碱玄质响岩；Ph. 响岩；
S1. 粗面玄武岩；S2. 玄武粗安岩；S3. 粗安岩；T. 粗面岩（Q<20%）、粗面英安岩（Q>20%）；Pc. 苦橄玄
武岩；B. 玄武岩；O1. 玄武安山岩；O2. 安山岩；O3. 英安岩；R. 流纹岩

类型从基性、中性到酸性岩均有分布，其中以酸性岩为主。基性、中性岩主要分布在北部的安达地区，酸性岩主要分布在中部的升平地区及南部的兴城地区。

2. 火山岩系列

根据 SiO_2–K_2O+Na_2O 图（Irvine et al.，1971），本区火山岩为亚碱性系列（图3-24），用 AFM 图（图3-25）进一步将亚碱性系列划分为拉斑玄武岩系列和钙碱性系列，由图3-25可看出，徐家围子断陷兴城和升平地区营城组火山岩均为钙碱性系列。由硅钾图（图3-26）可看出本区火山岩主要为高钾钙碱性系列和中钾钙碱性系列，其次为低钾钙碱性系列。

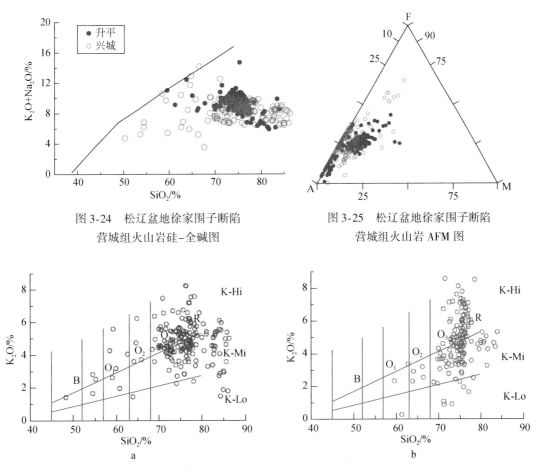

图3-24　松辽盆地徐家围子断陷
营城组火山岩硅–全碱图

图3-25　松辽盆地徐家围子断陷
营城组火山岩 AFM 图

图3-26　松辽盆地徐家围子断陷营城组火山岩硅–钾图（据 Le Maitre et al.，1989）
a. 兴城地区火山岩；b. 升平地区火山岩

3. 常量元素变异特征

由哈克图解（图3-27～图3-36）可看出，火山岩的 TiO_2、Al_2O_3、Fe_2O_3、FeO、

MnO、MgO、CaO、P_2O_5 的含量均与 SiO_2 的含量呈负相关趋势；K_2O 的含量与 SiO_2 的含量呈正相关趋势；FeO、Na_2O 的含量与 SiO_2 的含量没有明显的相关趋势，当 SiO_2 的含量相等时 FeO 的含量、Na_2O 的含量变化范围比较大。一般来说随着岩浆的演化 FeO 的含量与 SiO_2 含量呈负相关趋势，Na_2O 的含量与 SiO_2 含量呈正相关趋势。流体的交代作用会影响元素的分配，上述反常现象为铁、钠元素的交代提供了化学成分的证据，这与岩相学的观察是一致的，在薄片中可观察到大量的钠长石、钠铁闪石、菱铁矿等次生矿物。

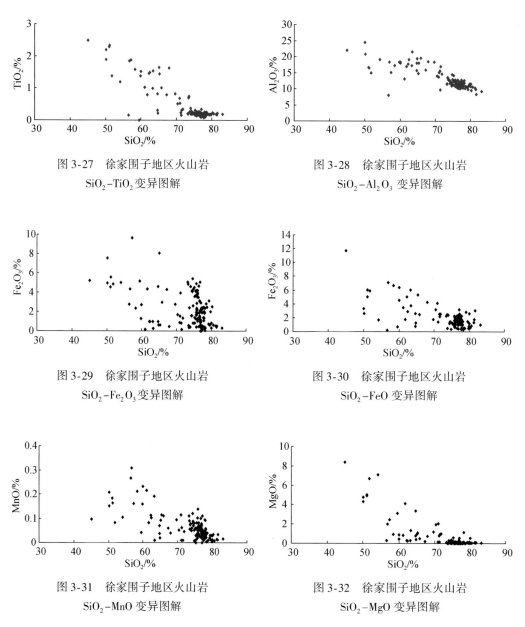

图 3-27　徐家围子地区火山岩
SiO_2-TiO_2 变异图解

图 3-28　徐家围子地区火山岩
SiO_2-Al_2O_3 变异图解

图 3-29　徐家围子地区火山岩
SiO_2-Fe_2O_3 变异图解

图 3-30　徐家围子地区火山岩
SiO_2-FeO 变异图解

图 3-31　徐家围子地区火山岩
SiO_2-MnO 变异图解

图 3-32　徐家围子地区火山岩
SiO_2-MgO 变异图解

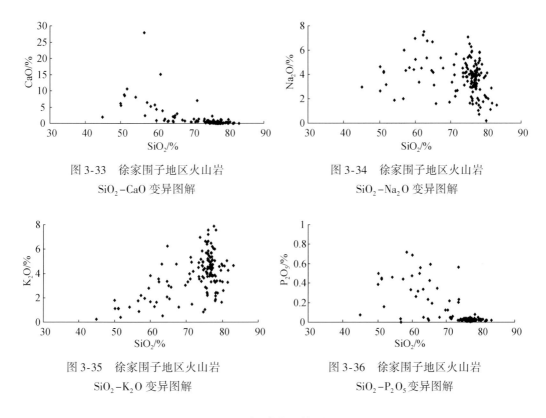

图 3-33 徐家围子地区火山岩
SiO_2–CaO 变异图解

图 3-34 徐家围子地区火山岩
SiO_2–Na_2O 变异图解

图 3-35 徐家围子地区火山岩
SiO_2–K_2O 变异图解

图 3-36 徐家围子地区火山岩
SiO_2–P_2O_5变异图解

二、地球化学特征

除了主要造岩元素外，火山岩中还有一些含量甚微的元素，其总量一般不超过千分之一，即低于 1000ppm[①]，称为微量元素。根据元素在相平衡条件下优先进入固体或熔体相的趋向即 D 值的大小，可将微量元素划分为相容元素和不相容元素，它们常常作为成岩作用的一种示踪剂，反映岩浆的形成和演化过程及构造背景。大多数微量元素通常置换造岩矿物中的主要元素并呈现分散状态存在，因此不同的岩石，随着主要造岩元素含量的变化，其微量元素也呈现有规律的变化。由于微量元素含量很低，它们在岩浆中的物理化学行为可以近似地用稀溶液定律来描述。来自不同源区的岩浆，在微量元素特征上势必也会留下源区的烙印，因此还可以利用火山岩中微量元素的特征来示踪岩浆区的组成与特征，进而分析岩浆形成的构造环境。

采用 X 荧光光谱（XRF）分析技术，对营城组火山岩进行了 23 口井 265 件样品的微量元素分析测试。

1. 稀土元素特征

稀土元素是一组化学性质比较稳定的元素，在地质作用过程中不易发生变化，因

---

① 1ppm = 10^{-6}

此稀土元素的特征能较好地反映岩石形成过程中的大量信息，特别是火山岩稀土元素特征能反映其形成环境、源区特征等（赵海玲等，1998），因此稀土元素作为地球化学示踪剂被广泛应用于岩石成因、矿源、物源等的探讨。

利用 Hofmann（1988）原始地幔数据标准化绘制了松辽盆地深层火山岩稀土元素分配模式图（图3-37～图3-39）。稀土元素标准配分模式图清楚地显示出火石岭组、营城组一段和营城组三段三个不同组段火山岩的特征。营三段、营一段的稀土元素配分曲线（图3-37、图3-38）为"右倾海鸥型"，具有中等–强的 Eu 负异常现象，δEu 小于 1（表3-12），这是因为 Eu 与斜长石中 Ca 的晶体化学性质相似而常从熔体中进入斜长石 Ca 的位置，所以斜长石分离而使残余熔浆中 Eu 亏损。火石岭组稀土元素配分曲线（图3-39）为"右倾直线型"，无 Eu 负异常现象。

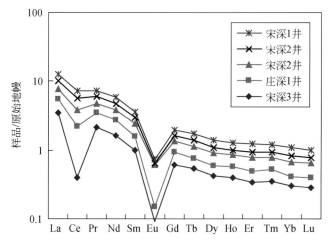

图3-37　徐家围子地区火山岩营三段稀土元素球粒陨石标准化配分模式图

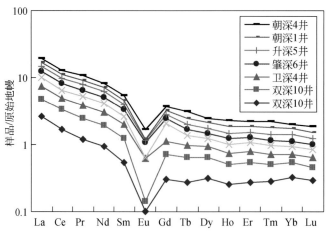

图3-38　徐家围子地区火山岩营一段稀土元素球粒陨石标准化配分模式图

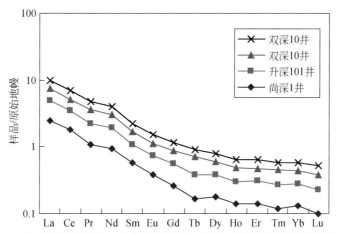

图 3-39 徐家围子地区火山岩火石岭组稀土元素球粒陨石标准化配分模式图

从稀土元素参数特征结果（表 3-12）可以看出，本区火山岩稀土元素含量较高，而营城组要高于火石岭组，酸性火山岩稀土元素含量高于中基性火山岩。均属于轻稀土富集型，轻稀土元素总量（LREE）在 100~300ppm 左右的范围，轻重稀土比大于 2，另外表现为（La/Sm）$_N$ 均大于 1；同时重稀土显示亏损，表现为（Gd/Yb）$_N$ 均大于 1。轻稀土元素之间分异度大，重稀土元素之间分异度小。

表 3-12 松辽盆地深层火山岩稀土元素参数特征

井号	层位	∑REE /ppm	LREE /ppm	HREE /ppm	LREE /HREE	δEu /ppm	Ce/Yb	La/Sm	La/Yb	Gd/Yb	Sr/Ba
庄深 3	Y_3	233.81	161.05	72.76	2.21	0.1118	5.213	3.420	17.180	2.033	0.320
庄深 1	Y_3	357.15	301.48	55.67	5.415	0.1319	64.189	3.621	28.806	3.000	0.192
宋深 2	Y_3	367.51	282.31	85.2	3.313	0.7419	24.656	2.518	12.668	1.640	0.806
宋深 2	Y_3	285.08	241.9	43.18	5.602	0.0964	43.309	4.375	22.059	1.688	0.272
宋深 1	Y_3	334.67	261.79	72.88	3.592	0.1429	26.039	3.538	13.706	1.320	0.229
芳深 6	Y_1	246.21	193.51	52.7	3.672	0.2410	41.441	4.887	20.711	1.038	0.821
双深 10	Y_1	122.38	93.28	29.1	3.205	0.0714	20.028	3.086	12.028	2.000	0.312
双深 10	Y_1	211.86	164.71	47.15	3.493	0.8348	32.017	3.308	15.606	1.947	0.565
卫深 4	Y_1	131.87	104.43	27.44	3.806	0.0923	29.809	3.892	20.566	1.010	0.677
朝深 1	Y_1	411.68	328.12	83.56	3.927	0.8504	28.845	2.468	16.871	1.786	1.040
朝深 1	Y_1	148.34	105.81	42.53	2.488	0.8571	23.454	3.781	10.157	1.889	0.649
肇深 6	Y_1	188.49	153.01	35.48	4.313	0.1702	36.153	4.136	19.439	1.296	1.175
升深 5	Y_1	276.11	215.82	60.29	3.580	0.0734	22.928	3.531	13.644	1.406	1.852
朝深 1	Y_1	398.41	281.39	117.02	2.405	0.7937	18.578	2.636	10.633	1.750	0.288
朝深 4	Y_1	60.22	44.4	15.82	2.807	0.2410	19.467	4.887	10.641	1.038	0.607
肇深 1	H_2	81.33	71.61	9.72	7.367	1.0148	81.585	4.293	43.049	2.000	0.880
尚深 1	H_2	122.52	102.87	19.65	5.235	1.0989	44.533	4.351	24.673	2.000	0.379
升深 101	H_2	114.22	95.34	18.88	5.050	1.0058	39.660	4.105	23.447	1.800	1.141
双深 10	H_2	129.09	108.71	20.38	5.334	1.0040	46.536	4.293	22.911	2.000	0.506

2. 微量元素特征

微量元素蛛网图是根据元素相容性顺序，利用球粒陨石、原始地幔等进行标准化后所做的一种线条图。选取升平、兴城、徐南、安达等地区具有代表性的全岩微量元素测试结果，利用 Hofmann（1988）原始地幔数据标准化，绘制了火山岩的微量元素蛛网图。从微量元素蛛网图（图3-40）可以看出，徐家围子地区火山岩具有强不相容元素富集和负 Sr 异常，负 Sr 异常说明，斜长石发生了分离结晶作用。研究区火山岩具有 Pb 的明显高峰的特征，高场强元素 Nb 和 Sr 的低峰值，这些特征表明它与造山带火山岩相似，可能表明本区的火山岩是壳幔混合作用的结果（Ionov et al.，1994）。

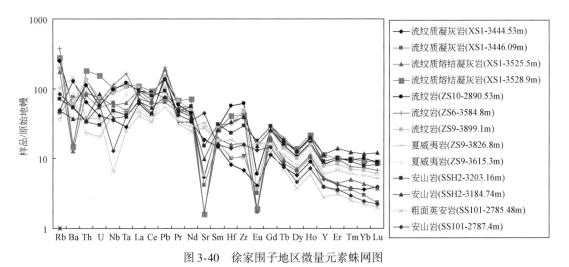

图3-40　徐家围子地区微量元素蛛网图

第四节　次生矿物特征

一、次生矿物种类及特征

在讨论火山岩次生矿物之前，首先我们强调一下次生矿物的概念。次生矿物是指在岩浆基本上凝固成固相岩石后，由于受残余挥发分和岩浆期后流体的作用（蚀变、交代及沉淀）而生成的矿物。它往往交代原生矿物，或充填在矿物的孔隙及晶洞中，如：岩浆期后的流体可形成石英、萤石等矿物，也可以发生反应交代原生矿物形成蚀变矿物，如：长石的高岭土化，斜长石遭受钠黝帘石化形成钠长石及黝帘石等。

当岩浆喷出地表或侵入地下，在其冷凝固结成岩以及随盆地埋藏–热演化过程中，都不可避免地遭受其形成后的一系列作用过程，这些作用包括脱玻化作用、水化作用、固结成岩作用、热液蚀变作用、埋藏成岩作用（如蚀变、交代、充填及沉淀）、风化淋滤作用、变质作用、构造作用等，在此过程中会形成一系列次生矿物。此外，火山岩作为盆地充填过程中的一个产物，在其冷凝固结后，与周围沉积岩处在相同的埋藏成岩作用场中，同样受温度与压力的变化以及受流体、构造、风化剥蚀等作用的影响，通过沉淀作用形成一系列自生成岩矿物或胶结物。这些矿物往往或交代原生矿物，或充填在矿物的孔隙及晶洞中，如岩浆期后的热液流体可形成石英、方解石等矿物，也可以发生交代反应形成各种蚀变矿物，如长石的高岭土化，斜长石遭受钠黝帘石化形成钠长石及黝帘石，斜长石被方解石、白云石交代等。石英加大边、微晶石英、绿泥石薄膜、碳酸盐胶结物等。

由于次生矿物的形成，改变了储层的物性（孔隙度和渗透率），因此研究次生矿物对于评价储层优劣具有重要意义。次生矿物形成时期为岩浆基本上凝固成固相岩石后到埋藏期成岩阶段，在孔隙中以充填矿物的形式出现或交代原生矿物，如较早的可形成绿泥石、硅质、伊利石、萤石等矿物，也可以发生长石的高岭土化等，晚期主要为次生石英和含铁碳酸盐充填。

火山岩形成后物质的带入和带出表现在两个方面：矿物的形成和消失。例如，研究区火山岩的钠长石化、钠铁闪石化、硅化、绿泥石化以及碳酸盐化等矿物的形成，它们将堵塞孔隙使孔隙度和渗透性降低；而长石、碳酸盐、钠铁闪石等矿物的溶蚀使这些矿物消失或部分消失产生孔隙，使孔隙度和渗透性增加。

对研究区 90 余口井 1500 多块岩石薄片和铸体薄片的鉴定结果表明，本区火山岩中的次生矿物主要有石英、菱铁矿、方解石、钠长石、绿泥石、绿帘石、褐铁矿、钠铁闪石、云母、黏土矿物及少量的玉髓、氟碳钙铈矿、萤石、黄铁矿、浊沸石、方沸石、葡萄石等 17 种。

1. 钠长石

钠长石是一种分布广泛的矿物，其形成的温度范围较大，不同类型岩石中均见到（图版Ⅲ-Ⅰ），钠长石主要呈两种形式存在，一是钠长石交代斜长石，二是在气孔中或气孔周边形成钠长石晶体。

钠长石交代斜长石现象比较普遍，在松辽盆地砂岩中也常见到，通常是以边部向内交代或沿着解理交代形成周边交代结构，即通常所说的净边结构（图版Ⅲ-Ⅱ），这种净边结构的钠长石往往继承了原来斜长石的光性方位，且通常不见双晶。这种钠长石化作用往往是由于斜长石碳酸盐化、黏土矿物化、绢云母化过程中钙的淋失的结果。高岭土化斜长石中的钠长石，除构成斜长石净边外，在斜长石内部还形成网状的、不规则的钠长石和高岭石等的紧密共生体，斜长石周边和内部网状的钠长石光性方位一致。

2. 沸石

沸石矿物是含水的碱或碱土铝硅酸盐矿物，常作为长石的次生矿物产出。浊沸石属单斜晶系，充填于中、基性火山岩的气孔中（图版Ⅲ-Ⅲ）。方沸石在研究区少见，出现在流纹岩中。

3. 绿泥石

绿泥石是铁、镁、铝的含水铝硅酸盐矿物，研究区绿泥石一部分是暗色矿物蚀变而来（图版Ⅲ-Ⅳ），一部分是由热液流体沉淀形成（图版Ⅲ-Ⅴ）。蚀变绿泥石多分布于宿主矿物（如暗色矿物或中基性斜长石等）表面。从热液流体中直接沉淀的绿泥石或以薄膜状分布于矿物颗粒边缘和沿气孔壁分布，或以栉壳状、簇状、放射状等形状分布于气孔、裂缝中。

4. 石英及玉髓

形成石英及玉髓的作用称为硅化，硅化作用是最常见和分布最广的现象，在熔岩和火山碎屑岩中都见到强烈的硅化（图版Ⅲ-Ⅵ）。玉髓形成的温度比石英形成的温度要低，由于硅化过程常产生隐晶质玉髓和玉髓状石英，因此正交偏光下通常无光性反应。硅化过程中石英常发生次生加大，形成与颗粒石英具有同一光性方位的石英次生加大边。

5. 方解石

方解石（图版Ⅳ-Ⅰ）广泛出现在各种岩石类型中，包括方解石和铁方解石两种，研究区方解石包括3期，其中一期泥晶方解石，两期亮晶方解石。

6. 菱铁矿

菱铁矿是研究区常见的次生矿物，它常和铁质氧化物、钠铁闪石共生在一起，而在另一些区域它又常常和方解石共生在一起（图版Ⅳ-Ⅱ）。

7. 钠铁闪石

钠铁闪石属于富钠铁的碱性角闪石系列。由钠铁闪石分子式 $Na_3Fe_4^{2+}Al[Si_4O_{11}]_2(OH,F)_2$，与普通角闪石分子式 $(Ca,Na)_{2-3}(Mg,Fe^{2+},Fe^{3+},Al)_5[(Al,Si)_4O_{11}]_2(OH)_2$，可看出，普通角闪石中的 $(OH)^-$ 常被 F^- 代替，Ca^{2+} 被 Na^+ 代替，Mg^{2+}、Al^{3+} 被 Fe^{2+} 代替，说明钠铁闪石形成时流体富钠、铁，含氟。这表明在营城组火山岩成岩作用后期发生了富钠、富铁碱性流体交代事件。钠铁闪石可发生溶蚀形成溶孔，改善储层的储集性能。

研究区钠铁闪石化火山岩多见于流纹岩、粗面岩及流纹质熔结凝灰岩等酸性岩中（图版Ⅳ-Ⅲ）。含有钠铁闪石火山岩的井段主要有林深3井、升深203、徐深201、徐深6、徐深6-101、徐深6-105、徐深601井等。

8. 氟碳钙铈矿

氟碳钙铈矿 $(Ce,La)_2Ca(CO_3)_3F_2$ 是富含稀土元素（La、Ce、Nd）的矿物，晶体较小，薄片中浅褐色、高正突起、{0001}解理完全、干涉色为高级白（图版Ⅳ-Ⅳ）。氟碳钙铈矿出现在球粒流纹岩、流纹岩、流纹质熔结凝灰岩、流纹质凝灰岩中。氟碳钙铈矿的出现说明这些地区稀土元素比较富集。

9. 萤石

萤石在高、中、低温热液中均可见到，如在徐深1井3348.99～3451.53m、升深更

2 井 3005.15m 处流纹岩的气孔中可见生长的萤石（图版Ⅳ–Ⅴ）。萤石的出现说明本区是富含 F 挥发分的，可能为岩浆期后热液作用的结果。

10. 葡萄石

葡萄石在正交偏光显微镜下呈叶片状（图版Ⅳ–Ⅵ）、放射状，有交代石英现象，干涉色二级黄到二级红，主要出现在玄武岩、玄武安山岩气孔中，充填气孔，堵塞孔隙。

11. 云母

见水白云母、绢云母、白云母、铁黑云母，充填气孔或交代颗粒。

12. 黏土矿物

黏土矿物主要作为长石的高岭土化的形式出现，有时也充填在孔隙间。

二、次生矿物分布

1. 次生矿物与岩石类型

松辽盆地北部营城组火山岩的主要岩石类型为（球粒）流纹岩、流纹质熔结凝灰岩、凝灰岩、火山角砾岩、英安岩、粗安岩、粗面岩、安山岩、玄武岩等。全区次生矿物含量统计结果（表3-13）显示，研究区次生矿物主要以碳酸盐、石英、绿泥石为主，白云石、钠长石、云母、高岭石、黄铁矿、菱铁矿次之，可见少量葡萄石、沸石。

表 3-13　次生矿物平均含量与火山岩类型统计表　　　（单位:%）

岩石类型	石英（玉髓）	菱铁矿	方解石	白云石	钠长石	钠铁闪石	绿泥石	云母	黄铁矿	葡萄石	沸石	高岭石
凝灰岩	0.81	0.26	2.02	0.03	0.11	0	0.27	0	0.03	0	0	0
玄武岩	0.38	0.25	7.58	0	0	0	5.25	0	1.04	0.08	0.25	0
闪长玢岩	1.17	0.25	0.75	0	0	0.75	1.33	0	0.33	0	0.17	0
火山角砾岩	1.25	0.35	1.02	0	0	0.2	0.15	0	0	0	0	0
流纹岩	3.62	0.32	1.43	0.36	0.1	0	0.21	0.24	0.03	0.01	0	0.2
安山岩	0	0	5	0	0	0	10	0	0	0	0	0
平均值	2.11	0.29	2.43	0.18	0.07	0.07	1.17	0.11	0.20	0.01	0.05	0.09

从次生矿物在研究区出现的频次上看，大致排序为：碳酸盐>石英>铁质氧化物>绿泥石>长石>黏土矿物>钠铁闪石>云母>氟碳钙铈矿>绿帘石>萤石>玉髓>浊沸石>葡萄石≥黄铁矿≥磁铁矿>白钛矿（表3-14）。

表3-14　次生矿物与火山岩类型　　　　　　（单位：样品个数）

次生矿物＼岩石类型	流纹岩	英安岩	粗面岩	粗安岩	安山岩	玄武岩	凝灰岩	熔结凝灰岩	火山角砾岩	流纹质凝灰熔岩	沉凝灰角砾岩	沉凝灰岩	小计
绿泥石	88	0	3	1	26	17	36	35	14	12	1	2	235
石英	318	2	4	7	21	5	42	121	17	37	0	0	574
铁质氧化物	76	0	11	0	9	4	10	123	2	12	0	0	247
碳酸盐	385	1	16	9	34	13	115	220	26	46	2	12	879
玉髓	7	0	0	0	1	0	1	0	0	0	0	0	9
长石	76	0	0	0	5	0	14	128	3	6	0	0	232
黏土矿物	56	0	5	0	10	1	55	20	9	13	0	4	173
浊沸石	0	0	0	0	2	5	0	0	0	0	0	0	7
黄铁矿	0	0	0	0	0	0	1	0	0	2	0	0	3
磁铁矿	3	0	0	0	0	0	0	0	0	0	0	0	3
萤石	3	0	0	0	0	0	1	7	0	0	0	0	11
氟碳钙铈矿	17	0	0	0	0	0	2	12	0	0	0	0	31
钠铁闪石	15	0	0	0	0	0	4	86	1	4	0	0	110
绿帘石	4	0	0	0	0	0	0	18	0	0	0	0	22
白钛矿	2	0	0	0	0	0	0	0	0	0	0	0	2
云母	24	0	0	0	3	3	20	29	7	1	0	5	92
葡萄石								3					3

　　为了对比不同地区同一岩石类型和相同地区不同岩石类型次生矿物类型差异，分别绘制了不同地区同一岩石类型和相同地区不同岩石类型次生矿物类型频率图和频数图。

　　图3-41～图3-44分别为安达、升平及兴城地区流纹岩中主要次生矿物频率图和频数图。流纹岩次生矿物主要为石英（包括微晶石英、石英加大边、玉髓）、方解石、白云石、菱铁矿，绝对含量依次为3.62%、1.43%、0.36%、0.32%，相对含量为55%、21%、6%、5%，云母、高岭石、绿泥石、钠长石、黄铁矿占总量的13%，含量低。各地区之间自生矿物的类型和数量差别较大，但石英和碳酸盐普遍。

　　流纹岩中比较少见的次生矿物氟碳钙铈矿、绢云母，在三个地区都有出现（图3-43、图3-44），其中绢云母在安达地区相对比较普遍。玉髓、钠铁闪石、萤石只出现在升平及兴城地区，方沸石、绿帘石只出现在兴城地区。

　　粗面岩分布范围比较局限，仅在升平地区和兴城地区出现。粗面岩中常见的次生矿物与流纹岩具有一定的相似性，碳酸盐含量高，不同在于该区铁质氧化物含量也较高（图3-45、图3-46）。

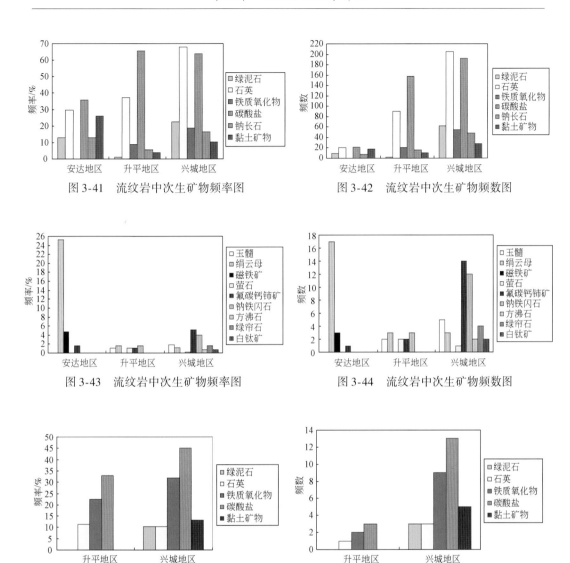

图 3-41 流纹岩中次生矿物频率图　　　　图 3-42 流纹岩中次生矿物频数图

图 3-43 流纹岩中次生矿物频率图　　　　图 3-44 流纹岩中次生矿物频数图

图 3-45 粗面岩中次生矿物频率图　　　　图 3-46 粗面岩中次生矿物频数图

安山岩中常见大量的碳酸盐、石英和绿泥石等次生矿物（图3-47、图3-48）。其中绿泥石大部分是暗色矿物蚀变而来，少量充填在气孔中。

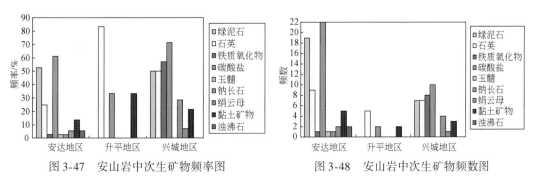

图 3-47 安山岩中次生矿物频率图　　　　图 3-48 安山岩中次生矿物频数图

安山岩的碳酸盐化在安达、升平和兴城地区均较普遍，有一半以上的样品可见碳酸盐化，硅化和黏土化也比较常见。铁质氧化物在兴城地区普遍，大致有57%的样品具有铁质氧化物。其他矿物较少。

玄武岩仅分布在安达地区。由图3-49和图3-50可以看出，安达地区玄武岩中绿泥石化和碳酸盐化发育比较普遍，62%的样品和80%的样品分别具碳酸盐化和绿泥石化，碳酸盐和绿泥石绝对含量分别为7.58%、5.25%，相对含量分别为50%、35%，菱铁矿、云母、沸石、葡萄石只占总量的8%。

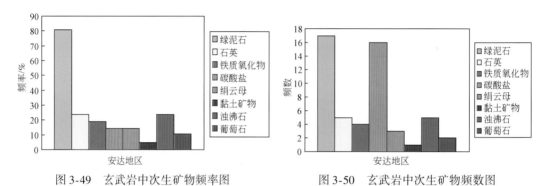

图3-49　玄武岩中次生矿物频率图　　　　图3-50　玄武岩中次生矿物频数图

凝灰岩中有大量碳酸盐，其中安达和兴城地区碳酸盐化普遍（图3-51、图3-52），60%的样品都具有碳酸盐，升平地区有51%的样品具有碳酸盐化；三个地区约20%左右的样品都具有硅化；凝灰岩的次生矿物以方解石、石英、菱铁矿占主要比例，绝对含量分别为2.02%、0.81%、0.26%，相对含量分别为57%、23%、7%，其余4种次生矿物（钠长石、绿泥石、黄铁矿、白云石）占总量的13%。

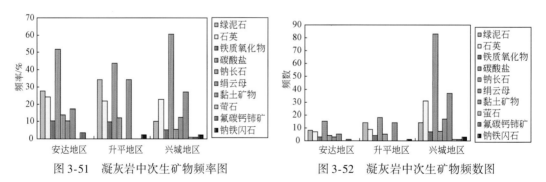

图3-51　凝灰岩中次生矿物频率图　　　　图3-52　凝灰岩中次生矿物频数图

熔结凝灰岩在升平和兴城地区碳酸盐化普遍（54%～59%的样品都具有碳酸盐化），兴城地区样品硅化和钠长石化比升平地区强烈，大致有一半以上的样品具有硅化现象，钠长石化的样品有39%，但绢云母化在这两个地区都比较弱（不到5%），安达地区有少部分样品具有碳酸盐化和硅化（图3-53、图3-54），但绢云母化安达地区比较强烈，约有60%的样品能够见到绢云母化。

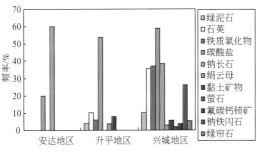
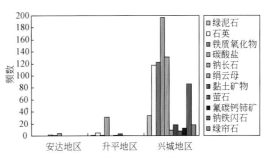

图 3-53　熔结凝灰岩中次生矿物频率图　　　图 3-54　熔结凝灰岩中次生矿物频数图

火山角砾岩中同样普遍存在次生的碳酸盐和石英，次生矿物中石英、方解石、钠长石占主要比例，绝对含量分别为 1.25%、1.02%、0.35%，相对含量为 42%、34%、12%，黄铁矿、钠铁闪石占总量的 12%，居于次要地位。从地区差异上，从升平地区→安达地区→兴城地区碳酸盐化和硅化逐渐增强（图 3-55、图 3-56）；绢云母化在安达地区比较明显（31% 的样品都有）。

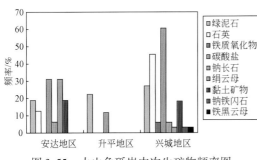
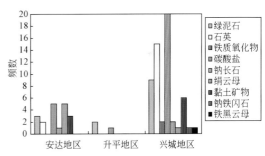

图 3-55　火山角砾岩中次生矿物频率图　　　图 3-56　火山角砾岩中次生矿物频数图

流纹质凝灰熔岩仅在升平地区和兴城地区出现，流纹质凝灰熔岩中常见的次生矿物有碳酸盐、石英和黏土矿物（图 3-57、图 3-58）。碳酸盐化非常普遍，其次是绿泥石和铁质氧化物和钠长石等。

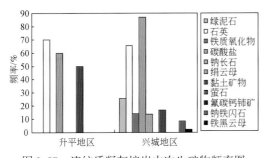
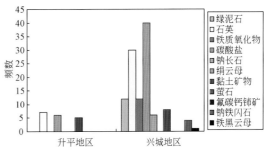

图 3-57　流纹质凝灰熔岩中次生矿物频率图　　　图 3-58　流纹质凝灰熔岩中次生矿物频数图

沉凝灰岩目前以非储层出现在兴城地区，次生矿物主要为碳酸盐岩和砂岩沉积物中的黏土类矿物（图3-59、图3-60）。

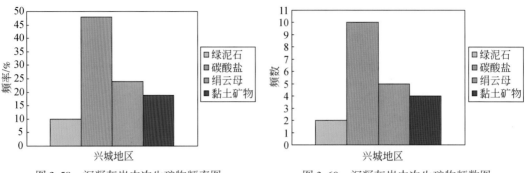

图3-59　沉凝灰岩中次生矿物频率图　　　　图3-60　沉凝灰岩中次生矿物频数图

一部分次生矿物通常只出现在特定岩石类型中，这与新生矿物和母岩提供的特定物质有关。浊沸石、葡萄石通常只出现在中基性火山岩中，氟碳钙铈矿、钠铁闪石、萤石一般出现在酸性火山岩中。但不同地区相同的岩石类型有不同的次生矿物组合。

2. 次生矿物组合及在剖面上的变化特征

次生矿物共生组合是指在某一成岩阶段内一种或一种以上的次生矿物相伴生。火山岩成分的不同导致形成不同的次生矿物共生组合。同类型次生矿物在不同成岩期形成的孔隙类型中重复出现，呈现了矿物的世代关系，它能指示孔隙流体的逆向反应。次生矿物从开始形成至演变或被改造过程，反映了流体性质及成分的改变。

次生矿物的变化特征表现在平面和剖面上，不同时期次生矿物的种类和含量在复杂的环境因素的作用下会变得很复杂，随着深度的变化，岩石类型发生变化，从而也会导致次生矿物发生各种相应的改变；在不同区域，次生矿物的分布不均匀，这主要是因为地层水在各个区域所携带的化学元素种类不同，含量也不同，从而导致在不同区域形成不同的次生矿物。由于取心段带有随机性，因此这里讨论的只是次生矿物在剖面上的变化趋势。

次生矿物在剖面上的变化特征主要有以下几种类型：

（1）取心段上段只有碳酸盐（方解石或菱铁矿），下段逐渐过渡出现了石英、绢云母、铁质氧化物等次生矿物。如徐深1、徐深6、徐深8、徐深1-2、升深2-1井。比较具有代表性的是徐深1井，共2个取心段，第1取心段岩石类型为流纹质熔结角砾凝灰岩，次生矿物为方解石；第2取心段岩石类型主要为流纹质火山角砾岩（集块岩），次生矿物为方解石、绿泥石、石英、黏土矿物等。

徐深6、徐深8、徐深1-2、升深2-1五口井的岩石类型均为流纹质火山岩，徐深1、徐深6、徐深1-2井的第1个取心段的岩石类型均为流纹质熔结凝灰岩，徐深8井为流纹质凝灰岩，升深2-1井为球粒流纹岩。而这五口井次生矿物全都为碳酸盐矿物，出现了相同的次生矿物组合；第2取心段的岩石类型变化较大，次生矿物组合也出现很大变化，徐深1井为流纹质角砾岩，徐深6、升深2-1、徐深8井为球粒流纹岩，徐深1-2井为流纹质凝灰岩和流纹质火山角砾岩，矿物组合中均出现方解石，纵向上次生矿物的种类增加。从升深 2-1 井中可以看出，相同的岩石类型出现不同的次生矿物组合，升深 2-1 井共有三个取心段，岩石类型都是球粒流纹岩，而次生矿物组合不同，第 1 取心段为方解石，第 2 取心段为方解石和铁质氧化物，第 3 取心段为菱铁矿、石英和铁质氧化物。总之，通过这几口井的对比可以明显看出，上部为方解石，下部出现石英、铁质氧化物等次生矿物，随着深度的增加，次生矿物的组合有很大的不同。从试气结果看，升深 2-1、徐深 6、徐深 8 井最下面的取心段均为工业气层，次生矿物组合的相同之处为都有碳酸盐（方解石或菱铁矿）和石英。

（2）在流纹质火山岩中方解石和硅质常共生，此外，随深度的不同有不同的次生矿物产生，例如：升深 2-7、升深 2-12、汪深 1、汪深 905 井。比较有代表性的为升深 2-7 井，4 个取心段均为（球粒）流纹岩，尽管各取心段的岩石类型相同，但每个取心段的次生矿物不尽相同，然而方解石和石英是它们相同的次生矿物。第 2、3 取心段为工业气层，次生矿物为方解石、石英、黏土矿物。

（3）绿泥石和石英共生在一起，随着深度不同，有不同的次生矿物和它们组合在一起，如徐深 15、徐深 26、徐深 201 井。比较有代表性的是徐深 15 井。徐深 15 井有 5 个取心段，第 1、4、5 取心段岩石类型为流纹岩；第 2、3 段为流纹质凝灰岩。除第 1 取心段无绿泥石外，其他 4 个取心段均有绿泥石和石英共生在一起，另外除第 4 取心段未见碳酸盐矿物外，其他取心段均有碳酸盐矿物产出。徐深 15 井中岩石类型变化不大，次生矿物组合变化也不大，主要为绿泥石、石英、碳酸盐和黏土矿物。第 3 取心段为低产气层，次生矿物为绿泥石、石英、菱铁矿和黏土矿物。

（4）主要次生矿物是菱铁矿和石英，两者在不同的深度处，始终伴生，随深度的增加，出现钠长石和钠铁闪石等矿物。如徐深 9-1、徐深 9-2、徐深 9-3、徐深 9-4 井。比较有代表性的为徐深 9-4 井，有 3 个取心段。菱铁矿和石英在 3 个取心段都很发育，第 1 取心段岩石类型为流纹质凝灰熔岩和流纹岩，上部出现黏土矿物，下部出现钠铁闪石和氟碳钙铈矿而黏土矿物消失；第 2 取心段岩石类型为流纹质凝灰熔岩，有钠铁闪石和氟碳钙铈矿而无黏土矿物；第 3 取心段为球粒流纹岩，有钠铁闪石，出现水白云母和玉髓，而无黏土矿物。可知此井随深度增加，岩石类型无大的变化，而次生矿物组合出现一定的差异。

（5）绿泥石、菱铁矿、石英共生在一起，随深度的增加，有其他矿物组合在一起。如徐深 603、徐深 1-3 井，其中以徐深 1-3 井最为典型。有 2 个取心段，均为球粒流纹岩，第 1 取心段除主要的绿泥石、菱铁矿、石英次生矿物外，还有钠长石及零星的铁质氧化物和黏土矿物出现；第 2 取心段次生矿物组合为大量的绿泥石、菱铁矿和石英，其次出现大量的方解石，偶见黄铁矿和萤石。

徐深 603 井两个取心段的岩石类型均为流纹质晶屑熔结凝灰岩，次生矿物主要为绿泥石、菱铁矿和石英。在第 1 取心段还有菱铁矿和铁质氧化物同时出现；在第 2 取心段除有大量绿泥石、菱铁矿、石英、钠长石外，同时出现了大量的铁质氧化物和零星的方解石，3514~3521m 的深度范围为工业气层，主要次生矿物组合为菱铁矿、石英、方解石。

（6）绿帘石、菱铁矿、铁质氧化物、钠铁闪石和钠长石大量出现，如徐深 6-3 和徐深6-105井。这两口井的岩石类型均为流纹质熔结凝灰岩，除上述矿物大量出现外，绿泥石也是它们的共同矿物，不同的是徐深6-3井绿泥石发育较少，而徐深6-105井绿泥石较发育。另外在徐深6-3井还发育氟碳钙铈矿、萤石和铁云母等次生矿物。

第五节 火山岩分布特征及有利储层岩石类型

1. 火山岩分布特征

松辽盆地北部徐家围子地区火山岩以流纹岩、熔结凝灰岩和凝灰岩为主，三者约占岩石总量的81%（据薄片资料），其次还有少量凝灰质熔岩、火山角砾岩、安山岩和玄武岩等（图3-61）。

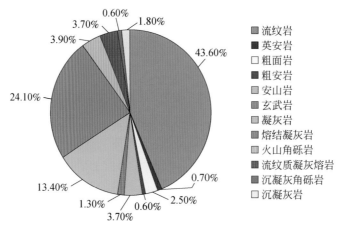

图3-61 火山岩岩石类型饼状图

火山岩在平面分布上具有一定的规律性，从北向南，岩石类型由中基性向酸性过渡：安达地区以中基性火山岩为主，徐中、徐南以酸性流纹岩为主，中基性火山岩偶有分布，徐东和徐西以酸性火山碎屑岩为主，部分熔岩（图3-62）。

剖面上，安达地区具有从中基性火山熔岩到火山碎屑岩的两个旋回（图3-63），徐中具有从酸性火山岩熔岩到火山岩碎屑岩的三个旋回。

2. 有利储层岩石类型

按照不同地区酸性、中性、基性火山岩储层识别标准，根据测井、录井综合解释，并结合岩石薄片鉴定结果，分别对徐家围子断陷安达地区、徐东地区、徐中地区、徐南地区进行储层厚度划分。

统计不同火山岩岩石类型的储层厚度，并进行储层与非储层岩石类型对比分析，探讨火山岩岩石类型与储层发育的关系。徐家围子断陷营城组火山岩可以作为储层的超过40%，基性-中性-酸性火山岩中除沉凝灰岩外均可以作为储层。

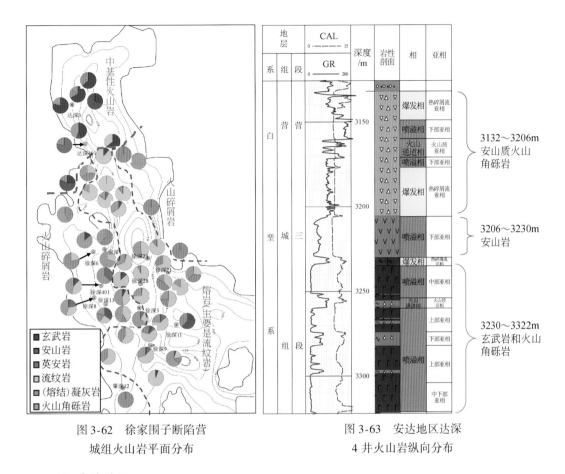

图 3-62　徐家围子断陷营
城组火山岩平面分布

图 3-63　安达地区达深
4 井火山岩纵向分布

1）安达地区

安达-汪家屯地区营城组火山岩地层酸性、中性、基性火山岩均有一定比例分布，酸性岩占 51.0%、中酸性岩占 4.6%、中性岩占 17.0%、基性岩占 26.4%（图 3-64）。分布的主要岩石类型为：（安山）玄武岩、流纹岩、（安山质、流纹质）凝灰岩、安山岩、（安山质、流纹质）火山角砾岩，分别占火山岩地层累计厚度的 26.4%、24.5%、19.7%、13.5%、7.7%。所有分布岩石类型中储层发育比例的大小顺序为（图 3-65）：火山角砾岩 69.2%、英安岩 65.1%、安山岩 56.8%、流纹岩 50.8%、玄武岩 48.1%、凝灰岩 39.9%。结合火山岩厚度和储层发育的比例，可以看出：流纹岩、玄武岩、凝灰岩、安山岩、火山角砾岩为安达-汪家屯地区有利储层，储层分别占总火山岩累计厚度的 12.7%、12.4%、7.9%、7.6%、5.3%（表 3-15）。

2）徐东地区

徐东地区酸性岩占 92.92%、中酸性岩占 0.44%、中性岩占 0.54%、沉凝灰岩占 6.11%（图 3-64）。分布的主要岩石类型为：流纹岩（包括流纹质凝灰熔岩、角砾熔岩）、凝灰岩（包括熔结凝灰岩、角砾凝灰岩）、火山角砾岩（包括熔结角砾岩），分别占火山岩总累计厚度的 40.6%、39.7%、12.8%。主要岩石类型中储层发育比例的

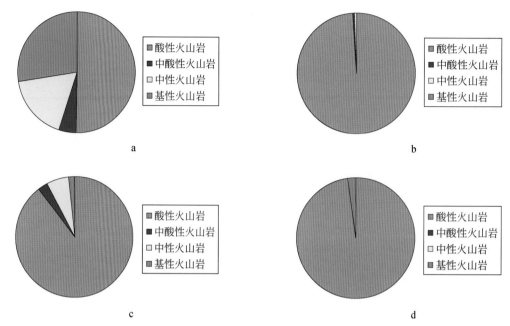

图 3-64 松辽盆地徐家围子断陷火山岩分类图
a. 安达地区火山岩岩性饼图；b. 徐东地区火山岩岩性饼图；c. 徐中地区火山岩岩性饼图；
d. 徐南地区火山岩岩性饼图

大小顺序为（图 3-65）：火山角砾岩 53.6%、流纹岩 47.2%、凝灰岩 34.3%。结合火山岩厚度和储层发育的比例，可以看出：流纹岩、凝灰岩、火山角砾岩为徐东地区有利储层，储层分别占火山岩累计厚度的 19.7%、13.6%、12.8%（表 3-15）。

表 3-15 松辽盆地徐家围子断陷及外围断陷营城组火山岩优势储层 （单位：%）

地区	优势储层	火山岩厚度/ 火山岩总厚度	储层/非储层厚度	储层厚度/ 火山岩厚度
安达-汪家屯地区	流纹岩	24.5	50.8	12.7
	玄武岩	26.4	48.1	12.4
	凝灰岩	19.7	39.9	7.9
	安山岩	13.5	56.8	7.6
	火山角砾岩	7.7	69.2	5.3
徐东地区	流纹岩	40.6	47.2	19.7
	凝灰岩	39.7	34.3	13.6
	火山角砾岩	12.8	3.6	12.8
徐中地区	流纹岩	41.9	61	25.5
	凝灰岩	31.9	64.1	20.4
	火山角砾岩	14	53.9	7.5
徐南地区	流纹岩	70	85.2	44.3
	凝灰岩	27.3	63.3	23.3

3）徐中地区

徐中地区酸性岩占 89.6%、中酸性岩占 2.8%、中性岩占 5.9%、基性岩占 1.7%（图 3-64）。分布的主要岩石类型为：流纹岩（包括流纹质凝灰熔岩、角砾熔岩）、凝灰岩、火山角砾岩，分别占火山岩总累计厚度的 41.9%、31.9%、14.0%。3 种主要岩石类型中储层发育比例的大小顺序为（图 3-65）：凝灰岩 64.1%、流纹岩 61.0%、火山角砾岩 53.9%。结合火山岩厚度和储层发育的比例，可以看出：流纹岩、凝灰岩、火山角砾岩为徐中地区有利储层，储层分别占总火山岩累计厚度的 25.5%、20.4%、7.5%（表 3-15）。

4）徐南地区

徐南地区酸性岩占 97.8%、基性岩占 26.2%（图 3-64）。分布的主要岩石类型为流纹岩、凝灰岩，分别占火山岩总累计厚度的 70.0%、27.3%。两种主要岩石类型中储层发育比例的顺序为（图 3-65）：凝灰岩 85.2%、流纹岩 63.3%。结合火山岩厚度和储层发育的比例，可以看出：流纹岩、凝灰岩为徐南地区有利储层，储层分别占总火山岩累计厚度的 44.3% 与 23.3%（表 3-15）。

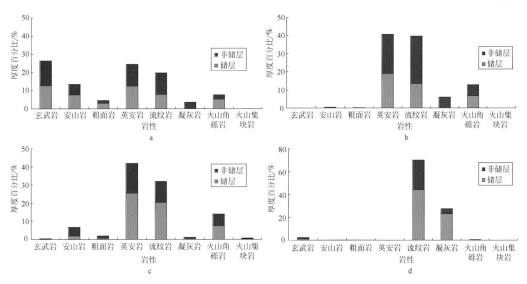

图 3-65　徐家围子断陷营城组不同岩性火山岩储层与非储层比例图
a. 安达地区；b. 徐东地区；c. 徐中地区；d. 徐南地区

第四章 火山岩成岩作用特征

火山岩储集层从形成、发育、演化，到成为具有现今特性的储层，其在漫长的地质历史时期经历的一系列成岩作用的改造过程，最终决定了储集层性能的优劣。成岩作用是决定储集层有效性的关键，在当前勘探阶段既是研究重点，又是难点。

第一节 火山岩成岩作用类型的含义

通常所说的成岩作用是指使松散沉积物固结形成沉积岩石的作用，是松散沉积物在深埋环境下直到固结为岩石以前所发生的一切物理的和化学的（或生物）变化过程。成岩作用专用于沉积岩，在传统的火山岩研究中不用这一术语。本书为了便于火山岩储层的讨论，借用了沉积岩中的成岩作用术语，并赋予了它新的内容。本书将火山岩的成岩作用定义为火山喷发产物即熔浆和（或）火山碎屑物质转变为岩石，直至形成变质岩或风化产物前所经历的各种作用的总和。按此定义，火山岩的成岩作用涵盖了岩浆固结形成岩石和火山岩形成后两个时期发生的所有物理和化学作用，终止于变质作用而形成变质岩前或经受表生风化作用而形成风化产物之前。火山岩形成时期控制原生孔隙和原生裂缝的形成；火山岩形成后时期，控制和影响次生孔隙和次生裂缝的形成（表4-1）。

表4-1 火山岩储层成岩作用类型表

阶段	作用类型	典型特征	对物性影响
冷却成岩	挥发分逸散、爆裂、重压固结	气泡孔、气囊、浮岩块、玻屑松散层、爆裂碎片间孔，受控于气泡大小，时间、压力、黏度	控制初始孔渗，连通差，渗透率通常较低
	焊结作用	熔结凝灰岩的第一作用序列	原生孔隙减少，孔隙度、渗透率低
	气相结晶	气相结晶带，管状空隙，垂直连通浮岩块	渗透率显著增高
	自碎角砾化	流纹熔岩、碎屑流的边部发育松散层，孔小但连通好	孔、渗显著增高
	淬火碎裂 玻璃质溶解蚀变脱玻化作用	岩浆–水反应导致淬裂，形成玻质岩如玻基斑岩、黑曜岩锯齿状结构，出现斜发沸石、蛋白石化	淬火利于连通；玻璃溶解提高孔渗，蚀变仅提高孔隙度，云母或黏土交代强则孔渗均低

续表

阶段	作用类型	典型特征	对物性影响
岩浆期后热液	岩浆期后热液蚀变	次生蚀变矿物沉淀充填孔隙、长石蚀变晶内孔	长石蚀变，孔隙度增加，但渗透率依然低；新矿物沉淀则降低孔渗
	岩浆期后硅化	广泛存在，玻璃质块状物	孔渗降低
风化淋滤	风化淋滤作用	风化裂缝、淋滤溶蚀孔隙	孔渗提高
埋藏成岩	机械压实作用	对火山碎屑岩有一定影响	孔渗降低
	流体溶蚀作用	长石、火山灰（其中微晶长石）、菱铁矿等	孔渗增高
	交代充填作用	多种次生矿物形成	孔渗降低
	构造运动作用	构造裂缝、碎裂带	孔渗提高

火山岩形成的特殊地质环境，尤其是岩浆喷出地表后温度和压力的突变，导致形成复杂的火山岩类型和孔隙空间，因此火山岩的成岩作用与沉积碎屑岩的成岩作用类型不尽相同。本书研究考虑到火山岩形成的特殊性，即熔岩流和火山碎屑流喷出地表后都将经过长期的冷凝过程，一般熔岩流在喷出地表后快速冷凝，而火山碎屑流的冷凝期相对长些，因为后者具有很强的热保持能力，并且在冷凝期前后形成了不同的结构构造和孔隙类型，对储集层的物性性质产生了重要影响。

第二节 火山岩成岩作用类型及机理

一、成岩作用的控制因素

成岩作用类型及强度受成岩物质和成岩环境两大因素控制。成岩物质是成岩作用发生的前提与基础，环境因素决定了成岩作用的类型和强度。岩浆的性质和喷发方式决定了火山岩形成期的成岩作用类型，后期成岩作用主要与火山活动和构造运动以及排烃作用等引起的流体活动有关，主要是热液流体和与有机质有关的酸性流体（邹才能等，2008）。

1. 成岩物质

成岩物质主要包括固体岩石和地质流体。岩石因素主要指组成岩石的矿物成分、组构、分选性等，它们决定着压实作用的强度及溶蚀作用的难易程度等，如石英和长石颗粒较岩屑的抗压强度大。同时，不同颗粒的溶蚀程度明显不同，如长石和岩屑比石英颗粒较易溶解。地质流体包括大气水、海水、地下水、有机酸、深部热液、各种气体等，其中对形成孔洞缝储集层有建设性意义的流体是有机酸和深部热液等。

2. 成岩环境

主要包括温度场和应力场。温度场主要控制流体运移、矿物溶解和沉淀等，重结晶作用、矿物转变、交代和溶蚀等作用都在适宜的温度条件下进行。应力场尤其是构造应力场作用下发生的伸展、走滑、挤压与升降运动等对成岩作用起着重要的作用，比较明显的是构造应力作用下产生的断层和裂缝、构造抬升遭受剥蚀形成的不整合面（或风化壳），将会大大促进溶蚀作用的发生。

二、松辽盆地典型火山岩成岩作用类型及机理

火山岩成岩作用类型多样，由于埋藏期主要的成岩作用，如压实作用、充填作用、溶解作用和交代作用，与正常沉积碎屑岩的作用特征和机理类似，因此本书不再赘述，这里将详细分析和研究火山岩所特有的成岩作用类型，如冷凝收缩作用、挥发分逸散作用、焊接或熔结作用、脱玻化作用等。

1. 冷凝收缩作用

炽热的火山物质喷发至地表，首先经历的即是冷凝收缩作用，体积发生收缩，多形成弧形、同心圆形的收缩缝，如珍珠结构的火山岩。

2. 挥发分逸散作用

火山喷发物质内的挥发分，因地面压力骤减、冷凝、体积收缩而逸出，是火山岩形成原生孔隙的主要作用。本区主要见于流纹岩、玄武岩和安山岩等火山熔岩中，也见于角砾熔岩、熔结角砾岩和熔结凝灰岩的浆屑中，多沿熔浆流动方向形成定向排列的气孔。

3. 熔结、压结作用

火山碎屑物质在本身重力的作用下或上覆沉积的火山物质的压力作用下，塑性火山碎屑物质被压扁、拉长，并具定向排列，从而使火山碎屑物质熔结在一起。主要发生在熔结火山碎屑岩中。按熔结强度可把熔结火山碎屑岩分为弱熔结、中等熔结和强熔结三类。熔结作用越强，岩石越致密，孔隙越不发育。

熔浆胶结作用是指火山喷发出的熔浆将火山碎屑物质胶结在一起而形成岩石的作用。主要发生在火山碎屑熔岩中。熔浆胶结作用越强，对孔隙的形成和保存越不利。

压结作用是火山碎屑物质经过压实固结形成岩石的作用。此种作用主要发生在普通火山碎屑岩中。

4. 脱玻化作用

火山玻璃脱玻化形成矿物发生体积的缩小，从而形成微孔隙，是研究区的一种重要储集空间。脱玻化作用可出现在熔岩和火山碎屑岩的火山玻璃中，主要出现在球粒

流纹岩、流纹质凝灰岩、流纹质熔结凝灰岩、流纹质凝灰角砾岩中。脱玻化孔隙虽小，但数量多，连通性好，因此也能形成好的储层。

火山玻璃不稳定，脱玻化作用的发生需较长的时间，需适当的水分、温度、压力。由于需要适当的水分所以脱玻化从裂隙开始，温度升高及压力增加有利于脱玻化，火山岩埋于地下的静压力及构造应力均有利于脱玻化的发生。

5. 长石的选择性溶蚀作用

本区溶解作用十分普遍，常见的溶解物质有：长石、火山灰、岩屑、胶结物（菱铁矿）溶解。在溢流相中，溶解作用的对象较少，主要是长石斑晶、玻璃基质；在爆发相中，溶解对象较多，可以有晶屑、玻屑、火山灰、火山玻璃、岩屑等。

但各类火山岩中均以长石溶蚀孔为主要的次生孔隙类型，最高可占总面孔率的60%以上，占次生溶孔的90%以上。

通过建立长石精细划分技术，采用电子探针的方法定点测定长石的化学成分，发现长石的选择性溶蚀表现为斜长石端元组分中的钙长石（An）发生溶蚀，端元组分中的钠长石（Ab）没有发生溶蚀而被保留下来。An在酸性介质中最容易发生溶蚀，其次为Ab，Or最稳定，所以长石会发生选择性溶蚀。优先溶蚀富钙的斜长石。其次是富钠的，最后才会溶蚀富钾的碱性长石。

徐中地区好储层溶蚀后的剩余长石类型主要为碱性长石（透长石或正长石）和贫钙斜长石系列（图4-1），反映了长石的选择性溶蚀钙长石的结果。

安达地区中基性火山岩长石种类复杂（图4-2），斑晶主要为斜长石，碱性长石主要分布于基质中，以透长石（正长石）为主，歪长石次之。但气层和水层的长石以贫钙为特征（图4-3），反映了长石的选择性溶蚀钙长石的结果。干层的长石类型则多样，钙长石较高（图4-4），反映钙长石溶蚀程度较弱。

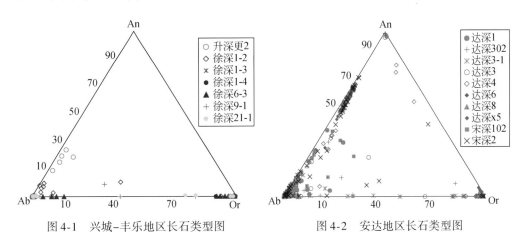

图4-1 兴城–丰乐地区长石类型图　　　图4-2 安达地区长石类型图

这与岩石薄片中可以看到长石选择性溶蚀和钠长石生长同时存在的现象是相吻合的，即在长石发生选择性溶蚀的同时，钠长石在孔隙中发生沉淀。

长石的选择性溶蚀作用与砂岩溶蚀作用机理相似，酸性水溶蚀不稳定组分，形成次生孔隙。该区营城组火山岩具备发生溶蚀作用的有利因素：①长石是各类火山岩的重要矿物组分，三个端元组分钙长石、钠长石和钾长石都可以不同程度地溶解，为形成溶蚀孔隙奠定了物质基础；②火山岩体在构造应力作用下产生构造裂缝，为酸性溶液运移提供了通道，另外火山岩中气孔、收缩缝等后生孔隙与构造缝连通，也可作为酸性溶液运移的通道；③大气降水的作用提供了充足的有机和无机酸溶液，本区火山岩喷发受断裂控制，沿断裂面渗流的大气降水使地层水持续保持酸性；④生烃过程中形成的酸性溶液或深部热液进入到火山岩层中，与长石中的易溶组分发生反应，形成各种次生溶孔。因此，该区火山岩中次生溶蚀孔隙发育，成为火山岩最有利的储集空间。

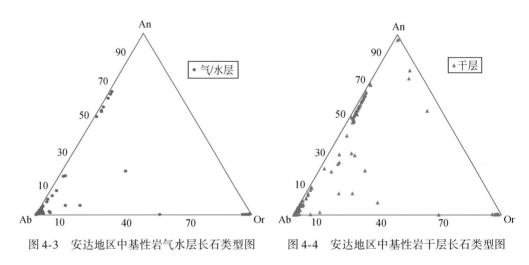

图4-3　安达地区中基性岩气水层长石类型图　　图4-4　安达地区中基性岩干层长石类型图

第三节　火山岩成岩作用对孔隙演化的影响

各种成岩作用类型对火山岩储集层形成的作用不尽相同（表4-2），控制着火山岩储层原生孔隙的保存和次生孔隙的发育与分布。成岩作用分为两大类，一类是使孔隙度降低的致密化作用，另一类是使孔隙度增加的扩容性作用。

常见的扩容性成岩作用有冷凝收缩作用、挥发分的逸散作用、溶解作用、构造作用、风化作用等。其中冷凝收缩作用、挥发分的逸散作用是火山岩所特有的成岩作用类型。而溶解作用是火山岩发育大量溶蚀孔缝的重要作用类型，次生溶孔的形成使储层储渗条件得以改善，是火山岩成为良好储层的重要因素。

常见的致密化作用有充填作用、熔结作用、熔浆胶结作用、压结、压溶作用、交代作用。充填作用较为普遍，火山岩中的孔隙和裂缝常被石英、长石、菱铁矿、绿泥石、方解石等矿物充填，降低储集层的孔渗性，不利于火山岩储集层的发育；压结、压溶作用不利于储集层的形成、保存及发展，特别是对于火山碎屑岩影响显著，强烈的压实及压溶作用使火山碎屑岩的原生砾（粒）间孔和裂缝空间大幅度降低、甚至消失；蚀变、交代作用包括绿泥石化、方解石交代、沸石化、碱交代等，其对火山岩储集层形成既有消极影响，也有积极作用，其一方面使矿物体积膨胀堵塞孔隙，另一方面为后期溶蚀创造了条件。

表 4-2　火山岩成岩作用类型及对孔隙的影响

	类型	特征	岩性
致密化	充填作用	表生矿物、热液矿物充填气孔、裂缝	（普遍）
	熔结作用	使岩石变得致密、孔隙减小	熔结角砾岩、熔结凝灰岩
	熔浆胶结作用	熔浆充填	流纹岩、角砾熔岩
	压结、压溶作用	堆积物体积缩小、孔渗降低	火山角砾岩、熔结角砾岩
	交代作用	绿纤石化、方解石化、碱交代作用	（普遍）
扩容性	冷却收缩作用	收缩缝	熔岩、碎屑熔岩
	挥发分逸散作用	气孔构造	熔岩、碎屑熔岩
	气相结晶	管状孔缝	凝灰熔岩、熔结凝灰岩
	脱玻化作用	玻璃质结晶、收缩形成储集空间	（普遍）
	溶解作用	晶屑、玻屑、火山灰、火山玻璃	（普遍）
	构造作用	决定孔隙的连通性、增大储集空间	（普遍）
	风化作用	增大储集空间和孔隙连通性	（普遍）

第四节　火山岩成岩阶段

一、火山岩成岩阶段划分

火山岩作为一类特殊的岩石，其成岩-演化与成岩作用阶段与碎屑岩存在一定差别。目前，相关方面的研究比较薄弱，前人曾对火山岩成岩作用及其相关方面做过一些研究（杨金龙等，2004；Luo et al.，1999，2005），为火山岩成岩作用的研究奠定了良好的基础。

火山岩储层的分布与物性除受构造作用、古地形地貌、古气候、火山喷发机制、岩浆演化特征的影响外，其储集性能主要受火山喷发作用以及期后成岩作用的控制。流体的成分与流动状态，埋藏深度、温度与压力是控制火山岩成岩作用的重要因素（Hawlander，1990；Mark and John，1991；Allen P A and Allen J R，1990；Hunter and Davies，1979；Luo et al.，2005；罗静兰等，2003，2008）。因此，准确识别火山岩中自生矿物类型、产状及其生成演化顺序，统计不同胶结物含量，将有助于定量分析火山岩孔隙度在成岩作用过程中的变化情况。

本研究将开展研究区火山岩的埋藏-成岩-构造演化相应的成岩作用及其对火山岩储层储集性能影响的研究，划分火山岩的成岩作用阶段，研究各成岩阶段的特征，分析火山岩在各成岩作用阶段其储集性能的变化；建立与埋藏史、烃类充注史相应的成岩演化序列。

（一）成岩阶段划分标准

综合自生矿物类型及其产状、黏土矿物及其混层比的变化，并参考有机质热成熟度指标如镜质组反射率（R^o）、孢粉颜色（TAI）、热解峰温（T_{max}）、古地温与自生矿物中包裹体的均一温度测定、孔隙类型及其发育特征等各项指标，依据火山岩的成岩演化顺序，将研究区营城组火山岩储层的成岩阶段依次划分为 4 个阶段，即冷却成岩阶段、岩浆期后热液作用阶段、风化剥蚀淋滤阶段、埋藏成岩阶段。其中，埋藏成岩阶段又进一步划分为早成岩 A 期与 B 期、中成岩 A 期与 B 期以及晚成岩期（表4-3）。

表 4-3　松辽盆地北部营城组火山岩成岩阶段划分方案

成岩阶段		古地温/℃	主要成岩条件					I/S中的S%	I/S混层分带	孔隙类型
阶段	期		黏土矿物	硅质	碳酸盐	压实	溶蚀			
冷却成岩阶段		1300~古常温								原生孔隙
岩浆期后热液作用阶段			绿泥石							充填为主
风化剥蚀淋滤阶段		古常温<65	伊利石 蒙脱石		泥晶方解石					次生孔隙
埋藏成岩阶段	早成岩 A	古常温<65	高岭石					>70%	蒙皂石带	火山碎屑岩缩小孔隙
	早成岩 B	65~85	混合层绿泥石					70%~50%	无序混层带	溶蚀孔隙开始形成
	中成岩 A	85~140		石英	含铁碳酸盐			50%~15%	有序混层带	溶蚀扩大气孔相互连通、粒间与粒内溶孔发育
	中成岩 B	140~175						<15%	超点阵有序	裂缝和少量溶孔
	晚成岩	175~200						消失	伊利石带	裂缝发育

（二）研究区火山岩成岩阶段划分依据与结果

通过应用火山岩岩石薄片成岩分析，结合包裹体测温、黏土矿物衍射分析等技术手段，建立成岩标志识别技术，为成岩阶段划分提供依据。研究区火山岩储层的成岩作用阶段的主要依据如下。

1. 自生矿物的种类、分布与生成顺序

随着地层温度、压力以及成岩介质的变化，会出现不同的成岩矿物，其主要受控于温度、压力、孔隙流体的性质及环境的酸碱度等特征，是反映成岩环境的重要证据，可作为成岩阶段划分的依据。蚀变绿泥石大多在冷却成岩阶段末期岩浆热液作用下形

成。沿长石、黑云母等矿物解理面以及气孔内壁分布的泥晶方解石，一般在早成岩 A 期形成，沿矿物解理沉淀的菱铁矿也可能在该成岩阶段形成。次生石英有加大边和粒状微晶石英两种形式，加大边在早成岩 B 期有少量形成，大量出现在中成岩 B 期，粒状微晶石英大量形成于中成岩 A 期。自生放射状、簇状绿泥石、亮晶方解石在早成岩期大量形成。当地温达到 80~90℃时，相当于中成岩 A 期，白云石、铁白云石开始大量形成。自生高岭石、伊利石一般形成于早成岩 B 期，大量出现在中成岩 A 期，中成岩 B 期形成大量伊利石。高岭石的地开石化、水云母脱水绢云母化也主要发生在中成岩 B 期。粒间充填的菱铁矿以及代方解石的簇状、团块状形成于晚成岩阶段的还原介质条件下。

2. 黏土矿物组合及 I/S 混层中 S 层的混层比

I/S 混层黏土是指示埋深和温度的敏感矿物，随着成岩阶段的加深，I/S 混层中的蒙脱石比例下降，晶体有序度增加。因此，I/S 混层黏土矿物的转化是划分成岩阶段的良好标志。研究区营城组地层目前埋深一般在 3100~5000m，火山岩中黏土矿物的 X 衍射分析结果表明（表4-4），研究区营城组的黏土矿物中伊/蒙混层矿物均为有序度很高的伊利石，伊/蒙混层比基本上<10%。因此，研究区黏土矿物的重结晶和演化程度总体很高，反映出成岩作用已进入中成岩阶段 B 期。

表4-4 松辽盆地北部营城组火山岩黏土矿物 X 射线衍射分析相对含量数据表

井号	层位	黏土矿物含量/%						伊蒙混层比		绿蒙混层比	
		蒙皂石(S)	伊利石(I)	高岭石(K)	绿泥石(C)	伊/蒙混层(I/S)	绿/蒙混层(C/S)	蒙皂石(S%)	伊利石(I%)	蒙皂石(S%)	绿泥石(C%)
宋深4	Yc		75		10	15		10	90		
达深3	Yc		6		94						
达深3	Yc		59		34	7		15	85		
徐深401	Yc				100						
徐深401	Yc		65		35						
徐深401	Yc		17		83						
徐深401	Yc		55		45						
徐深8	Yc		100								
徐深401	Yc		80		20						
徐深13	Yc		75		25						
徐深15	Yc		100								
古深1	Yc		100								
古深1	Yc		73		22	5		10	90		
徐深12	Yc		70		22	8		10	90		
古深1	Yc				100						
徐深141	Yc		36	9	47	8		25	75		
达深4	Yc		100								

3. 孔隙带的分布

孔隙类型及孔隙发育带的发育也是判断成岩阶段的标志之一。一般情况下，原生孔隙反映成岩早期的孔隙特征，次生孔隙发育于成岩中晚期。到了成岩晚期阶段，原生孔隙减少，次生孔隙大量增加或减少（增加或减少取决于流体的成分及温压条件），随之出现了大量的裂缝。研究区营城组火山岩储层次生溶蚀扩大孔发育，部分气孔被次生矿物充填，高角度构造裂缝发育。孔隙类型和孔隙发育带反映出成岩阶段已到了中成岩 B 期—晚成岩阶段。

4. 流体包裹体温度

流体包裹体指宿主矿物在其生长过程中捕获周围的流体介质，至今保存在宿主矿物中，并与宿主矿物之间有相的界线。由于包裹体一旦被宿主矿物捕获，便不受外来物质的影响，因此通过测定其化学成分、温度、密度与压力等参数，可以了解相应时期介质条件与环境。

营城组火山岩中的包裹体主要分布在石英次生加大边中，少量位于石英颗粒粒表与愈合裂缝以及方解石胶结物中。包裹体均为液相包裹体与气液两相包裹体。10 口井18 个样品 98 个测点的包裹体均一温度测试结果显示，所测样品的包裹体均一温度范围在 118～229℃，各样品的平均温度在 123.7～192.8℃（平均 164.5℃）。具有较明显的两个峰值区间：140～150℃；170～180℃（图 4-5）。根据上述成岩作用阶段划分标准，研究区营城组火山岩储层目前处于中成岩阶段 B 期—晚成岩阶段。

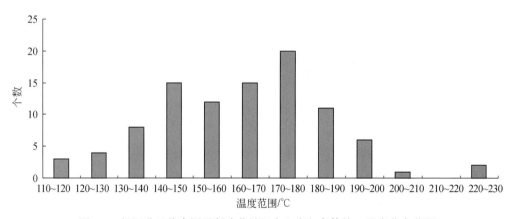

图 4-5　松辽盆地徐家围子断陷营城组火山岩包裹体均一温度分布范围

二、火山岩成岩阶段及其成岩演化

（一）火山岩成岩演化特征

在大量岩石铸体薄片与普通薄片显微镜下观察研究基础上，结合岩心成岩矿物类型、产状及其形成顺序描述观察、包裹体均一温度测定结果、火山岩中黏土矿物的 X 射线衍射分析结果，镜质组反射率等成果，研究区营城组火山岩储层目前处于中成岩阶段 B 期—晚成岩阶段，火山岩的成岩演化序列归纳为如表4-5所示。

表4-5 松辽盆地徐家围子断陷营城组火山岩成岩阶段及成岩演化序列

成岩阶段 / 演化事件	冷却成岩阶段	岩浆期后热液作用阶段	风化剥蚀淋滤阶段	埋藏—成岩阶段 早成岩 A	早成岩 B	中成岩 A	中成岩 B	晚成岩阶段
蚀变作用	………	………			………	………		
绿泥石		………		………	………	………		
硅质		………	………					
伊利石		………	………		………	………		
泥晶碳酸盐		………	………	………				
裂缝形成			………	………		………	………	
溶蚀作用			………	………	………	………	………	
渗滤蒙脱石			………					
机械压实作用		………	………	………	………	………	………	
混层黏土			………	………	………			
高岭石			………	………	………			
压溶作用				………	………	………		
含铁碳酸盐					………	………	………	………
烃类充注				………	………	………	………	

埋藏成岩作用过程中的孔隙演化与埋藏条件具有明显的关系，岩浆冷却形成岩石后随埋藏深度的增加，成岩环境也随之改变，本区火山岩储层中发生各种成岩作用，改变了孔隙类型和储集物性，主要有充填作用、蚀变和交代作用以及溶蚀作用。它们直接或间接地造成了次生矿物的沉淀或溶蚀，进而影响储层的孔、渗条件。

1. 冷却成岩阶段

指由岩浆喷出地表直至冷凝固结成岩阶段。该阶段包括火山岩中挥发分逸出、高温低压下的熔蚀作用、冷凝结晶作用、熔结作用等。该阶段主要形成大量原生气孔、砾间孔、胀裂缝、解理缝等原生储集空间。

2. 岩浆期后热液作用阶段

岩浆期后热液对火山岩的改造主要表现为次生绿泥石的充填。热液中所含的 Fe^{2+}、

Mg^{2+}、Si^{4+}等离子在原生储集空间中沉淀，形成绿泥石，使孔隙有所减小。岩心观察可见充填或半充填在气孔、冷凝收缩缝等原生储集空间中的绿泥石，显微镜下可见充填在斑晶内解理缝、不规则微裂纹和气孔中的绿泥石。

3. 风化剥蚀淋滤阶段

该阶段是次生孔隙形成的主要阶段，包括风化剥蚀作用和溶蚀淋滤作用，在火山岩顶部及上部形成大量的溶蚀孔隙，并连通原生储集空间，从而大大改善了火山岩的储集物性。显微镜下常见长石和石英斑晶的溶蚀边缘和斑晶内溶孔。由于熔浆余热导致地层水温度升高，对火山岩体的硅酸盐矿物和火山灰等物质有作用，释放出的 Fe^{2+}、Mg^{2+}、Ca^{2+}、K^+、Na^+、Si^{4+}等离子形成伊利石、方解石、绿泥石等成岩矿物，交代部分矿物，并充填部分孔隙。但总的来说，该阶段的成岩作用改善了火山岩的储集物性。

4. 埋藏−成岩阶段

指火山岩固结成岩后与周围沉积岩一同进入盆地埋藏−成岩演化过程中所经历的各种物理和化学变化。由于火山岩作为盆地充填过程中的一个产物，其岩层顶、底的围岩都是沉积岩，火山岩中还有沉积岩夹层，加之火山岩因岩浆的喷出、侵入、冷凝以及后期构造活动、溶蚀作用等形成的各种孔缝，使得火山岩与围岩中的地层水相沟通，并进入和沉积围岩相同的埋藏−成岩作用场中，火山岩冷凝成岩后与周围的沉积岩等围岩一起在沉积盆地中接受各种成岩作用改造的过程与程度和围岩基本相同。因此，火山喷发形成的火山岩及其相关岩石在埋藏过程中所发生的物理、化学变化应该属于成岩作用的范畴（罗静兰等，2003）。

早成岩 A 期：地层埋深小于 1700m，温度小于 65℃，镜质组反射率 $R^o<0.35\%$，有机质演化处于未成熟阶段。机械压实作用使颗粒间趋向紧密排列，黑云母等塑性岩屑发生水化膨胀和假杂基化充填粒间孔隙。火山灰泥化，微晶石英和碎屑颗粒渗滤蒙脱石衬边形成。黑云母、火山岩岩屑分解产生 Mg 和 Fe，泥晶方解石和菱铁矿团块沿黑云母的膨胀解理面发生沉淀。泥质岩中的有机质腐烂形成大量的腐殖酸，使孔隙流体呈酸性；不稳定的硅酸盐矿物组分如长石、黑云母、岩屑等蚀变析出 SiO_2 和高岭石，同时产生大量 HCO_3^-，孔隙水呈弱酸性。伊利石/蒙脱石混层逐渐向绿泥石和伊利石转化。

早成岩 B 期：地层埋深在 1700～2500m，古地温 65～85℃，镜质组反射率 R^o 为 0.35%～0.5%，有机质演化处于半成熟阶段，开始进入生油门限。生油岩中的有机质向烃类转化过程中释放出 CO_2，使孔隙流体呈酸性，造成火山岩中不稳定组分的溶蚀和次生孔隙的形成；次生绿泥石、高岭石、伊利石形成并充填部分孔隙空间；石英颗粒的化学压溶作用加强，次生石英加大边开始逐渐形成，原生孔隙大量减少。孔隙组成主要以剩余原生粒间孔隙，次生溶蚀孔隙为主。

中成岩 A 期：地层埋深在 2500～3100m，古地温达 85～140℃，镜质组反射率 R^o 为 0.5%～1.3%，有机质成熟并达到生烃高峰。有机酸提供的 H^+ 使不稳定组分继续发生溶蚀，产生大量次生孔隙，CO_2 含量的增高使 pH 持续降低；次生绿泥石、高岭石、伊利石、粒状微晶石英大量形成；石英继续向孔隙空间再生长、充填孔隙并交代粒间高岭石等。孔隙组成主要以次生溶蚀扩大孔隙为主，并且相互连通，发育少量微裂隙。

中成岩 B 期：地层的埋藏在 3100m 以上，最深可达 4100m，古地温达 140～175℃，镜质组反射率 R^o 在 1.3%～2.0%，有机质处于高成熟阶段。有机质演化已进入湿气阶段，羧酸基团已丧失产生一、二元水溶性有机酸的能力，残余组分裂解而转化为 CH_4 和 CO_2，使孔隙水的酸度变弱，pH 向中、碱性转化，从而有利于含铁碳酸盐胶结物的形成。高岭石的稳定性逐渐变弱，在介质水中富 K^+ 和 Al^{3+} 时转化为伊利石，在富 Mg^{2+} 和 Al^{3+} 时，则变为绿泥石。高岭石的地开石化、水云母脱水绢云母化也主要发生在该阶段；同时由于晚期高岭石大量存在和孔隙水中 SiO_2 过饱和，石英大量析出而使储层致密化。

5. 晚成岩阶段

主要发生了硅质和及铁碳酸盐矿物的沉淀，以及裂缝的形成。

研究区营城组火山岩储层目前处于中成岩阶段 B 期—晚成岩阶段。所有火山岩类型都具有微裂缝、溶蚀孔，其规模和多少在相同岩石类型和不同岩石类型中都有很大差异，溶蚀充填、再溶蚀再充填是一个动态过程，发生在岩浆固结后的各个阶段。

早期成岩作用主要影响原生孔隙的发育，晚期成岩作用则影响次生孔隙的发育（杨金龙等，2004；高有峰等，2007）。

（二）典型井火山岩的成岩作用与成岩演化序列

由于火山岩样品气孔中充填次生矿物类型分布的不均匀性和磨制样品过程的随机性，研究区成岩演化序列不是每口井都能观察到很丰富的成岩演化现象。通过对铸体薄片的观察统计，选取了不同岩石类型不同类型储层的 12 口典型井的成岩演化序列进行研究。

1. 工业气层井——储层岩石类型为流纹岩、球粒流纹岩

1）升深 2-1 井

岩石类型为球粒流纹岩，成岩作用有次生矿物的形成，气孔中依次充填三期石英、菱铁矿、铁质物各一期，成岩演化序列为石英→石英（一次加大）→石英（二次加大）→菱铁矿→铁质物（图版Ⅷ-Ⅰ）。

2）升深更 2 井

岩石类型为球粒流纹岩，成岩作用有次生矿物的形成，气孔中充填次生矿物石英、菱铁矿和烃类各一期，成岩演化序列为烃类充注 →石英加大边 →菱铁矿。菱形孤立状菱铁矿广泛分布，形成最晚（图版Ⅷ-Ⅱ）。

3）徐深 1 井

岩石类型为流纹岩，气孔中充填的次生矿物有：方解石、菱铁矿、石英加大边、钠长石。成岩现象有两期溶蚀作用，裂缝两期，二期裂缝中充填有油气，一期方解石胶结作用，一期菱铁矿、钠长石、钠铁闪石等充填交代作用。成岩演化序列为溶蚀作用 I→方解石→菱铁矿，火山灰溶孔→钠长石、菱铁矿，钾长石→溶蚀作用 I→钠长石→溶蚀作用 II（图版Ⅸ）。

2. 低产气层井——储集层为安山岩、玄武岩、凝灰岩、熔结火山角砾岩

1）达深 4 井

达深 4 井岩石类型为玄武岩，气孔中充填的次生矿物有：绿泥石、葡萄石、方解石、微晶石英、磁铁矿，以上矿物各一期。充填顺序：磁铁矿→微晶石英→方解石，绿泥石→葡萄石，绿泥石→方解石，油气→绿泥石→方解石（图版Ⅹ）。

2）徐深 13 井

徐深 13 井为安山岩，气孔中充填的次生矿物有：石英、方解石、绿泥石。其中石英两期，方解石三期，绿泥石两期，油气一期，各期石英、方解石、绿泥石产状不同。成岩演化序列：溶蚀作用 I→泥晶方解石→微晶石英→油气→亮晶方解石→栉壳状绿泥石→亮晶方解石→片状石英→放射状绿泥石（图版Ⅺ-Ⅻ）。

3）徐深 15 井

徐深 15 井岩石类型为凝灰岩，裂缝中充填次生矿物有方解石、石英、绿泥石。方解石、石英各一期，石英可见加大边。形成充填顺序：裂缝→油气→方解石，长石→方解石，裂缝→石英→绿泥石（图版ⅩⅢ）。

4）徐深 4 井

徐深 4 井岩石类型为熔结火山角砾岩，裂缝中充填的次生矿物主要为方解石、白云石、石英。成岩现象有裂缝两期、石英、方解石、白云石各一期。充填序列可能为：裂缝→油气→裂缝→微晶石英→方解石→白云石（图版ⅩⅣ）。

3. 水层井

1）古深 1 井

岩石类型为灰黑色玄武岩，气孔裂缝中充填的次生矿物有绿泥石、石英和方解石。成岩现象有裂缝两期，方解石两期，绿泥石一期，石英一期。成岩演化序列：溶蚀作用 I→泥晶方解石→裂缝→绿泥石→裂缝→亮晶方解石→石英（图版ⅩⅤ）。

2）肇深 6 井

岩石类型主要为流纹岩，裂缝中主要充填簇状绿泥石，发育两期裂缝，可见一期油气痕迹。锯齿状闭合裂缝被开启性裂缝截切，能够推测出锯齿状裂缝的形成早于开启性裂缝。其中两期裂缝和裂缝中充填的绿泥石边缘都有油气痕迹，绿泥石又充填在裂缝中，两期裂缝和绿泥石均在油气充注之前形成。所以次生矿物以及裂缝顺序是：锯齿状闭合裂缝→张性裂缝→簇状绿泥石→油气充注（图版 XVI-Ⅰ）。

4. 干层井

1）莺深 2 井

岩石类型为流纹岩，次生矿物主要为方解石、长石，长石仅可见晶形。可见一期裂缝，裂缝中有油气痕迹（图版 XⅫ-Ⅱ）。

2）林深 3 井

岩石类型为安山岩，成岩作用有一期绿泥石、石英、钠铁闪石，方解石分为泥晶和亮晶，可见一期裂缝。成岩演化序列：溶蚀作用Ⅰ→绿泥石→方解石，长石→泥晶方解石→亮晶方解石，溶蚀作用Ⅰ→绿泥石→石英→方解石（图版 XⅫ-Ⅲ）。

（三）营城组火山岩成岩演化序列分析

前人研究（殷进垠等，2002；周荔青、刘池阳，2004；罗静兰等，2006）表明，研究区发育 3 期构造裂缝：NW 向张性裂缝（白垩纪）、NS 向压剪性裂缝（古-中新世）、SW 向张性裂缝（中-上新世）。主要成藏期时期在 90～70Ma（冯子辉等，2003；金晓辉等，2005），即晚白垩世。在沙河子组末期、营一段末期、营城组末期（营四段末期）发生过挤压褶皱、断层逆冲作用（殷进垠等，2002），分别在营城组底面、登娄库组底面形成两个区域不整合；此外，营一段、营四段顶部（也是火山喷发旋回的顶部）遭受了一定程度的风化与剥蚀作用，在营一段、营四段顶部的火山岩中形成大量风化淋滤次生溶孔与溶蚀缝。

结合各火山岩的成岩-烃类充注演化过程与序列分析可知，研究区营城组火山岩形成之后，至少经历了 3 期大规模的次生溶蚀作用，3 期明显的烃类充注事件，3 期裂缝形成作用；2～3 期硅质胶结作用，3 期碳酸盐胶结作用，2～3 期绿泥石胶结作用，以及浊沸石、钠长石、萤石、葡萄石、氟碳钙铈矿、钠铁闪石化等次生矿物的形成阶段。研究区营城组火山岩经历的主要成岩事件的演化序列如图 4-6 所示。冷却成岩阶段（火山喷发晚期—结束期）→岩浆期后热液作用阶段（以各种蚀变作用、杏仁体形成为主）→溶蚀作用Ⅰ+风化裂缝Ⅰ（营城组末期火山岩位于地表遭受风化淋滤）→方解石Ⅰ（泥晶）→烃类充注Ⅰ（晚白垩世早期）→绿泥石Ⅰ（薄膜或栉壳状）→石英加大与微晶石英Ⅰ→石英加大与微晶石英Ⅱ→构造裂缝Ⅰ（晚白垩世）→泥石Ⅱ（簇状与栉壳状）→方解石Ⅱ（亮晶）→长石钠长石化→烃类充注Ⅱ+溶蚀作用Ⅱ（晚白垩世中期）→葡萄石→方解石Ⅲ（亮晶与脉状）→绿泥石Ⅲ（簇状与放射状）→烃类充注Ⅲ+溶蚀作用Ⅲ（晚白垩世晚期）→白云石或者含铁碳酸盐→构造裂缝Ⅱ（古–中新世）→石英Ⅲ（粒状与片状）→构造裂缝Ⅲ（中–上新世）。

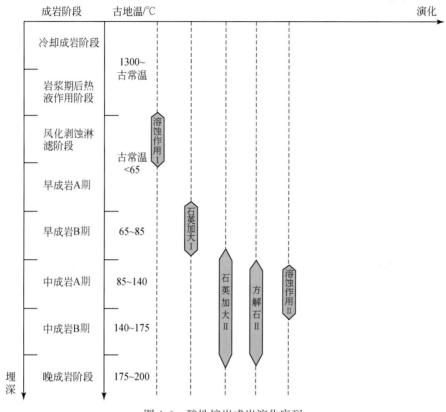

图 4-6　酸性熔岩成岩演化序列

1. 酸性熔岩

由图 4-6 可看出，酸性熔岩的成岩演化序列为：溶蚀作用Ⅰ→石英加大Ⅰ→石英加大Ⅱ→方解石→溶蚀作用Ⅱ。

2. 中性熔岩

由图 4-7 可看出，中性熔岩的成岩演化序列为：溶蚀作用Ⅰ→方解石Ⅰ→微晶石英Ⅰ→方解石Ⅱ→栉壳状绿泥石Ⅰ→方解石Ⅰ溶蚀→方解石Ⅲ→片状石英Ⅱ→放射状绿泥石Ⅱ。

3. 基性熔岩

如图 4-8，基性熔岩的成岩演化序列为：溶蚀作用Ⅰ→裂缝Ⅰ→泥晶方解石Ⅰ→绿泥石Ⅰ→葡萄石Ⅰ→裂缝Ⅱ→微晶石英Ⅰ→方解石Ⅰ溶蚀→方解石Ⅱ→石英Ⅱ。

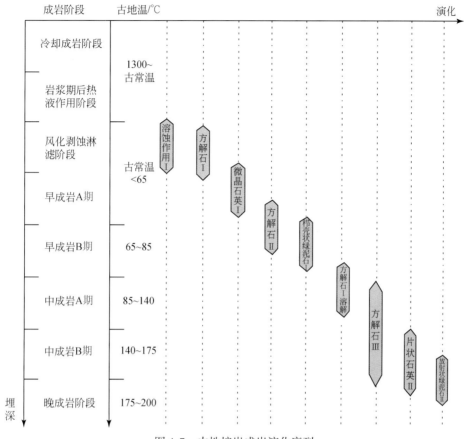

图 4-7　中性熔岩成岩演化序列

4. 火山角砾岩

如图 4-9，火山角砾岩的成岩演化序列为：裂缝Ⅰ→溶蚀作用Ⅰ→裂缝Ⅱ→微晶石英→绿泥石→石英加大Ⅱ→亮晶方解石→白云石。

5. 凝灰岩

如图 4-10，凝灰岩成岩演化序列为：溶蚀作用Ⅰ→裂缝Ⅰ→绿泥石→裂缝Ⅱ→钠长石→石英加大→溶蚀作用Ⅱ→亮晶方解石→菱铁矿。

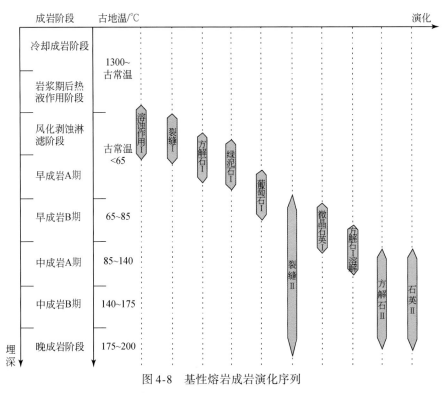

图 4-8　基性熔岩成岩演化序列

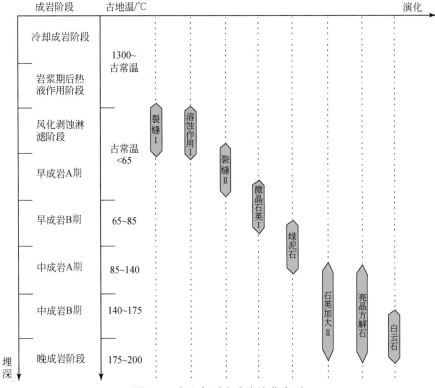

图 4-9　火山角砾岩成岩演化序列

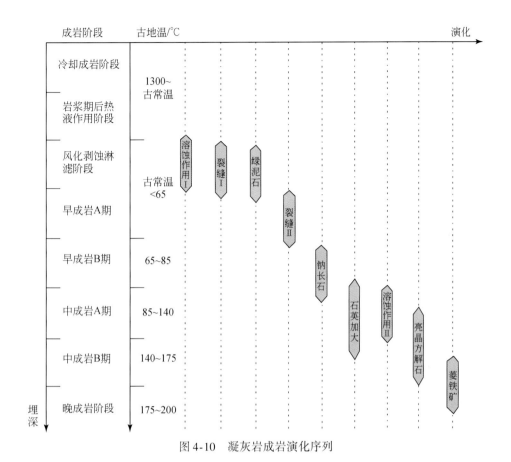

图 4-10 凝灰岩成岩演化序列

第五章　火山岩储层特征及控制因素

第一节　火山岩储集空间类型

通过系统观察每口井各种类型岩石的孔隙特征，测定面孔率，确定不同类型岩石中各种孔隙的成因、含量以及分布特征，确定了不同类型岩石中各种主要孔隙的百分含量，建立了火山岩岩石类型–主要孔隙类型–储层物性关系，并以孔隙的组合特征，说明不同孔隙组合方式对岩石孔隙度和渗透率的影响。

一、火山岩储集空间类型

1. 储集空间类型及特征

1976～1979年，陆续发表了一些关于砂岩中广泛存在次生孔隙的文章。Schmidt（1976）、Stanton 和 McBride（1976）、Heald 和 Baker（1977）、Pittman（1979）、Hayes（1979）等认为砂岩中至少有1/3的孔隙是次生的。通过岩心和铸体薄片的观察，发现火山岩中次生孔隙也是主要储层孔隙类型。

赵澄林等（1997）把火山岩储集空间划分为孔隙和裂缝两大类，孔隙可进一步分为10个亚类：气孔、杏仁体内孔、斑晶间孔、收缩孔、微晶晶间孔、玻晶间孔、晶内孔、溶蚀孔、膨胀孔和塑流孔；裂缝可进一步分为6个亚类：构造缝、隐爆裂缝、成岩裂缝、风化裂缝、竖直节理和柱状节理。

陈发景、王德发等（2000）[①] 将火山岩储集空间分为原生孔隙（原生气孔，杏仁体内孔），次生溶蚀孔隙（斑晶溶蚀孔、基质内溶孔、溶蚀裂缝）及原生裂隙（构造裂隙）3大类6种类型。

王岫岩、云金表等（2000）将火山岩储集空间分为孔隙与裂缝两大类，孔隙包括气孔、杏仁体内孔、微晶晶间孔和溶蚀孔；裂缝包括构造裂缝与风化裂缝。

本书在综合前人研究的基础上，针对松辽盆地徐家围子断陷火山岩储层储集空间的具体特点，将火山岩的储集空间进行了分类，按成因划分为原生孔隙、次生孔隙和裂隙三种类型，按结构进一步划分为十二种亚类。原生孔隙包括熔岩类的原生气孔、杏仁体内孔、石泡空腔孔、晶间孔和角砾间孔；次生孔隙包括斑晶溶蚀孔、火山灰溶蚀孔、杏仁体溶蚀孔、脱玻化孔、溶蚀裂缝；裂缝包括构造裂缝、收缩缝、

---

① 陈发景，王德发.2000. 松辽盆地徐家围子断陷石油地质综合评价及勘探目标选择（报告）

炸裂缝等类型。微观下观察，气孔、脱玻化孔、矿物溶蚀孔、火山灰溶蚀孔、裂缝等是主要的孔隙类型（表5-1、表5-2）。上述孔隙一是与岩石形成后的物理作用有关，如：脱玻化孔隙、收缩缝孔等；二是与岩石形成后的物理化学环境有关，取决于岩石与流体的相互作用，如斑晶溶蚀孔、火山灰溶蚀孔；三是与构造应力作用有关的裂缝及微裂缝。实际上并不只限于这三种主要成因类型，还可能存在更多的类型。但与岩石演化作用有关的次生孔隙主要为脱玻化孔和溶蚀孔，在火山岩次生孔隙形成机制研究中脱玻化作用及溶蚀作用是其主要作用。以上各类储集空间一般不单独存在，而是以某种组合形式出现。

表5-1　火山岩储集空间类型分类综合表

分类方案	大类	亚类
赵澄林等	孔隙	气孔、杏仁体内孔、斑晶间孔、收缩孔、微晶晶间孔、玻晶间孔、晶内孔、溶蚀孔、膨胀孔和塑流孔
	裂缝	构造缝、隐爆裂缝、成岩裂缝、风化裂缝、竖直节理和柱状节理
陈发景、王德发等	原生孔隙	原生气孔，杏仁体内孔
	次生溶蚀孔隙	斑晶溶蚀孔、基质内溶孔、溶蚀裂缝
	原生裂隙	构造裂隙
王岫岩、云金表等	孔隙	气孔、杏仁体内孔、微晶晶间孔和溶蚀孔
	裂缝	构造裂缝与风化裂缝
本书分类方案	原生孔隙	原生气孔、杏仁体内孔、石泡空腔孔、晶间孔和角砾间孔等
	次生孔隙	斑晶溶蚀孔、火山灰溶蚀孔、杏仁体溶蚀孔、脱玻化孔、溶蚀裂缝等
	裂隙	构造裂缝、收缩缝、炸裂缝等

不同的岩石类型具有不同的孔隙类型。气孔是火山熔岩最常见的孔隙类型，也是最重要的储集空间之一。气孔的发育为流体提供了通道和空间，因此气孔的发育在一定程度上决定了次生孔隙的发育。气孔中或周边常常生长石英、钠长石、菱铁矿等矿物，堵塞了储集空间，形成残余气孔。脱玻化孔是重要的储集空间之一，这种类型孔隙虽然很小，但面积大、连通性好，加之与脱玻化产生的长石溶孔结合在一起，因此对于本区储集性能起了重要作用。脱玻化孔主要出现在球粒流纹岩中。长石、碳酸盐等矿物的溶蚀为沿节理部分溶蚀，矿物的溶蚀孔可以出现在各种类型的火山岩中。火山灰的溶蚀是熔结凝灰岩、凝灰岩最重要的储集空间之一，火山灰的溶蚀一般情况下形成大量微孔隙，孔隙虽小，但由于数量多，连通性好，因此能形成好的储层。当火山灰强烈溶蚀时，可形成大的溶洞，这时会形成很好的储层。砾内、砾间孔为火山角砾岩、集块岩的重要孔隙类型。局部发育的微裂缝可以出现在各种类型的火山岩中，为流体及油气的运移提供了通道。

表 5-2　火山岩储层孔隙类型及成因表

分类	类型名称	成因描述	微观特征
原生孔隙	原生气孔（图版 V-Ⅰ，Ⅱ）	气孔是喷出岩中常见的构造，主要见于熔岩层的顶部 气孔构造是在富含气体的岩浆喷溢到地面时，由于压力降低，气体发生膨胀和逃逸，当岩浆凝固后而在熔岩中保留下来的一些空洞。气孔的形状有圆形、椭圆形、云朵状、管状、串珠状以及不规则状等。熔岩流的顶部和底部，气孔的形态和排列方向都可能有所不同。不同成分的岩浆由于黏度不同，形成的气孔特点也有差别。黏度较小的基性岩浆形成的熔岩中，气孔较圆；黏度较大的酸性岩浆形成的熔岩中，气孔多为不规则形状。研究区流纹岩、玄武岩中多见（微观照片特征：升深 2-25 井，3022.91m，流纹岩，营城组）	
	石泡空腔孔	酸性熔岩凝固时气体多次逸出，并且在冷凝过程中冷凝体积收缩，产生的具有空腔的多层同心球状体，称为石泡。石泡每层常由放射纤维状长英质组分组成，空腔内常有微细的次生石英、玉髓等矿物充填	
	杏仁体内孔（图版 V-Ⅲ，Ⅳ）	气孔被后期矿物充填，充填物称为杏仁体。徐家围子地区，杏仁体内的充填物质有石英、玉髓、蛋白石、火山玻璃、碳酸盐类、绿泥石、沸石等。杏仁体内的矿物通常由边缘向内部生长，其结晶程度一般大于熔岩基质，甚至晶粒大于斑晶矿物。结晶矿物间的孔隙及未被杏仁体所完全充填的气孔残余孔隙，称为杏仁体内孔（微观特征见照片：达深 X5 井，3784.62m，安山玄武岩，残余孔，营城组）	
	晶间孔（图版 V-Ⅴ）	微晶矿物之间的孔隙，多发育在火山岩的基质中（微观特征见照片：徐深 25 井，4023.15m，流纹质角砾凝灰岩，晶间孔，营城组）	

续表

分类	类型名称	成因描述	微观特征
原生孔隙	角砾间孔（图版 V-Ⅵ，图版 Ⅵ-Ⅰ）	火山碎屑是由火山爆发时岩浆的巨大冲击力将火山口附近先前形成的岩石破碎而成。由于火山碎屑基本上是原地堆积，没有经过搬运，因此，其分选度与磨圆度都很差，几乎全部都是棱角状。这些火山碎屑杂乱堆积，颗粒间的孔隙很大，经成岩作用后，其残余下来的孔隙即为火山碎屑岩的粒间孔隙。这类孔隙形态不规则，大小不等，通常连通性较好（微观特征见照片：升深更2井，2909.09m，火山角砾岩，角砾间孔及基质溶孔，营城组）	
次生孔隙	斑晶溶蚀孔（图版 Ⅵ-Ⅱ，Ⅲ）	火山岩成分是由斑晶和基质组成，斑晶常见有长石、石英、橄榄石、辉石、角闪石等矿物，它们被溶蚀产生的孔隙称为斑晶溶蚀孔，斑晶溶蚀孔形状多样，常见有蜂窝状或筛孔状，如果斑晶被完全溶蚀，其形状保留原始矿物的外形（微观特征见照片：徐深801井，3854.09m，流纹质晶屑凝灰岩长石斑晶溶孔，营城组）	
	杏仁体溶蚀孔（图版 Ⅵ-Ⅳ）	气孔被后期矿物充填为杏仁体后又发生溶蚀。其形态多为长方形、多边形或围边棱角状不规则形态。（微观特征见照片：达深4井，3266.14m，玄武安山岩，杏仁体溶蚀孔（气孔充填物碳酸盐溶蚀），营城组）	
	脱玻化孔（图版 Ⅵ-Ⅴ，Ⅵ）	火山玻璃脱玻化形成矿物发生体积的缩小，从而形成微孔隙，另外火山玻璃脱玻化形成的铝硅酸盐等矿物在酸性流体的作用下发生溶蚀，又产生了溶蚀孔隙，这两种孔隙统称为脱玻化孔（微观特征见照片：升深更2井，2955.97m，球粒流纹岩，球粒脱玻化孔，营城组）	
	溶蚀裂缝（图版 Ⅶ-Ⅰ，Ⅱ）	岩石受构造应力作用后，产生裂缝，在成岩作用下被充填，后经溶蚀重新开启成为有效储集空间（微观特征见照片：升深203井，3330.88m，球粒流纹岩，裂缝充填物碳酸盐后期溶蚀重新开启，营城组）	

分类	类型名称	成因描述	微观特征
裂缝	构造裂缝（图版Ⅶ-Ⅲ，Ⅳ）	火山岩成岩后，由于后期的构造应力的作用而形成的裂缝。构造裂缝规模不等，既有穿切整个火山岩体的巨型裂缝，也有数毫米的微裂缝，构造裂缝经常呈带状出现，相互之间既可平行，亦可交织。构造裂缝经常连通已有的储集空间，是深层油气移的主要通道。通常早期裂缝已被充填，晚期未被充填，有的横切连通气孔和基质溶蚀孔等（微观特征见照片：升深2-25井，2991.41m，球粒流纹岩，发育两期裂缝，少量硅质充填晚期裂缝，营城组）	
	收缩缝（图版Ⅶ-Ⅴ）	火山碎屑岩在地表堆积后，由于温度与压力的快速下降，基质的各向异性导致不均匀收缩，基质开裂，形成火山碎屑岩的基质收缩缝。基质收缩缝一般仅分布于基质内部，长度有限，互相交错成网状或平行带状（微观特征见照片：升深更2井，3000.89m，流纹质凝灰岩，珍珠裂理状冷凝收缩缝，营城组）	
	炸裂缝（图版Ⅶ-Ⅵ）	由岩浆喷发时岩浆上拱力、岩浆爆发力引起的气液爆炸作用而形成的裂缝或由于温压的快速下降，矿物晶体沿解理爆裂形成，矿物解理缝一般较平直，沿矿物解理分布。包括砾内网状裂缝、角砾间缝、晶间缝、垂直张裂缝（微观特征见照片：徐深8井，3731.46m，流纹质凝灰岩，溶蚀孔隙与微缝相通，营城组）	

安达地区火山岩主要岩石类型为流纹岩、英安岩，安山岩、玄武安山岩、安山玄武岩、玄武岩、火山角砾岩、安山质含角砾凝灰岩、流纹质凝灰岩、流纹质熔结凝灰岩。储层岩石类型主要为流纹岩、英安岩、玄武岩、凝灰岩，储集空间主要为气孔、脱玻化孔、长石溶孔、裂缝及少量火山灰溶孔等。

升平地区火山岩主要岩石类型为球粒流纹岩、流纹岩；其次为流纹质熔结凝灰岩、火山角砾岩、流纹质凝灰岩及少量粗面岩。储层岩石类型主要为球粒流纹岩、流纹岩，储集空间主要为气孔、脱玻化孔、长石溶孔、裂缝等类型。

兴城地区火山岩岩石类型主要为流纹岩、流纹质熔结凝灰岩、流纹质凝灰岩、火山角砾岩、粗面岩、粗安岩、英安岩、集块岩等，主要储集岩石类型为流纹岩和流纹质熔结凝灰岩，储集空间主要为气孔、脱玻化孔、火山灰溶孔、长石溶孔、裂缝等。

2. 裂缝-孔隙主要组合类型

火山岩储集空间划分为孔隙及裂缝两大类，火山岩储集空间的组合规律，即孔隙与裂缝在火山岩岩体内的相互关系。火山岩储集空间，按照其构成要素，可以划分为纯裂缝型的、纯孔隙型的、裂缝-孔隙组合型的。纯裂缝型的储集空间可见于宋深 1 井，是单一裂缝、平行裂缝、交错裂缝与网状裂缝互相切割交织形成，由于裂缝极度发育，宋深 1 井的取心严重破碎。纯孔隙型的储集空间，仅于野外见到，目前钻井岩心中还没有发现，由于孔隙互相独立，渗透率非常小，故这种纯孔隙型的储集空间为无效储集空间，盆内没有对其进行详细研究，相对而言，裂缝-孔隙组合型普遍存在，其结构组合也复杂得多。

如前所述，孔隙类型有 9 种，裂缝类型有 3 种，裂缝-孔隙组合类型并不仅仅限于单一类型的裂缝与孔隙的组合，事实上，不同类型的裂缝与孔隙经常同时出现于同一岩石类型中，因此，理论上，裂缝-孔隙组合类型的种类是相当可观的，简直是数不胜数。但是，理论上的组合类型，在现实世界中并不是都可以找得到其原型的。根据野外剖面与钻井岩心统计研究的结果，常见的裂缝-孔隙组合类型，按照其主要构成，有以下 5 种。

1) 气孔-杏仁体-裂缝型

富含气孔的火山岩成岩后，受后期构造运动的改造，被裂缝切割破碎（图 5-1）。徐家围子地区的典型井为升深 201 井，火山岩中原本互相独立，互不连通的气孔和杏仁体被后期构造作用所产生的裂缝连通而形成火山岩的有效储集空间。

图 5-1　气孔-杏仁体-裂缝型

2) 石泡-裂缝型

具石泡构造的流纹岩，被后期的构造运动改造，彼此相对孤立的石泡被裂缝连通，成为油气的有利储层（图5-2）。

图5-2　石泡-裂缝型

3）火山碎屑岩粒间孔隙-火山碎屑岩基质收缩缝-矿物解理缝-裂缝型

这种组合类型在火山碎屑熔岩中较为常见，火山碎屑岩粒间孔隙、火山碎屑岩基质收缩缝、矿物解理缝被后期的构造裂缝所改造（图5-3）。

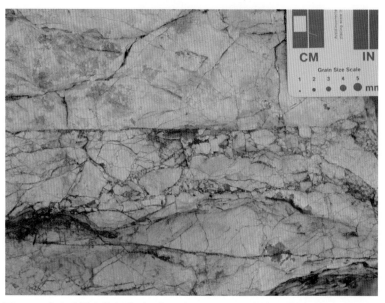

图5-3　火山碎屑岩粒间孔隙-火山碎屑岩基质收缩缝-矿物解理缝-裂缝型

4）基质溶蚀孔–斑晶溶蚀孔–裂缝型

由于热液活动而形成的基质溶蚀孔、斑晶溶蚀孔被后期或同期的构造裂缝所切割连通（图5-4）。徐家围子地区典型代表井为汪903井。

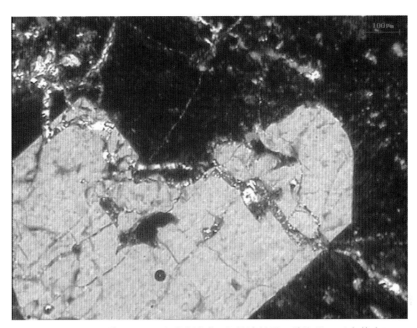

图5-4　汪903井3050m基质溶蚀孔–斑晶溶蚀孔–裂缝型（正交偏光）

5）纯裂缝型

对于某些致密、脆性强的火山岩，原生孔隙不发育，但在后期构造作用的影响下，岩石发生严重破碎，产生大量的裂缝，这些裂缝彼此间纵横交织，连通性非常好。

孔隙类型组合在微观下观察与宏观观察有较大差异，微观下溶孔普遍存在，孔隙类型组合主要包括：①溶蚀扩大气孔–溶蚀孔–溶蚀缝组合；②溶蚀扩大气孔–裂缝；③气孔–溶蚀缝组合；④溶蚀孔–溶蚀缝–裂缝组合；⑤微溶孔–裂缝组合；⑥裂缝–溶蚀缝组合；⑦纯裂缝型；⑧纯残余气孔型。以前4种组合为最佳储集空间组合，最差者是彼此孤立分布的残余气孔组合。不同的火山岩具有不同的孔隙组合，研究区溢流相（流纹岩、英安岩、安山岩、玄武岩）以气孔–裂缝组合、气孔–溶蚀扩大孔–溶蚀缝组合、气孔–溶孔组合、裂缝–溶蚀裂缝组合为主。爆发相（火山碎屑岩、熔结火山碎屑岩、火山碎屑熔岩、沉火山碎屑岩）发育气孔–砾间孔–裂缝组合、气孔–砾间孔–溶孔–溶蚀缝–裂缝组合、砾间孔–裂缝组合、微溶孔–溶蚀缝组合。

二、孔隙类型定量评价

为了探讨安达、升平、兴城地区火山岩主要孔隙类型的分布规律，对49口井的火山岩储层岩石面孔率及其孔隙的主要结构类型进行了镜下鉴定，并进行了统计计算，其中安达地区7口井,升平地区9口井,兴城地区33口井,共有742个样品,其中安达地区85个样、升平地区156个样、兴城地区501个样,获得数据5194个。

火山岩中的部分气孔中或气孔壁上常常生长石英、方解石、绿泥石、葡萄石等矿物,形成残余气孔或杏仁体,使一部分储集空间堵塞,降低了储层的储集物性。但由于气孔中充填的次生矿物的大部分为易溶矿物,其为后期大规模的次生溶蚀作用提供了被溶蚀的物质基础,为改善火山岩特别是熔岩的储集性能奠定了良好基础。在火山岩次生孔隙形成机制中,热液溶蚀作用与风化淋滤作用是形成次生孔隙的主要作用。

脱玻化作用及黏土矿物的重结晶作用形成的一些微孔隙也是研究区重要的天然气储集空间之一,这种类型的孔隙虽然孔径小,但分布面积大、连通性好,加之伴随长石溶孔、构造裂缝结合在一起,因此,具有脱玻化孔发育的储层物性一般较好。研究区微溶孔主要指火山灰被溶蚀后形成的次生微溶孔,具有孔径小、分布密集的特点,常与裂缝、溶孔连通形成较好储层。构造裂缝与风化裂缝不仅是烃类运移的通道,而且将火山岩中的各种孔隙(尤其是气孔)连通,使火山岩的储集性能大大改善。

对安达、升平、兴城地区不同岩石类型面孔率、原生孔隙、次生孔隙及各主要孔隙类型最大值、最小值及平均值统计表明(表5-3~表5-6),不同地区孔隙最发育的储层岩石类型和孔隙类型均明显不同。面孔率平均值最高的岩石类型与本区主要岩石类型基本一致,例如,安达地区为玄武岩,升平地区为流纹岩,兴城地区为流纹质凝灰岩,但面孔率最大值发育岩性与本区主要岩石类型一致性较差,原因是不同地区次生孔隙发育的岩性和发育的程度差异较大所造成的。

表5-3 不同地区最大孔隙值与岩性关系

地区/最大值类型		面孔率/%	原生孔隙/%	次生孔隙/%	主要孔隙类型			
					气孔/%	脱玻化孔/%	长石溶孔/%	火山灰溶孔/%
安达	数量	9	8	4	8	1	3	1
	岩性	安山岩	安山岩	流纹岩	安山岩	凝灰岩	流纹岩	熔结凝灰岩
升平	数量	13	11	6	11	6	3	4.5
	岩性	流纹岩	流纹岩	流纹岩、火山角砾岩	流纹岩	流纹岩	粗面岩	流纹质凝灰岩
兴城	数量	22	10	21	10	4	6.5	12.5
	岩性	流纹质凝灰岩	流纹岩、火山角砾岩	流纹质凝灰岩	流纹岩、火山角砾岩	流纹岩	流纹质凝灰岩	流纹质凝灰岩

表5-4 安达地区不同岩石类型孔隙类型定量评价

岩石类型		火山角砾岩	安山岩	玄武岩	流纹岩	凝灰岩	流纹质熔结凝灰岩
面孔率/%	最小值	0.00	0.00	0.00	0.90	0.10	0
	最大值	4.00	9.00	5.00	6.40	2.00	3.2
	平均值	0.94	3.02	0.70	3.16	0.79	1.65
原生	气孔 最小值		0.00	0.00	0.00		
	最大值		8.00	4.00	3.50		
	平均值		3.50	0.48	0.70		

续表

岩石类型			火山角砾岩	安山岩	玄武岩	流纹岩	凝灰岩	流纹质熔结凝灰岩
次生	脱玻化孔	最小值				0.00	1	
		最大值				4.00	1	
		平均值				0.92	1	
	长石溶孔	最小值	0	0.00		0.00	0.00	0
		最大值	0.20	2.00		3.00	1.00	2
		平均值	0.07	0.90		0.98	0.22	1.00
	火山灰溶孔	最小值	0.00				0.00	0
		最大值	0.20				0.40	1
		平均值	0.07				0.14	0.40
	砾内砾间孔	最小值	0.40					
		最大值	2.00					
		平均值	1.13					
	微裂缝	最小值	0.00	0.00	0.00	0.00	0.10	0
		最大值	4.00	0.50	1.00	1.80	1.50	1
		平均值	0.58	0.12	0.20	0.55	0.64	0.25
原生		最小值	0.00	0.00	0.00	0.00	0.00	
		最大值	0.00	8.00	4.00	3.50	0.00	
		平均值	0.00	2.10	0.48	0.70	0.00	
次生		最小值	0.00	0.00	0.00	0.00	0.00	0
		最大值	4.00	2.00	1.00	4.00	1.50	2
		平均值	0.57	0.30	0.13	2.17	0.26	1.65
n			10	10	9	37	15	4

表 5-5　升平地区不同岩石类型孔隙类型定量评价

岩石类型			流纹岩	流纹质凝灰岩	流纹质熔结凝灰岩	火山角砾岩	粗面岩
面孔率/%		最小值	0	0	0	0.9	1
		最大值	13	5	2	2	3
		平均值	2.22	1.06	0.69	1.63	2.33
原生	气孔	最小值	0	0	0	0	0
		最大值	11	1.5	1.8	0.5	2
		平均值	1.55	0.11	0.34	0.17	0.83

岩石类型			流纹岩	流纹质凝灰岩	流纹质熔结凝灰岩	火山角砾岩	粗面岩
次生	脱玻化孔	最小值	0				
		最大值	6				
		平均值	0.46				
	长石溶孔	最小值	0	0	0	0	0.2
		最大值	1	0.5	0.2	0.4	3
		平均值	0.06	0.13	0.06	0.13	1.17
	火山灰溶孔	最小值		0	0	0	
		最大值		4.5	1	1.6	
		平均值		0.64	0.21	0.53	
	砾内砾间孔	最小值			0.4	0	
		最大值			0.4	1	
		平均值			0.06	0.63	
	微裂缝	最小值	0	0	0	0	0
		最大值	1.5	1	0.1	0.5	0.8
		平均值	0.10	0.18	0.01	0.17	0.33
原生		最小值	0	0	0	0	0
		最大值	11	1.5	1.8	0.5	2
		平均值	1.55	0.11	0.34	0.17	0.83
次生		最小值	0	0	0	0	0
		最大值	6	4.5	1	1.6	2.8
		平均值	0.62	0.95	0.34	1.47	1.50
n			133	10	7	3	3

表 5-6 兴城地区不同岩石类型孔隙类型定量评价

岩石类型			流纹岩	流纹质凝灰岩	流纹质熔结凝灰岩	火山角砾岩	粗面岩	英安岩	粗安岩	安山岩	沉凝灰岩
	面孔率/%	最小值	0.00	0.00	0.00	0.00	0.00	0.10	0.00	0.10	0.00
		最大值	10.00	22.00	9.00	14.50	0.60	1.00	0.00	3.00	1.00
		平均值	1.94	4.96	2.76	4.14	0.43	0.53	0.00	1.10	0.34
原生	气孔	最小值	0.00	0.00	0.00	0.00	0.00	0.10		0.00	0.00
		最大值	10.00	3.00	6.00	10.00	0.40	0.60		2.00	0.00
		平均值	1.38	0.24	1.34	2.17	0.24	0.27		0.80	0.00

续表

岩石类型			流纹岩	流纹质凝灰岩	流纹质熔结凝灰岩	火山角砾岩	粗面岩	英安岩	粗安岩	安山岩	沉凝灰岩
次生	脱玻化孔	最小值	0.00	0.00	0.00	0.00					
		最大值	4.00	1.50	0.40	1.00					
		平均值	0.36	0.11	0.13	0.26					
	长石溶孔	最小值	0.00	0.00	0.00	0.00	0.00	0.00			
		最大值	5.00	6.50	4.00	0.04	0.40	0.40			
		平均值	0.15	0.90	0.52	0.07	0.19	0.40			
	火山灰溶孔	最小值		0.00	0.00	0.00					
		最大值		12.50	6.00	8.00					
		平均值		4.70	1.27	0.79					
	砾内砾间孔	最小值		0.00	0	0.00					
		最大值		1.00	5	8.00					
		平均值		0.13	2.50	2.80					
	钠铁闪石溶孔	最小值			0.00						
		最大值			1.00						
		平均值			0.16						
	微裂缝	最小值	0.00	0.00	0.00	0.00				0.00	0.00
		最大值	2.60	11.00	2.00	3.00				1.00	1.00
		平均值	0.14	1.52	0.18	0.50				0.30	0.34
原生		最小值	0.00	0.00	0.00	0.00	0.00	0.10		0.00	0.00
		最大值	10.00	3.00	6.00	10.00	0.40	0.60		2.00	0.00
		平均值	1.34	0.22	1.34	1.86	0.24	0.27		0.80	0.00
次生		最小值	0.00	0.00	0.00	0.00			0.00	0.00	0.00
		最大值	5.00	21.00	6.00	8.00	0.40	0.40	0.00	1.00	1.00
		平均值	0.32	3.95	0.70	2.23	0.19	0.27	0.00	0.30	0.10
n			207	60	170	29	18	3	2	4	8

第二节　火山岩储层物性特征

研究表明，研究区营城组火山岩储层岩石类型多样，主要包括玄武岩、安山岩、英安岩、流纹岩、熔结凝灰岩、凝灰岩、火山角砾岩等，不同地区、不同岩石类型具有不同的物性。

一、不同岩石类型储层物性特征

通过对徐家围子及外围断陷99口井、1156块样品的岩心物性资料进行分析，结果表明（图5-5），流纹岩、火山角砾岩、凝灰岩物性较好，凝灰熔岩、熔结凝灰岩次之，玄武岩、安山岩等中基性火山熔岩、火山集块岩物性相对较差。

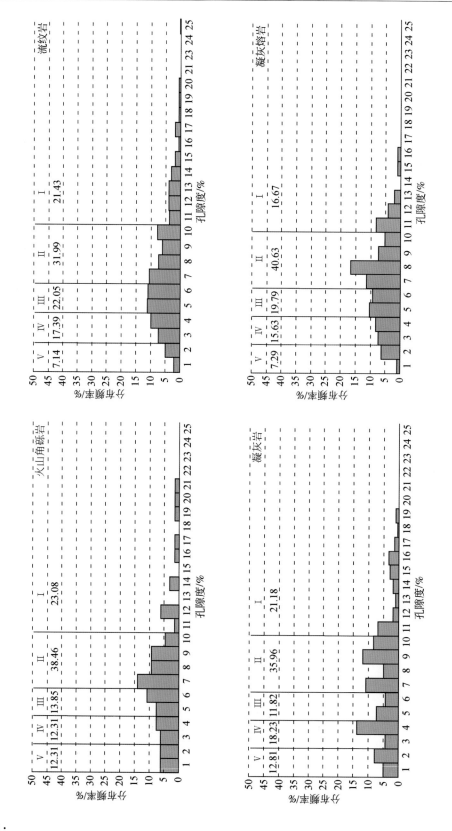

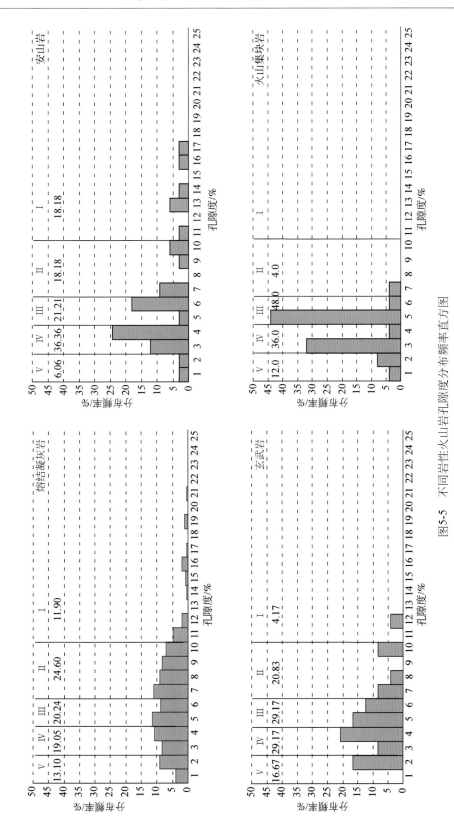

图5-5 不同岩性火山岩孔隙度分布频率直方图

火山角砾岩孔隙度分布范围为0.4%~20.08%，平均值为7.37%。孔隙度在6%~10%的频率为38.46%，大于10%的频率为23.08%。渗透率分布于0.004~4.032mD，平均值为0.196mD。

流纹岩孔隙度分布范围为0.1%~24.19%，平均值为7.05%。孔隙度在6%~10%的频率为31.99%，大于10%的频率为21.43%，渗透率分布于0.001~52.71mD，平均值为0.998mD。

凝灰岩孔隙度分布范围为0.08%~18.1%，平均值为6.86%。孔隙度在6%~10%的频率为35.96%，大于10%的频率为21.18%。渗透率分布于0.001~17.2mD，平均值为0.594mD。

凝灰熔岩孔隙度分布范围为0.17%~15.1%，平均值为6.49%。孔隙度在6%~10%的频率为40.63%，大于10%的频率为16.67%。渗透率分布于0.01~8.32mD，平均值为0.267mD。

熔结凝灰岩孔隙度分布范围为0.4%~20.2%，平均值为6.27%。孔隙度在6%~10%的频率为24.6%，大于10%的频率为11.9%。渗透率分布于0.001~5.57mD，平均值为0.232mD。

安山岩孔隙度分布范围为0.2%~16.9%，平均值为6.18%。孔隙度在6%~10%的频率为18.18%，大于10%的频率为18.18%。渗透率分布于0.013~4.032mD，平均值为0.196mD。

玄武岩物性普遍较差，孔隙度分布范围为1.1%~11.3%，平均值为4.71%。孔隙度在6%~10%的频率为20.83%，大于10%的频率为4.17%。渗透率分布于0.01~51.1mD，由于样品较少，平均值较高为2.625mD。

火山集块岩物性普遍差，孔隙度分布范围为0.5%~7%，平均值为3.55%。孔隙度小于6%的频率达到96%。渗透率分布于0.01~2.24mD，平均值为0.288mD。

二、不同地区储层物性特征

1. 安达地区

该区火山岩类型主要为熔岩类（包括玄武岩、安山岩、流纹岩）和火山岩碎屑岩类（包括凝灰岩、火山角砾岩等），由图5-6可以看出，熔岩类的孔隙度随深度增加没有明显的减少趋势，纵向上物性变化取决于火山岩所处的岩相部位及次生孔隙发育程度和气孔充填情况，而火山碎屑岩类的孔隙度随深度增加反而具有增大趋势，这是由于火山碎屑岩类岩石中孔隙以次生孔隙为主，次生孔隙发育造成了这一现象；熔岩类和火山碎屑岩类的渗透率随深度增加无明显的减小趋势，说明它们的渗透率受埋深影响较小。物性较好的岩类为火山角砾岩、流纹岩、凝灰岩，多为Ⅰ、Ⅱ类好储层，其次为安山岩、玄武岩等中基性熔岩。

2. 徐东地区

该区火山岩类型主要以酸性火山岩为主，包括流纹岩、凝灰熔岩、熔结凝灰岩、

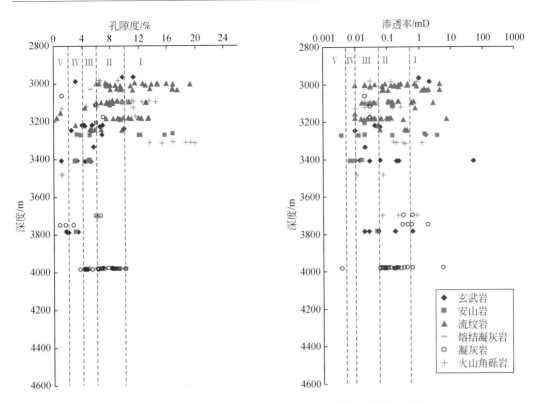

图 5-6 安达地区火山岩孔隙度和渗透率随深度变化关系图

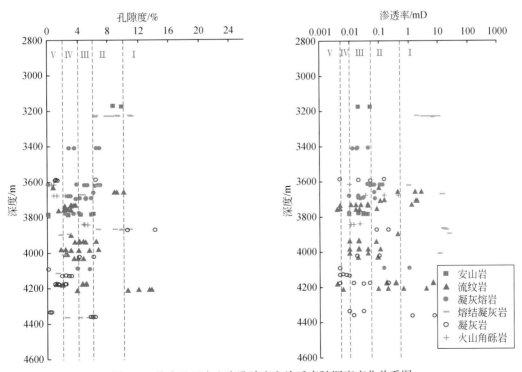

图 5-7 徐东地区火山岩孔隙度和渗透率随深度变化关系图

凝灰岩和火山角砾岩。由图 5-7 可以看出，同一类型火山岩的孔隙度和渗透率随深度增加无明显的减小趋势；物性较好的岩类为熔结凝灰岩、流纹岩，Ⅰ、Ⅱ类好储层相对较多，其他类型火山岩物性多以中等为主。

3. 徐中地区

该区火山岩类型主要是酸性火山岩，包括流纹岩、凝灰熔岩、熔结凝灰岩、凝灰岩、火山角砾岩和火山集块岩，由图 5-8 可以看出，同一类型火山岩的孔隙度和渗透率随深度增加无明显的减小趋势；各类型火山岩物性相对较好，形成了Ⅰ、Ⅱ类好储层，特别是该区的凝灰岩，随深度的增加其孔隙度和渗透率有明显的增大趋势，说明凝灰岩中存在起重要作用的次生孔隙，形成了Ⅰ类好储层。

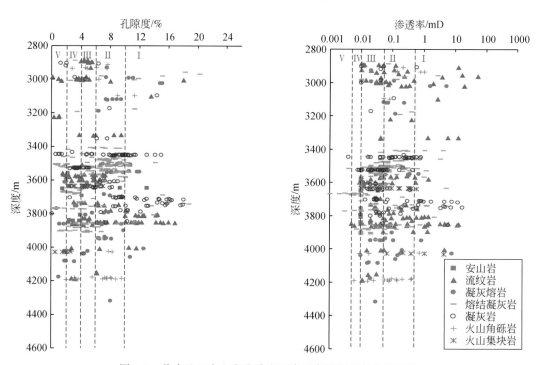

图 5-8　徐中地区火山岩孔隙度和渗透率随深度变化关系图

4. 徐南地区

该区火山岩类型主要是流纹岩，由图 5-9 可以看出，该区流纹岩储层物性相对较差，Ⅰ、Ⅱ类好储层较少。

5. 外围断陷

双城断陷火山岩物性整体上较徐家围子断陷差（图 5-10），孔隙度分布于 0.16% ~ 10.2%，平均值为 3.27%；渗透率分布于 0.008 ~ 1.629mD，平均值为 0.485mD。但三深 2 井（流纹质）凝灰岩次生孔隙发育段孔隙度可达 6% ~ 10.2%，渗透率为 0.02 ~

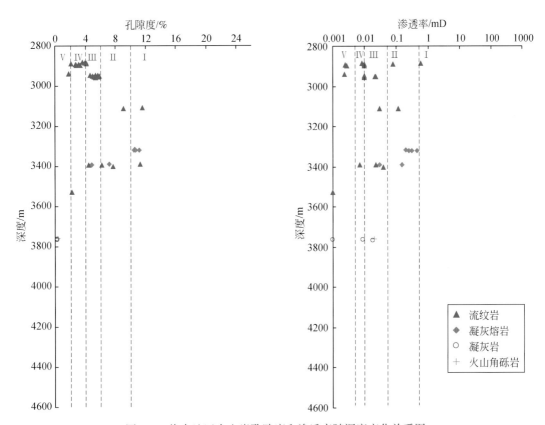

图 5-9 徐南地区火山岩孔隙度和渗透率随深度变化关系图

1.04mD；莺深 2 井流纹质熔结凝灰岩火山灰微孔发育段孔隙度达 3.9% ~ 7%，渗透率为 0.05 ~ 1.629mD，属于Ⅲ-Ⅱ类储层。

古龙断陷营城组火山岩物性整体较双城断陷差（图 5-11），孔隙度分布于 0.16% ~ 6.4%，平均值为 2.21%；渗透率分布于 0.01 ~ 1.92mD，平均值为 0.171mD。古深 1 井 4680.93 ~ 4685.98m（安山质）火山角砾岩孔隙度为 4.5% ~ 6.4%，渗透率为 0.01 ~ 0.11mD，为Ⅲ类储层。

林甸断陷营城组火山岩不发育，仅在林深 3 井钻遇 19.2m 的玄武岩和凝灰岩，林深 4 井钻遇 34m 的安山岩和玄武岩。玄武岩孔隙度分布于 0.47% ~ 3.2%，渗透率 0.01 ~ 19.3mD（图 5-12），物性较差，低孔中渗储层，主要原因是强充填作用使原生气孔，几乎全部被硅质、绿泥石、方解石等次生矿物填满，岩石具碎裂，大部分裂隙被硅质充填，见少量微裂隙。林深 3 井沙河子组闪长玢岩物性相对较好，具气显示。孔隙度在 2.7% ~ 7.1%，平均值为 5.25% 左右，渗透率为 0.02 ~ 236mD，均值为 14.17mD，属于中孔高渗储层。渗透性差别较大，岩心观察见微裂缝发育，可能与林深 3 井靠近断层有关。

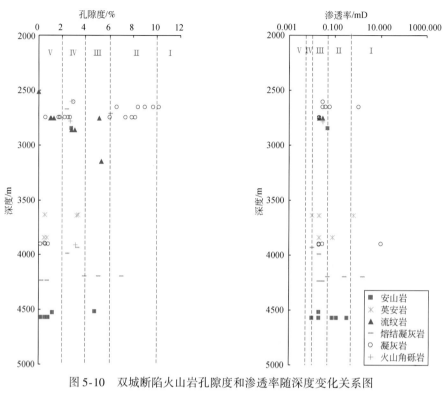

图 5-10 双城断陷火山岩孔隙度和渗透率随深度变化关系图

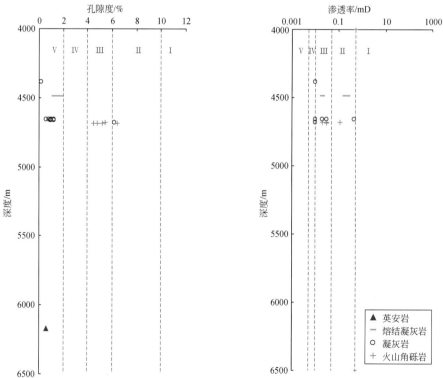

图 5-11 古龙断陷火山岩孔隙度和渗透率随深度变化关系图

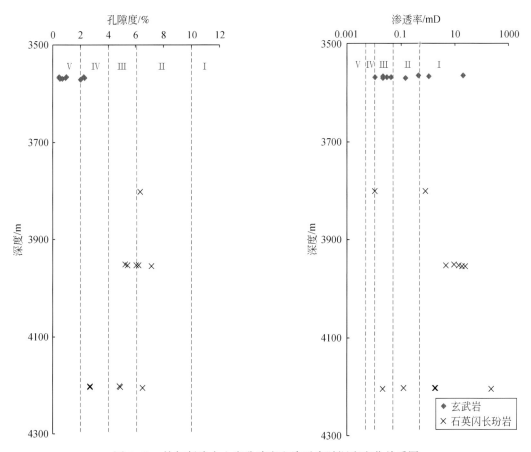

图 5-12　林甸断陷火山岩孔隙度和渗透率随深度变化关系图

三、不同类型储层化学元素组成特征

根据松辽盆地火山岩气藏储层评价分类标准（王成等，2008）[①]，徐家围子断陷同一类型火山岩可以形成Ⅰ~Ⅴ类不同类型的储层，Ⅰ-Ⅱ类储层和Ⅲ类以下储层在元素组成上呈现出一定的差别。

从徐中地区不同类型储层流纹质晶屑凝灰岩的 Na_2O、K_2O 与孔隙度关系图（图 5-13）上可以看出，Ⅰ-Ⅱ类储层的孔隙度与 Na_2O 含量具有正相关关系，与 K_2O 含量具有负相关关系；而Ⅲ类储层中相关性不明显，这可能与Ⅰ-Ⅱ类储层的主要储集空间为溶蚀孔隙（长石溶蚀、火山灰溶蚀）有关，后期溶蚀作用过程中 Na、K 元素置换与溶解，使得高孔隙的岩石中 Na 元素含量表现为相对较高。

对不同类型储层球粒流纹岩的元素组成分析结果表明（表 5-7、表 5-8）：Ⅰ-Ⅱ类

---

① 王成，邵红梅，张安达，洪淑新，潘会芳．2008. 徐家围子断陷火山岩、砾岩储层特征及演化研究（报告）

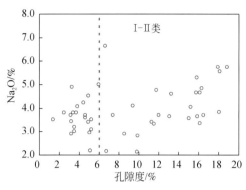 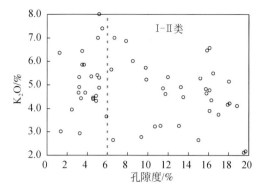

图 5-13　徐中地区流纹质晶屑凝灰岩 Na_2O、K_2O 与孔隙度关系图

储层与Ⅲ类储层元素组成对比研究发现，Ⅰ-Ⅱ类储层的常量元素组成中 CaO 含量明显偏低，微量元素组成普遍偏高。对不同类型储层流纹岩的元素组成与物性相关性分析结果表明（表5-9，图5-14）：Ⅰ-Ⅱ类储层元素组成与物性相关性相对较好，相关性较好的主量元素有 SiO_2、Na_2O、K_2O；微量元素有 Y、Ga、Rb。

因此，高、低孔带储层的元素演化存在差异的根本原因是后期成岩作用的差异；结合岩相划分成果，发现多发生在不同相变部位，从而导致储层物性的不同。

表 5-7　不同类型储层球粒流纹岩的常量元素组成分析结果

储层类型	常量元素/%	SiO_2	TiO_2	Al_2O_3	Fe_2O_3	MnO	MgO	CaO	Na_2O	K_2O	P_2O_5
Ⅲ	min1	74.85	0.13	9.52	3.78	0.04	0.86	0.05	2.34	2.26	0.00
	max1	75.85	0.20	10.57	4.87	0.07	1.79	0.41	5.61	7.34	0.02
	ave1	75.36	0.17	9.89	4.28	0.06	1.32	0.21	4.57	4.15	0.01
Ⅰ-Ⅱ	min2	71.64	0.14	9.12	3.07	0.04	0.80	0.00	3.02	2.76	0.01
	max2	77.61	0.24	12.29	5.35	0.11	2.63	0.00	6.67	5.94	0.01
	ave2	74.05	0.17	10.84	4.04	0.07	1.48	0.00	4.80	4.54	0.01
	ave1/ave2	1.02	0.97	0.91	1.06	0.81	0.89		0.95	0.91	1.00

表 5-8　不同类型储层球粒流纹岩的微量元素组成分析结果

储层类型	微量元素/ppm	V	Cr	Ni	Y	Zn	Ba	Ga	Rb	Zr	Cu	Sr
Ⅲ	min1	1.94	9.14	0.00	37.74	73.40	89.30	17.29	58.48	704.15	0.00	12.12
	max1	10.65	16.07	5.58	49.44	142.64	113.80	31.96	191.78	761.09	3.16	38.71
	ave1	5.05	11.87	1.85	44.93	107.66	101.00	24.86	103.06	733.93	0.82	23.22
Ⅰ-Ⅱ	min2	3.87	7.88	0.00	44.14	87.48	87.46	17.04	56.18	672.74	0.00	0.36
	max2	14.03	89.12	8.01	72.97	196.61	153.00	33.72	147.73	802.10	3.40	17.80
	ave2	8.28	18.56	2.83	56.26	119.47	107.39	25.87	104.99	736.36	0.73	11.06
	ave1/ave2	0.61	0.64	0.65	0.80	0.90	0.94	0.96	0.98	1.00	1.13	2.10

表 5-9 不同类型储层流纹岩的元素组成与物性相关性分析表

储层类型	相关性	SiO_2	TiO_2	Al_2O_3	Fe_2O_3	MnO	MgO	CaO	Na_2O	K_2O	P_2O_5	Ni
III	kxd	−0.01	0.55	0.07	0.63	−0.43	0.27	0.28	0.30	−0.42	0.48	0.31
III	stl	0.14	0.58	0.07	0.59	−0.33	−0.02	0.22	0.33	−0.40	0.47	0.41
I - II	kxd	−0.81	0.45	0.56	0.45	0.26	0.44	–	0.89	−0.85	0.00	0.11
I - II	stl	−0.70	0.35	0.53	0.34	0.09	0.35	–	0.77	−0.70	0.00	0.04

储层类型	相关性	Cu	Ba	Cr	V	Zr	Zn	Y	Sr	Ga	Rb
III	kxd	0.16	−0.20	0.30	0.13	−0.74	−0.46	0.70	−0.28	0.46	−0.42
III	stl	0.45	−0.45	0.22	−0.34	−0.69	−0.67	0.41	−0.33	0.63	−0.41
I - II	kxd	−0.56	0.49	−0.29	0.09	−0.04	−0.12	0.71	−0.64	0.87	−0.90
I - II	stl	−0.43	0.41	−0.23	−0.13	−0.01	−0.16	0.74	−0.68	0.80	−0.74

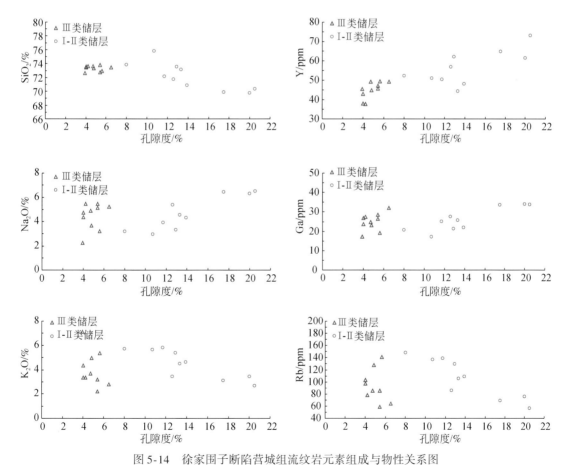

图 5-14 徐家围子断陷营城组流纹岩元素组成与物性关系图

第三节 储层控制因素

一、火山岩岩相对储层物性的影响

火山岩岩相是指火山活动环境及该环境下形成的火山产物特征的总和，火山活动环境包括喷发时的地貌特征、堆积时有无水体、距火山口远近及岩浆性质等。不同的火山岩岩相带岩石类型及孔隙类型及其组合不同，其物性也不尽相同，因此火山岩岩相是控制火山岩储层优劣的主要因素之一。火山岩岩相控制了火山岩的原始储集条件，如溢流相顶部、底部岩石气孔发育；爆发相的火山碎屑岩或集块岩发育砾间（粒间）孔缝等原生孔隙类型，也易受流体的溶蚀而形成较多次生溶孔，形成物性较好的储集体。因此，火山岩相对于揭示火山岩储层时空展布规律和不同岩石类型组合之间的成因联系亦具有重要意义。

（一）火山岩岩相划分及主要岩石类型

对于松辽盆地北部火山岩岩相的划分，前人已做过多次探索和研究。朱国同等（1996）[①] 提出汪家屯–升平地区火山岩岩相是喷发相和溢流相并存的。迟元林等（2000）[②]、吴海波等（2001）[③]、朱德丰等（2003）[④] 探讨了火山岩岩相的测井识别方法，将松辽盆地火山岩划分为 5 种岩相 15 种亚相。王璞珺等自 2002 年至 2006 年对松辽盆地火山岩相进行了研究，提出松辽盆地火山岩岩相的 "岩石类型–组构–成因" 划分方案，并不断得到完善，近年在大庆油田勘探开发中得到实际应用。

本文采用王璞珺等（2006）五相十五亚相的分类标准，即松辽盆地火山岩划分为火山通道相、爆发相、溢流相、侵出相和火山沉积相 5 种岩相，每一种火山岩相可以进一步划分为 3 种亚相，共 15 种亚相（表5-9），分别为火山通道相火山颈亚相、次火山岩亚相、隐爆角砾岩亚相；爆发相空落亚相、热基浪亚相、热碎屑流亚相；溢流相下部、中部上部亚相；侵出相内带、中带、外带亚相；火山沉积相含外碎屑火山碎屑沉积岩亚相、再搬运火山碎屑沉积岩亚相和凝灰岩夹煤沉积亚相。

按照该划分标准，对 25 口单井火山岩岩相进行了划分，岩相纵向分布特征显示，研究区营城组火山岩岩相以溢流相为主（约占 46.7%），其次为爆发相（约占 28.9%），少量火山沉积相（约占 9.2%）、火山通道相（约占 10.1%），偶见侵出相（约占 5.1%）。

① 朱国同，钟延秋，王任伟，杨步增，辛广柱.1996.松辽盆地汪家屯–升平地区火山岩预测研究（报告）

② 迟元林，蒙启安，门广田，杨步增，赵洪文，张海燕，霍秀玲.2000.松辽盆地深层天然气分布规律及勘探目标选择（报告）

③ 吴海波，齐景顺，王革，陈立英，康冶，印长海，王秋菊，宋吉杰，尹大庆，李红娟.2001.深层火山岩气藏形成、分布及气藏描述研究（报告）

④ 朱德丰，任延广，relvin相海梅，杨永斌，万佳彪，王成，李景坤，金明玉，陈志德，王洪艳.2003.松辽盆地北部深层天然气勘探突破方向研究（报告）

（二）不同类型火山岩的岩相相序特征

从 25 口井火山岩岩相相序组合来看，不同岩石类型具有不同的相序组合和旋回类型。

酸性岩类一般以爆发相或火山通道相作为一次喷发–喷溢旋回的开始（图 5-15、图 5-16）。主要相序组合类型为：①爆发相→溢流相/侵出相；②火山通道相→溢流相/侵出相；③爆发相→火山通道相→溢流相/侵出相。

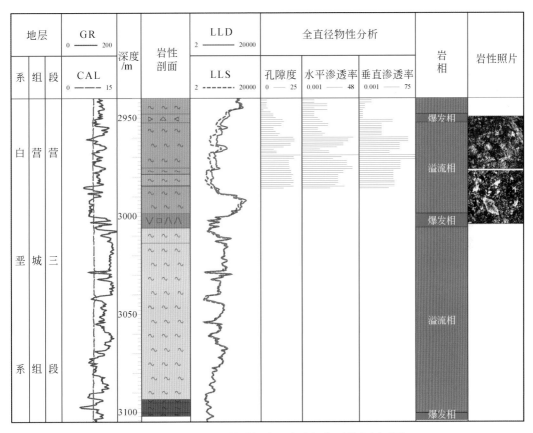

图 5-15　升深更 2 井酸性火山岩岩相序列纵向剖面图

中基性岩类多以溢流相作为一次喷发旋回的开始（图 5-17、图 5-18），相序组合类型较简单，主要有：①溢流相→爆发相；②溢流相→火山沉积相；③溢流相→爆发相→火山沉积相。

酸性岩夹中基性岩的岩相组合类型较复杂（图 5-19、图 5-20），常见的组合类型包括：①溢流相→爆发相→火山沉积相；②爆发相→火山沉积相；③爆发相→溢流相→火山沉积相；④溢流相→火山通道相→侵出相。

据前人研究结果，推测产生上述不同相序组合的原因是，研究区酸性岩多为浅源（15 ～ 25km）壳熔物质（王璞珺等，2006），一次火山喷发熔浆量大而且喷发能量也大，加之酸性岩浆黏度较大，挥发分含量较高，因此，造成先强烈爆发，之后随着其

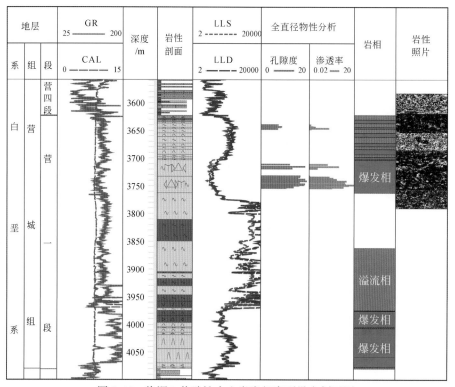

图 5-16　徐深 8 井酸性火山岩岩相序列纵向剖面图

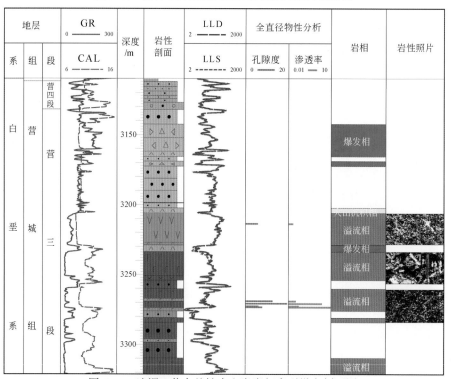

图 5-17　达深 4 井中基性火山岩岩相序列纵向剖面图

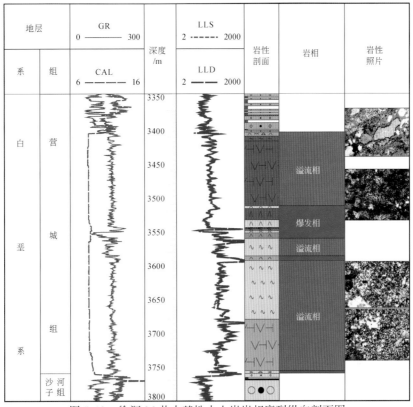

图 5-18 徐深 26 井中基性火山岩岩相序列纵向剖面图

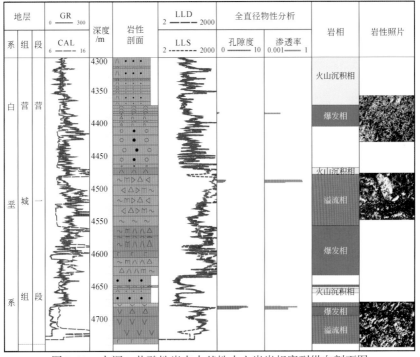

图 5-19 古深 1 井酸性岩夹中基性火山岩岩相序列纵向剖面图

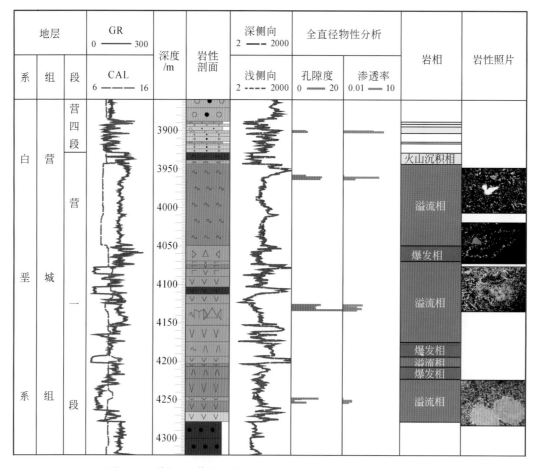

图 5-20　徐深 13 井酸性岩夹中基性火山岩岩相序列纵向剖面图

中挥发分含量的减少、能量的降低以溢流形式从火山口溢出，从而形成以爆发相→溢流相/侵出相为主的相序组合。研究区中基性岩浆来自深部软流圈或地幔（>60km）源，熔浆上升至地表时能量已经减弱，加之中基性岩浆的黏度较小，多以溢流方式开始喷发旋回。

（三）火山岩岩石类型与岩相

研究区内火山岩分多旋回多期次喷发，所以岩石类型岩相变化频繁，除了在酸性岩的大背景下会频繁出现中、基性岩外，主要体现在火山熔岩及火山碎屑岩中碎屑物质的类型、形态多变。在同一亚相中，火山岩岩石类型比较稳定，并且具有特征岩石类型及特征结构构造（表 5-10）。

表 5-10 火山岩岩石类型、结构、孔隙类型与岩相关系（据王璞珺，2006，修改）

相	亚相	成岩方式	代表岩石类型	典型结构	主要储层空间类型
V 火山-沉积相		压实成岩	沉凝灰岩、沉角砾岩	陆源碎屑结构	碎屑颗粒间孔和各种次生孔和缝
IV 侵出相 （旋回后期）	IV₃ 外带亚相	熔浆冷凝熔结新生和先期岩块和碎屑	具变形流纹构造的角砾熔岩	熔结角砾结构 熔结凝灰结构	角砾间孔缝、显微裂缝
	IV₂ 中带亚相	熔浆（遇水淬火）冷凝固结	致密块状珍珠岩和细晶流纹岩	玻璃质结构 珍珠结构	原生显微裂隙、构造裂隙
	IV₁ 内带亚相		枕状和球状珍珠岩	少斑结构 碎斑结构	岩球间空隙、岩穹内大型松散体
III 溢流相 （旋回中期）	III₃ 上部亚相	熔浆冷凝固结	气孔状熔岩	球粒结构 细晶结构	气孔、石泡空腔、杏仁体内孔
	III₂ 中部亚相		致密熔岩	细晶结构 斑状结构	流纹理层间缝隙
	III₁ 下部亚相		细晶及含同生角砾的熔岩	玻璃质结构、细晶结构 斑状结构 角砾结构	板状和楔状节理缝隙和构造裂缝
II 爆发相 （旋回早期）	II₃ 热碎屑流亚相	熔浆冷凝胶结与压实作用	含晶屑、玻屑、浆屑、岩屑的熔结凝灰岩	熔结凝灰结构，火山碎屑结构	颗粒间孔同冷却单元上下松散中间致密，底部可能发育几十厘米松散层
	II₂ 热基浪亚相	压实为主	含晶屑、玻屑、浆屑的凝灰岩	火山碎屑结构（晶屑凝灰结构为主）	有熔岩围限且后期压实影响小则为好储层（岩体内松散层），晶粒间孔隙和角砾间孔缝为主
	II₁ 空落亚相	压实为主	含火山弹和浮岩块的集块岩、角砾岩，晶屑凝灰岩	集块结构 角砾结构 凝灰结构	浮岩碎屑内气孔、火山灰溶孔、冷凝收缩缝
I 火山通道相 （火山机构下部）	I₃ 隐爆角砾岩亚相	与角砾成分相同或不同的岩汁（热液矿物）或细碎屑胶结	隐爆角砾岩	隐爆角砾结构 自碎斑结构 碎裂结构	角砾间孔、原生微裂隙
	I₂ 次火山岩亚相	熔浆冷凝结晶	次火山岩、玢岩和斑岩	斑状结构 全晶质结构	柱状和板状节理缝、接触带的裂隙
	I₁ 火山颈亚相	熔浆冷凝固结，熔浆熔结各种角砾和凝灰质	熔岩、角砾/凝灰熔岩、熔结角砾/凝灰岩	斑状结构 熔结结构 角砾/凝灰结构	角砾间孔、环状和放射状解理缝

1. 火山岩岩相与其代表岩石类型

1) 火山通道相

（1）次火山岩亚相的岩石类型主要为次火山岩，如升深 2-1 井 2828.73 ~ 2830.63m，林深 3 井 3592.90 ~ 3955.60m 段，为深灰色闪长玢岩（图版 XⅧ-Ⅰ）。

（2）火山颈亚相主要岩石类型为角砾熔岩、凝灰熔岩、熔结角砾岩或熔结凝灰岩。如升深 2-6 井 2984m 处，徐深 12 井 3667.71 ~ 3668.51m 段火山颈亚相的角砾状熔岩，角砾含量为 55% ~ 70%；升深 2-7 井 3020 ~ 3025m 段，角砾为棱角状灰白色流纹岩，砾间充填火山碎屑岩以及棕色泥岩。

（3）隐爆角砾岩亚相的代表岩石类型为隐爆角砾岩（图版 XⅧ-Ⅱ）。

2) 爆发相

爆发相岩石类型包括火山碎屑熔岩、熔结火山碎屑岩、火山碎屑岩、沉火山碎屑岩等。

（1）空落亚相常见的火山岩类型为集块岩、火山角砾岩、晶屑凝灰岩。岩石具有集块结构、角砾结构、凝灰结构。多形成于火山喷发序列的下部，或呈夹层，粒度由下向上变细。

在达深 10 井 3092.42 ~ 3096.16m，钻井首次揭示玄武安山质含浮岩块火山角砾岩，岩石碎屑成分为角砾级长石晶屑、气孔杏仁状安山岩角砾，偶见玄武岩和英安岩角砾、半塑性岩屑、浮石状（多出现在中基性岩）和弧面状刚性玻屑、塑性玻屑、板条状斜长石微晶、火山灰，具有凝灰角砾结构，角砾大小多为 2 ~ 15mm。凝灰级长石晶屑、火山玻璃胶结（局部熔岩胶结），熔浆在地下早期晶出的角砾级长石斑晶和火山通道围岩的安山岩角砾、含微晶和气孔杏仁体的半塑性浮岩岩屑（图版 XⅧ-Ⅲ，Ⅳ），为爆发初期产物，属于旋回早期爆发相空落亚相。

（2）热基浪亚相主要岩石类型为凝灰岩（图版 XⅧ-Ⅴ），多形成于爆发相的中、下部，向上粒度变细厚度减薄。

（3）热碎屑流亚相主要岩石类型为熔结凝灰岩，多形成于爆发相的上部。如徐深 1-2 井典型的原生气孔发育的塑性浆屑凝灰熔岩或熔结凝灰岩，浆屑呈定向拉长的假流纹构造（图版 XⅧ-Ⅵ）。

松辽盆地北部营城组角砾熔岩的角砾由凝灰岩、英安岩、流纹岩、塑性岩屑、晶屑和玻屑等多种熔浆与火山碎屑物组成，反映爆发产物来源较多；部分岩屑有一定的磨圆度，呈次棱角状–次圆状，显示经过了一定的搬运作用。胶结物以酸性流纹质与英安质熔岩为主，少量安山质熔岩。火山碎屑岩主要发育于喷发旋回的底部或顶部。其中，火山口相和近火山口相以粒度较粗的火山角砾岩为主，远离火山喷发中心则以细粒的凝灰岩和沉凝灰岩常见。在所观察的大部分取心井中都发育有火山角砾岩及少量的火山集块岩，如升深 2-7 井 3020.54 ~ 3025.74m，升深更 2 井 2901m，角砾大小为 0.5 ~ 40cm，主要成分为灰白色流纹岩、凝灰质流纹岩，填隙物多为凝灰质物和火山尘以及棕红色钙质泥岩、凝灰质泥质物。

3）溢流相

溢流相熔岩可形成于火山喷发的各个时期，但以强烈火山爆发之后的间歇期出现为主。在熔岩流的顶、底面或前缘多形成气孔状熔岩或角砾状熔岩等岩类。在酸性、中性、基性火山岩中均可见到。

溢流相是研究区营城组火山岩的主要相态，多由霏细结构流纹岩、流纹构造流纹岩、球粒结构流纹岩、气孔流纹岩和玄武岩、安山岩组成。如升深更2井3004.9m处发育的球粒结构流纹岩（图版ⅩⅧ-Ⅶ），球粒大小在5mm左右，球粒中部环带的颜色为深褐色，外部为浅棕色，具放射状。球粒流纹岩下部可见明显的流纹构造，微气孔定向排列，溶蚀孔（洞）发育。

溢流相具有三段式结构，即火山熔岩流的顶、底部出现气孔–杏仁状熔岩，而中部为致密的熔岩（图5-21），如升深2-12井3171.78～3176.08m，可见顶部发育非常好的气孔构造，多数已被后期溶蚀扩大；中部为致密的流纹岩，发育垂直裂隙及横向裂隙，部分已被充填；底部为被溶蚀扩大后的次生孔，多数被凝灰质、泥质物充填，裂隙发育。此外，在升深2-1井2958.97～2966m、升深2-6井2940.31～2942.41m、徐深8井3731.3m处都可发现该类型的熔岩。黏性较大的酸性熔岩流因流动缓慢，表面快速凝结的硬壳易被下部流动的熔岩冲破，形成碎屑角砾状熔岩或集块岩。岩流在冷凝过程中一般形成柱状节理。

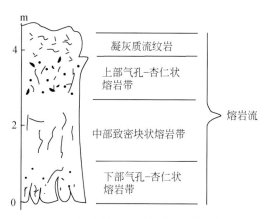

图5-21　熔岩流相带剖面图

4）侵出相

侵出相形成于火山喷发旋回的晚期，主要见于黏度大的酸性岩中，中性岩中也可发育。当破火山口–火山湖体系已经形成，含挥发分很低的高黏度酸性岩浆已无力喷出地表，受内力挤压涌出地表时，遇水淬火或在大气中快速冷却便在火山口附近形成侵出相（玻璃质）火山岩体。如珍珠岩（图版ⅩⅧ-Ⅷ）、松脂岩和黑曜岩。在本区主要表现为揉皱状流纹构造，岩心观察揉皱构造明显。

内带主要岩石类型为枕状或球状玻璃质熔岩；中带岩石类型为致密块状流纹岩和

细晶流纹岩；外带主要岩石类型为流纹状角砾熔岩。

5）火山沉积岩相

火山沉积岩相可形成于火山作用的不同阶段，这类岩石多形成于火山岩体的远端。火山沉积相的主要岩石类型为火山碎屑岩类（如集块岩、火山角砾岩和凝灰岩）与火山–沉积碎屑岩类（包括沉积火山碎屑岩亚类及火山碎屑沉积岩亚类）。研究区升深2-12井3353.4～3355.55m发育一段向上碎屑粒度变小、碎屑含量变少而后碎屑含量变多、粒度变大，表现为正粒序过渡到逆粒序的火山沉积岩岩相。这种现象是因为火山爆发的碎屑物飘落沉积时，离火山喷发中心越远，岩石中火山碎屑的含量越少越细，由火山碎屑岩（火山碎屑含量>75%）逐渐向沉火山碎屑岩（火山碎屑含量50%～75%）、火山碎屑沉积岩（火山碎屑含量10%～50%）和正常沉积岩（火山碎屑含量<10%）过渡。

2. 不同亚相相带的孔隙类型组合

同一岩相不同亚相储层特征可能差别很大，原因就是火山岩的亚相主要控制了火山岩储层原生孔隙组合的特征（表5-10），不同亚相带中原生孔隙发育不同，并导致后期次生孔隙的发育也存在差异，因此最终导致物性的差异，以下概要性总结不同亚相带中发育的原生孔缝情况。

1）火山通道相的孔隙组合

（1）火山颈亚相：大规模的岩浆喷发、地壳内部能量释放导致岩浆内压力下降，后期熔浆不能喷出地表在火山通道内冷凝固结。同时由于热沉陷作用，火山口附近的岩层坍塌，被持续溢出的熔浆冷凝胶结，形成的主要孔隙类型有角砾间孔、角砾内孔缝、环状或放射状基质收缩孔缝。

（2）次火山岩亚相：同期或后期的熔浆侵入到围岩缓慢冷凝结晶形成，代表性储集空间为原生柱状、板状解理缝。

（3）隐爆角砾岩亚相：由富含挥发分的岩浆侵入到岩石破碎带时由于压力不完全释放而产生爆炸作用，形成隐爆角砾间孔。

2）爆发相的孔隙组合

（1）空落亚相：固态火山碎屑和塑性喷出物在火山气射作用下，落到地表并压实固结而形成，以粒间孔为主，受压实作用影响，孔隙度变化较大。

（2）热基浪亚相：火山气射作用的气–固–液态体系在重力沉积和压实固结作用下形成的，以粒间孔为主。

（3）热碎屑流亚相：由于局部熔浆在炽热流动过程中拉长，富含挥发分的灼热碎屑浆屑混合物后熔浆冷凝胶结与压结作用共同固结形成，主要原生储集空间有气孔、流纹层间缝、角砾间孔缝。

3）溢流相的孔隙组合

（1）下部：位于流动单元或冷凝单元的下部，原生孔隙不发育，岩石脆性强易形成裂缝，是裂缝最发育相带。

（2）中部：气孔小，较均匀。

（3）上部：位于流动单元上部，气孔大，并且较密集，主要储集空间为气孔、杏仁体内孔、石泡壳间孔。是气孔最发育相带。

4）侵出相的孔隙组合

（1）内带：由于发育大型珍珠岩体内部的松散层，因此球体内部的原生环带状裂缝特别发育。

（2）中带：与内部呈过渡或互层，由于岩石脆性强而使构造裂缝较发育。

（3）外带：孔隙不发育。

5）火山沉积相的孔隙组合

孔隙发育程度相对其他岩相较差。

（四）火山岩物性与岩相

储层研究最重要的内容之一就是对储层物性的研究，物性是评价储层好坏的重要参数，它的优势是决定了火山岩能否成为储层。

分析结果表明火山岩储层物性不随深度的增加而变差，而与岩相有密切关系。不同岩石类型火山岩物性差别较大，即使同一岩石类型由于所处岩相部位不同，其物性差别也较大（图5-22、表5-11）：安山岩处于溢流相上部亚相的物性最好，溢流相夹火山岩通道相的复合相区物性次之，溢流相中部亚相物性相对较差；流纹岩处于不同岩相部位的物性变化较大，溢流相夹侵出相或爆发相的复合相区和溢流相上部亚相物性相对较好；凝灰岩处于复合相区和溢流相上部亚相的物性相对较好。在复合式火山岩

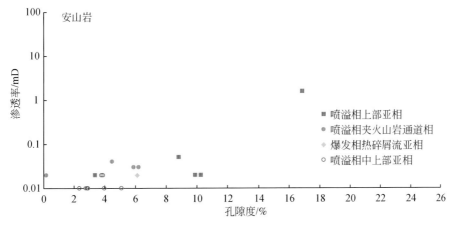

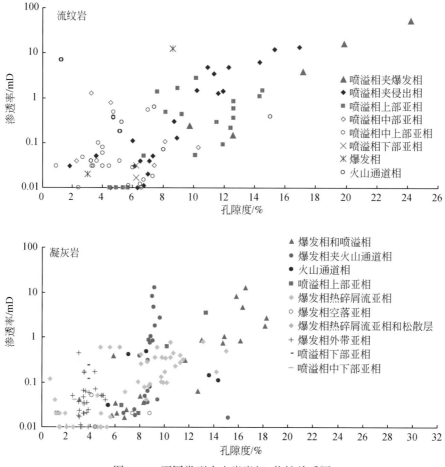

图 5-22 不同类型火山岩岩相–物性关系图

机构中，物性条件较好的为溢流相，其中溢流相的上部亚相物性条件最好；中基性火山机构的爆发相物性条件相对较好，其中的空落亚相物性最好；碎屑火山机构的各个岩相带物性条件差别不大，相对而言爆发相中的热碎屑流亚相物性条件较好；熔岩火山机构爆发相中的热碎屑流亚相物性条件最好，溢流相的上部亚相和中部亚相的物性条件相对较好。

表 5-11 火山机构中不同岩相带的物性特征

火山机构	岩石类型	岩相	亚相	孔隙度/%	渗透率/mD	厚度/m
复合火山机构 （徐深21）	流纹岩、凝灰岩	溢流相	上部亚相	8.95～10.14	0.44～2.76	168
	流纹岩、火山角砾岩		中部亚相	2.36～3.26	0.04～1.26	202
	流纹岩		下部亚相	3.81		15
	火山角砾岩、流纹岩	爆发相	空落亚相	3.26		44
	凝灰岩、流纹岩		热碎屑流亚相	2.57		102
	流纹岩		热基浪亚相	2.52		16
	火山角砾岩	火山通道相	火山颈亚相	3.25	0.04	29

续表

火山机构	岩石类型	岩相	亚相	孔隙度/%	渗透率/mD	厚度/m
中基性岩火山机构（达深3）	玄武岩、安山岩	溢流相	上部亚相	2.5～9.99	0～0.01	39
	火山角砾岩	爆发相	空落亚相	13.54～20.08	0～1.27	93.9
	凝灰岩		热基浪	7.12		3.56
	安山岩	溢流相	上部亚相	9.15		48.48
碎屑火山机构（徐深1）	凝灰岩	爆发相	空落亚相	4.45		23
	凝灰岩、集块岩、火山角砾岩		热碎屑流亚相	0.6～14.2	0.004～0.8	115
	火山角砾岩、凝灰岩		热基浪亚相	4.45		161
	集块岩	火山通道相	火山颈亚相	2.2～5.1	0.01～0.6	36
	凝灰岩、集块岩、火山角砾岩	侵出相	外带亚相	0～5.2	0～0.173	22
熔岩火山机构（升深2-12）	流纹岩	溢流相	上部亚相	2.73～4.86	0.01	209
	流纹岩		中部亚相	4.28		103
	流纹岩		下部亚相	3.15		132
	火山角砾岩	爆发相	空落亚相	3.5		10
	火山角砾岩、流纹岩		热碎屑流亚相	6.15～16.8	0～1.44	100
	火山角砾岩		热基浪亚相	4.3		12

（五）有利岩相条件分析

根据18口井234块样品物性分析结果，对安达地区、升平地区、兴城地区火山岩岩相的研究中发现（图5-23～图5-25）：安达地区爆发相空落亚相和热碎屑流亚相、溢

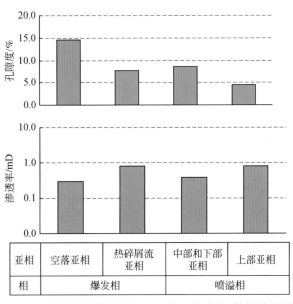

图5-23　徐家围子断陷安达地区火山岩岩相-物性关系图

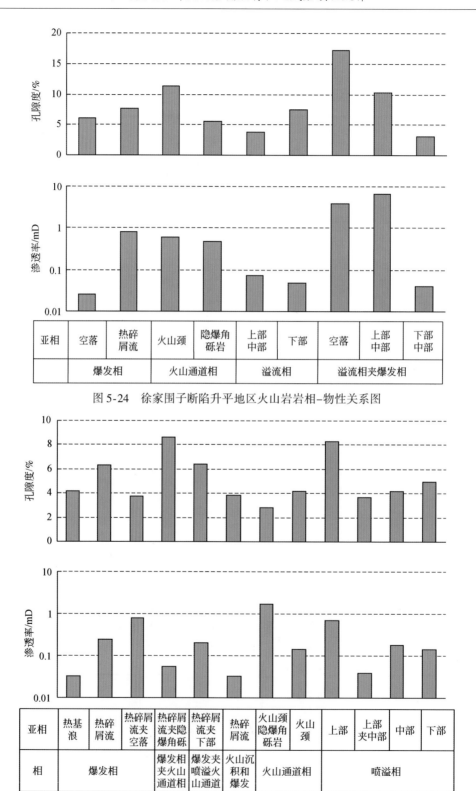

图 5-24 徐家围子断陷升平地区火山岩岩相–物性关系图

图 5-25 徐家围子断陷兴城地区火山岩岩相–物性关系图

流相上部亚相物性好；升平地区复合相区（喷溢夹爆发相）的空落亚相和上部亚相、火山通道相火山颈亚相物性最好；兴城地区复合相区（爆发相夹火山通道相）和溢流相上部亚相物性最好。

二、埋藏深度（压实）对物性的影响

将1002个火山岩岩心孔渗分析数据按照岩石类型分类编制了孔隙度和渗透率随深度变化关系图（图5-26），从图中可以看出，虽然深度变化达到1300m，但孔隙度和渗透率随深度未发生明显的变化，在3700~3900m范围内，还出现了孔渗增高的趋势，因此埋深（压实）对于火山岩物性影响很小。

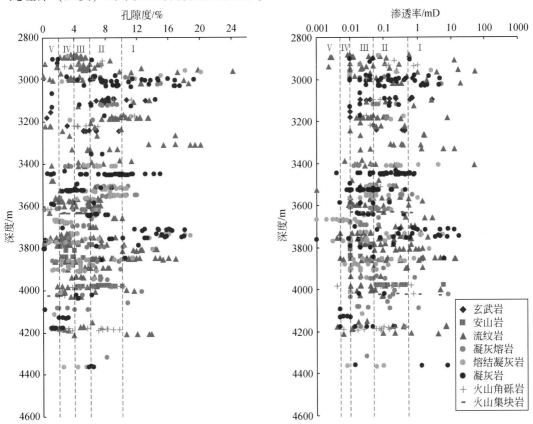

图5-26 徐家围子断陷火山岩孔隙度、渗透率随深度变化关系图

三、次生改造作用对物性的影响

火山岩总孔隙度和有效孔隙度比值与次生孔隙关系密切，通过对比发现，总孔隙度和有效孔隙度比值越接近，铸体薄片观察次生孔隙越发育（图5-27），当比值接近2时，铸体薄片中能够观测到的次生孔隙就很少（图5-28），当比值远远大于2时，几乎无次生孔隙存在（表5-12），铸体薄片中可观测到不连通的孤立气孔。有效孔隙与总

孔隙的比值反映了孔隙的连通性，而这一连通性又与火山岩所经历的次生改造强度特别是次生孔隙发育程度密切相关。因此，次生改造作用不仅可以增加次生孔隙，还可以增加火山岩原生气孔间的相互连通性，因此，后期改造作用是熔岩成为储层的决定性因素。

图 5-27　基质内溶孔使气孔间相互连通，
总孔与有效孔比值接近 1，
徐深 6，3846.84m，正交偏光，×10

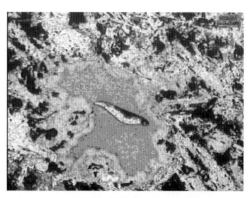

图 5-28　气孔边部略有溶蚀，基质内溶蚀弱，
气孔连通性差，总孔与有效孔比值接近 2，
达深 3，3237.96m，正交偏光，×10

表 5-12　总孔与有效孔比值与孔隙特征关系对比表

井号	样品编号	井深/m	岩石类型	总孔隙度 $f1$/%	有效孔隙度 $f2$/%	$f1/f2$	孔隙类型特征
徐深 6	46	3845.22～3850.88	流纹岩	11.53	10.9	1.06	气孔、溶蚀孔均发育
徐深 8	2	3709.51～3718.2	流纹岩	17.25	16.1	1.07	溶蚀孔较发育
升深更 2	102	2942.86～2950.74	流纹岩	15.58	13.3	1.17	气孔、溶蚀孔均发育
徐深 6	49	3845.22～3850.88	流纹岩	7.44	6.1	1.22	溶蚀孔较发育
徐深 6	44	3845.22～3850.88	流纹岩	8.69	7.1	1.22	溶蚀孔较发育
升深更 2	107	2942.86～2950.74	流纹岩	15.68	12.6	1.24	气孔、溶蚀孔均发育
升深更 2	99	2937.98～2942.86	流纹岩	9.89	7.8	1.27	溶蚀孔+少量残余气孔
升深更 2	98	2937.98～2942.86	流纹岩	8.3	6.1	1.36	气孔、溶蚀孔较发育
徐深 9	10	3592.95～3600.55	流纹岩	9.18	6.55	1.4	气孔为主，部分溶孔
徐深 9	7	3592.95～3600.55	流纹岩	9.4	6.61	1.42	气孔为主，部分溶孔
徐深 1-3	100	3591.04～3596.08	流纹岩	8.45	5.9	1.43	残余气孔+溶蚀孔、溶蚀缝
升深 2-12	6	2878.44～2884.6	流纹岩	7.51	5.2	1.44	气孔和溶蚀孔均较多
徐深 6	55	3845.22～3850.88	流纹岩	9.56	6.5	1.47	溶蚀孔+残余气孔
徐深 1-3	86	3582.7～3591.04	流纹岩	8.72	5.9	1.59	溶蚀孔、溶蚀缝+残余气孔
徐深 1-3	88	3582.7～3591.04	流纹岩	8.2	5.1	1.61	残余气孔+溶蚀孔、溶蚀缝
升深 2-12	17	2884.6～2888.53	流纹岩	6.42	3.9	1.65	溶蚀孔和气孔
升深 2-19	8	2883.73～2892.36	安山岩	10.76	6.4	1.68	残余气孔

井号	样品编号	井深/m	岩石类型	总孔隙度 $f1/\%$	有效孔隙度 $f2/\%$	$f1/f2$	孔隙类型特征
升深更2	90	2934.65~2937.98	流纹岩	6.74	4	1.69	少量溶蚀孔
徐深9	2	3592.95~3600.55	流纹岩	11.87	6.97	1.7	气孔为主
升深更2	94	2937.98~2942.86	流纹岩	7.42	4.2	1.77	少量溶蚀孔
徐深1-3	90	3582.7~3591.04	流纹岩	7.28	4.1	1.78	残余气孔+溶蚀孔、溶蚀缝
达深3	1	3237.76~3245.03	玄武岩	25.93	13.2	1.96	气孔、裂缝及溶孔
达深3	2	3237.76~3245.03	玄武岩	21.7	11	1.97	气孔及溶孔
达深3	2	3237.76~3245.03	玄武岩	21.7	11	1.97	气孔及溶孔
林深3	36	3950.9~3955.86	安山岩	13.03	6.2	2.1	微裂隙为主，少量气孔
宋深102	5	3012.03~3015.61	玄武岩	14.94	7.1	2.1	见少量微孔
升深2-12	12	2884.6~2888.53	流纹岩	4.72	2.2	2.14	大气孔和少量溶蚀孔
林深3	39	3950.9~3955.86	安山岩	15.36	7.1	2.16	微裂隙为主，少量气孔
林深3	34	3950.9~3955.86	安山岩	11.99	5.4	2.22	微裂隙为主，少量气孔
达深3	3	3237.76~3245.03	玄武岩	15.92	7.1	2.24	气孔、裂缝、少量溶孔
林深3	33	3950.9~3955.86	安山岩	13.51	6	2.25	微裂隙为主，少量气孔
林深3	31	3950.9~3955.86	安山岩	12.06	5.2	2.32	微裂隙为主，少量气孔
林深3	28	3800.19~3805.19	安山岩	16.19	6.3	2.57	微裂隙为主，少量气孔
升深更2	96	2937.98~2942.86	流纹岩	4.6	1.7	2.7	未见孔隙
徐深1-3	97	3582.7~3591.04	流纹岩	4.66	1.6	2.91	未见孔隙
古深1	35	4680.93~4685.98	安山岩	19	6.4	2.97	少量残余气孔
古深1	33	4680.93~4685.98	安山岩	16.81	5.4	3.11	镜下难以见到孔隙
古深1	31	4680.93~4685.98	安山岩	20.15	6.2	3.25	镜下难以见到孔隙
宋深102	14	3062.92~3068.26	玄武岩	14.99	3.9	3.84	见一微裂缝
徐深1-3	93	3582.7~3591.04	流纹岩	4.32	0.9	4.8	少量残余气孔
宋深102	10	3062.92~3068.26	玄武岩	14.83	2.6	5.7	见一微裂缝
升深更2	89	2932.35~3934.65	流纹岩	4.04	0.7	5.76	未见孔隙
林深3	24	3565.79~3571.58	玄武岩	15.9	2	7.95	微裂隙为主，少量气孔
升深202	22	3141.23~3143.09	流纹岩	3.51	0.3	11.71	岩石中基本无孔隙
林深3	11	3565.79~3571.58	玄武岩	12.23	1	12.23	以微裂隙为主，少量气孔
林深3	20	3565.79~3571.58	玄武岩	13.31	0.7	19.01	以微裂隙为主，少量气孔
林深3	15	3565.79~3571.58	玄武岩	10.38	0.5	20.76	以微裂隙为主，少量气孔
林深3	22	3565.79~3571.58	玄武岩	13.51	0.5	27.01	以微裂隙为主，少量气孔

四、孔隙特征与物性的关系

根据火山岩岩心全直径、常规分析数据，以及孔隙类型定量统计结果，分别对安达、升平、兴城地区火山岩物性与孔隙类型的关系进行了对比研究。

根据安达地区储层物性全直径分析结果，结合铸体薄片孔隙类型和面孔率，通过绘制它们之间的相关函数和计算相关系数，所得结果见表 5-13。

表 5-13   火山岩物性与孔隙类型关系表

地区	岩石类型	孔渗-面孔率	孔隙度-孔隙类型	渗透率-孔隙类型	面孔率-孔隙类型
安达	玄武岩	差	较差	较差	较差
	安山岩	好	长石溶孔、气孔好	长石溶孔好，气孔较好	气孔好长石溶孔较好
	流纹岩	差	较差	较差	气孔较好
	凝灰岩	差	较差	较差	微裂缝关系好
	火山角砾岩		较差	较差	微裂缝关系好
升平	玄武岩				
	安山岩				
	流纹岩	差	气孔较好	脱玻化孔较好	气孔好
	凝灰岩				
	火山角砾岩				
兴城	流纹岩	差	差	差	差
	熔结凝灰岩	较差	差	差	气孔较好
	凝灰岩	较差	长石溶孔较好	差	差
	火山角砾岩	较差	微裂缝较好	较差	差
	粗面岩	较差	长石溶孔较好	差	差

注：相关性好 $R>0.9$，较好 $R=0.8\sim0.9$，较差 $R=0.5\sim0.8$，差 $R<0.5$。

由表 5-13 的火山岩岩石类型-主要孔隙类型-储层物性关系可看出，安达地区安山岩面孔率-孔隙度-水平渗透率相关性好，孔隙度与长石溶孔、气孔相关性好，渗透率与长石溶孔、气孔相关性较好，面孔率与气孔、长石溶孔相关性好。

升平地区流纹岩面孔率与气孔相关性很好，面孔率与脱玻化孔相关性相对较好，渗透率与脱玻化孔相关性相对较好。

兴城地区熔结凝灰岩、凝灰岩的面孔率与孔隙度相关性相对较好；凝灰岩孔隙度与长石溶孔、火山灰溶孔相关性相对较好，火山角砾岩孔隙度与微裂缝相关性相对较好，粗面岩孔隙度与长石溶孔相关性相对较好。

五、CO_2 充注对储层的影响

表 5-14 是二氧化碳气层包裹体激光拉曼成分分析数据，对于包裹体气相和液相中

均含有大量 CO_2，但含有少量甲烷的储层，说明 CO_2 注入时储层介质是溶有一定数量甲烷的水，因此 CO_2 注入储层时甲烷尚未成藏，宿主矿物形成期间 CO_2 已经注入储层，即 CO_2 成藏时间相对较早。由于包裹体捕获时含有大量外来气体，因此均一温度可能偏高，不能代表捕获时温度，依此判断为晚期注入不可靠；对于包裹体中含有大量甲烷，但无 CO_2 的储层，说明 CO_2 注入储层时间是在宿主矿物形成之后，并晚于甲烷成藏，储层介质为甲烷，因此 CO_2 注入时期比甲烷成藏时期要晚。由此判断，CO_2 成藏时间并非都是晚期。从目前储层物性对比情况分析，CO_2 早期充注对储层改善有利（图 5-29），储层次生孔隙比晚期注入的发育，因此 CO_2 早期充注形成的酸性条件确实可以改善储层。

表 5-14　二氧化碳气层包裹体激光拉曼成分分析数据表

井号	井深/m	送样编号	气相 /% *			液相 /% *			均一温度/℃	宿主矿物	类型
			CO_2	CH_4	其他	CO_2	CH_4	水及其他			
徐深 19	3794.78	13	84.1	12.7	3.2	28.9		70.9	248.2	裂缝方解石	次生
徐深 19	3753.65	11	77.8	20.3	1.9	31.1	0.3	68.6	235.2	石英	次生
徐深 28	4363.94	8	72.3	27.7		24.5		74.5	269.1	裂缝方解石	次生
徐深 28	4363.82	9	62.6	34.7	2.7	22.2	0.5	77.3	258.6	石英晶屑	次生
徐深 28	4212.64	7	61.0	36.0	3.0	15.7	4.3	74.5	257.2	孔洞方解石	次生
徐深 22	4117.23	5	16.2	79.4	4.4	20.6	2.8	74.0	238.1	石英晶屑	次生
徐深 23	3899.58	4	9.2	88.7	97.9				单相	气孔方解石	次生
芳深 701	3579.51	2		87.2	12.8	4.2	1.5	94.3	168	石英晶屑	次生
芳深 701	3478.04	16		98.1	1.9		16.1	83.9	198.7	石英晶屑	次生
徐深 23	3722.05	3		88.7	11.3		3.1	96.9	243.4	砾石间方解石	次生
芳深 6	3415.46	17		85.1	14.9		1.0	99.0	185.9	石英晶屑	次生
徐深 8	3644.14	6		84.9	15.1			92.9	199.1	裂缝方解石	次生
徐深 5	3672.64	18		83.8	16.2		2.0	98.0	204.2	石英晶屑	次生
芳深 9	3580.06	1		63.7	36.3		0.4	99.1	210.2	石英晶屑	次生

*摩尔数的相对百分含量（据浙江大学分析资料）。

a　　　　　　　　　　　　　　　　　　b

图 5-29　CO_2 充注对储层的改善显微照片

a. 气孔及溶孔。徐深 23 井，3899.47m，单偏光，×10；b. 球粒流纹岩。徐深 28 井，4208.83m，扫描电镜，×1000

第六章 火山岩储层成因机理

火山岩在形成初期岩石类型通常是比较致密的，即使存在数量较多的气孔，气孔间基本上也是不连通的。因此，从火山岩到火山岩储层，需要经历一系列复杂的物理、化学及物理化学作用过程，改变了孔隙类型和储集物性。对火山岩改造比较重要的有脱玻化作用、风化淋滤作用、埋藏期成岩演化作用和所经历的构造作用。从火山岩到火山岩储层，是上述各种作用综合的结果。

第一节 脱玻化作用

一、脱玻化孔隙成因

火山玻璃脱玻化使矿物发生体积的缩小，从而形成微孔隙，另外火山玻璃脱玻化形成的铝硅酸盐等矿物在酸性流体的作用下发生溶蚀，又产生了溶蚀孔隙，所观察到的孔隙为脱玻化孔和矿物溶蚀孔之和，由于这两种孔隙难以区分，故统称为脱玻化溶蚀孔，简称脱玻化孔。

脱玻化作用可出现在熔岩和火山碎屑岩两大类岩石的火山玻璃中（火山碎屑岩中的火山灰由极微小的火山玻璃组成），主要出现在球粒流纹岩、流纹质凝灰岩、流纹质熔结凝灰岩、流纹质凝灰角砾岩中。流纹质玻璃的脱玻化作用可以产生相当数量的微孔隙，是研究区的一种重要储集空间。脱玻化孔隙虽小，但由于数量多，连通性好，因此也能形成好的储层。

运用火山玻璃脱玻化作用的物理过程、质量平衡、热力学及流体-岩石相互作用的原理和方法，研究火山玻璃脱玻化形成的矿物及孔隙、脱玻化形成的矿物与流体之间相互作用产生的孔隙。本章将分别对球粒流纹岩中的火山玻璃、凝灰岩和熔结凝灰岩中火山灰的脱玻化溶蚀孔的形成机制进行研究，为孔隙的预测提供基础。

火山玻璃是在过冷却及黏度增大的条件下形成的，性质不稳定，会自动形成晶体，即玻璃脱玻化作用。玻璃脱玻化作用的发生除需要较长的时间外，还需要适当的水分、温度、压力，火山碎屑岩、珍珠岩及有流纹构造的岩石中易于发生脱玻化作用。由于需要适当的水分，所以脱玻化从裂隙开始，温度升高及压力增加有利于脱玻化，火山岩埋于地下的静压力及构造应力均有利于脱玻化的发生。成分越酸性的火山岩，结晶程度一般越差，如从基性到酸性，斑晶含量逐渐减少，据统计（邱家骧等，1996）：玄武岩（110个）斑晶占31.8%，安山岩（108个）26.4%，英安岩（21个）21.9%，流纹岩（41个）仅13.0%。斑晶越少的火山岩，基质中一般易出现玻璃质。

脱玻化从裂隙开始，有人认为珍珠结构是玻璃质冷却过程中体积缩小产生的，而有的则认为珍珠结构（据实验）并非冷缩产物，而与低温低压下水化及水的分布不均匀有关（Wilson，1989）。

　　酸性火山玻璃在地表脱玻化后，变为隐晶质长英矿物及高价铁矿物（赤铁矿、褐铁矿）等，肉眼观察颜色多为浅红、黄、褐色；基性火山玻璃在地表脱玻化后，变为隐晶质斜长石、高价铁矿物及次生的绿泥石、蛇纹石等，肉眼观察颜色多呈紫红色、深绿色。本章将对球粒流纹岩、凝灰岩、熔结凝灰岩这三种岩石中的脱玻化过程中释放出的空间分别进行定量评价。

二、脱玻化孔隙的定量评价

　　为了评价脱玻化孔对储层的贡献，我们分别对球粒流纹岩、熔结凝灰岩、凝灰岩产生的脱玻化孔进行了定量计算。如前所述，火山玻璃脱玻化使矿物发生体积的缩小，从而形成微孔隙，另外火山玻璃脱玻化形成的铝硅酸盐等矿物在酸性流体的作用下发生溶蚀，又产生了溶蚀孔隙，所观察到的孔隙为脱玻化孔和矿物溶蚀孔之和。因此计算分两部分进行，一是脱玻化时产生的脱玻化孔对储层的贡献，二是玻璃脱玻化形成的长石产生的溶蚀孔隙对储层的贡献。研究思路和方法是，脱玻化时产生的脱玻化孔用质量平衡的方法。具体方法是应用全岩化学分析数据算出岩石的标准矿物含量；从岩石标准矿物含量中去掉火山岩中已有的实际矿物的含量（对于熔岩去掉斑晶的含量，对于火山碎屑岩去掉晶屑及岩屑中实际矿物的含量），剩余部分为玻璃的标准矿物含量；用质量平衡的方法算出脱玻化形成的孔隙。采用热力学方法可算出玻璃脱玻化形成的长石产生的溶蚀孔隙。

1. 球粒流纹岩脱玻化孔隙的定量评价

　　选取了安达地区（卫深101井）、升平地区（升深202、升深203、升深8井）、兴城地区（徐深1、徐深9井）的球粒流纹岩进行脱玻化作用研究，球粒流纹岩全岩化学分析数据列于表6-1。根据表6-1中全岩化学分析数据进行CIPW计算，得出球粒流纹岩标准矿物的含量（表6-2）。由表6-2可以看出标准矿物分子中，石英和三种长石的含量之和占总含量的比例最高达95.73%，最低达93.02%，平均为94.59%，而刚玉、透辉石、紫苏辉石、锥辉石、钛铁矿、磁铁矿、磷灰石的含量很低，为了计算方便，可忽略这部分矿物的影响。由表6-2可以看出，钙长石的含量变化于0~0.87%，说明在球粒流纹岩中钙长石的含量很低，为了计算方便可忽略不计。石英标准矿物含量的最大值为49.13%，最小值为29.76%，平均值为38.37%；钠长石标准矿物含量最大值为49.49%，最小值为18.09%，平均值为32.50%；钾长石标准矿物含量的最大值为31.51%，最小值为14.45%，平均值为23.56%。

表 6-1 球粒流纹岩全岩化学分析数据 （单位:%）

井号	岩性	SiO₂	TiO₂	Al₂O₃	Fe₂O₃	FeO	MnO	MgO	CaO	Na₂O	K₂O	P₂O₅
升深 202	球粒流纹岩	75.93	0.23	11.89	1.19	1.34	0.07	0.04	0.30	3.91	5.09	0.01
升深 203	球粒流纹岩	75.72	0.24	12.27	1.72	1.02	0.04	0.02	0.23	6.29	2.45	0.01
升深 202	球粒流纹岩	76.62	0.20	11.26	1.44	1.41	0.06	0.03	0.27	3.33	5.33	0.03
升深 8	球粒流纹岩	80.01	0.19	10.82	0.84	1.20	0.01	0.04	0.07	2.14	4.64	0.03
徐深 1	球粒流纹岩	75.78	0.18	11.21	4.90		0.10	0.13	0.22	3.45	4.0	0.03
徐深 9	球粒流纹岩	77.25	0.21	11.0	0.30	2.58	0.04	0.08	0.58	4.16	3.82	0.01
卫深 101	球粒流纹岩	80.22	0.23	9.48	2.50	0.60	0.03	0.04	0.17	4.13	2.58	0.02

表 6-2 球粒流纹岩标准矿物含量 （单位:%）

井号	Q	An	Ab	Or	C	Di	Hy	Ac	Il	Mt	Ap	Q+An+Ab+Or
升深 202	32.82	0	32.82	30.08	0	1.23	0.74	0.23	0.44	1.61	0.03	95.72
升深 203	29.76	0	49.49	14.45	0	0.95	0.94	3.26	0.46	0.66	0.03	93.70
升深 202	36	0.03	28.19	31.51	0	1	0.73	0	0.39	2.09	0.07	95.73
升深 8	49.13	0.15	18.09	27.44	2.22	0	1.31		0.37	1.22	0.07	94.81
徐深 1	39.19	0.87	29.29	23.67	0.89	0	1.93		0.35	3.74	0.07	93.02
徐深 9	35.81	0.06	35.17	22.56	0	2.41	3.15	0	0.39	0.43	0.02	93.6
卫深 101	45.91	0	34.43	15.23	0	0.61	0.68	0.44	0.44	2.21	0.06	95.57
最大	49.13	0.87	49.49	31.51	2.22	2.41	3.15	3.26	0.46	3.74	0.07	95.73
最小	29.76	0	18.09	14.45	0	0	0.68	0	0.35	0.43	0.02	93.02
平均	38.37	0.16	32.50	23.56	0.44	0.89	1.35	0.56	0.41	1.71	0.05	94.59

流纹岩中除了玻璃外还含有石英、长石斑晶,为了剔除流纹岩中斑晶的影响,通过薄片显微镜观察,确定了石英、钾长石和钠长石斑晶的含量（表 6-3）,由表 6-3 可看出石英斑晶平均约 14.43%,钾长石斑晶平均约 6.71%,钠长石斑晶平均约 2.14%。从各口井的石英和长石标准矿物含量中剔除石英和长石斑晶的含量,得出流纹质玻璃脱玻化产生的石英和长石的含量（表 6-4）。

表 6-3 石英和长石斑晶的平均含量 （单位:%）

矿物	升深 202	升深 203	升深 202	升深 8	徐深 1	徐深 9	卫深 101	最大	最小	平均
Q	15	18	18	10	15	15	10	18	10	14.43
Or	8	6	5	9	6	8	5	9	5	6.71
Ab	2	2	1	3	2	2	3	3	1	2.14

表6-4　脱玻化后产生的石英和长石的含量　　　　（单位:%）

井号	Q（CIPW）	Ab（CIPW）	Or（CIPW）	Q 斑晶	Ab 斑晶	Or 斑晶	脱玻化后 Q	脱玻化后 Ab	脱玻化后 Or
升深 202	32.82	32.82	30.08	15	2	8	17.82	30.82	22.08
升深 203	29.76	49.49	14.45	18	2	6	11.76	47.49	8.45
升深 202	36	28.19	31.51	18	1	5	18	27.19	26.51
升深 8	49.13	18.09	27.44	10	3	9	39.13	15.09	18.44
徐深 1	39.19	29.29	23.67	15	2	6	24.19	27.29	17.67
徐深 9	35.81	35.17	22.56	15	2	8	20.81	33.17	14.56
卫深 101	45.91	34.43	15.23	10	3	5	35.91	31.43	10.23
最大	49.13	49.49	31.51	18	3	9	39.13	47.49	26.51
最小	29.76	18.09	14.45	10	1	5	11.76	15.09	8.45
平均	38.37	32.50	23.56	14.43	2.14	6.71	23.95	30.35	16.85

表6-5 列出了一般情况下的流纹质玻璃、石英、钠长石和钾长石的密度。根据表6-4 各口井脱玻化后产生的石英、钾长石和钠长石的含量和流纹质玻璃、石英、钠长石和钾长石的密度，可算出 100g 球粒流纹岩的在脱玻化作用后所释放的孔隙大小（表6-6）。由表6-6 可以看出 100g 流纹岩在脱玻化作用后，产生的孔隙体积变化于 2.75 ~ 3.28cm³，可见脱玻化产生的体积不可忽视。脱玻化作用后产生孔隙体积最大的井为卫深 101，其脱玻化后产生的体积为 3.28cm³，这与镜下观察一致。

表6-5　标准状况下不同物质的密度　　　　（单位：g/cm³）

流纹质玻璃	石英	钠长石	钾长石
		2.61	2.56
2.36	2.65	平均值	
		2.59	

注：据北京大学，1979。

表6-6　球粒流纹岩在脱玻化作用后所释放出的孔隙

项目	升深 202	升深 203	升深 202	升深 8	徐深 1	徐深 9	卫深 101	最大	最小	平均
玻璃质量/g	70.72	67.7	71.7	72.66	69.15	68.54	77.57	113.1	35.3	71.15
玻璃密度/（g/cm³）	2.36	2.36	2.36	2.36	2.36	2.36	2.36	2.36	2.36	2.36
玻璃体积/cm³	29.97	28.69	30.38	30.79	29.3	29.04	32.87	47.94	14.96	30.15
脱玻化后石英体积/cm³	6.725	4.438	6.792	14.77	9.128	7.853	13.55	14.77	4.438	9.036
脱玻化后钾长石体积/cm³	8.625	3.301	10.36	7.203	6.902	5.688	3.996	10.36	3.301	6.581
脱玻化后钠长石体积/cm³	11.81	18.2	10.42	5.782	10.46	12.71	12.04	18.2	5.782	11.63
脱玻化后石英和长石总体积/cm³	27.16	25.93	27.57	27.75	26.49	26.25	29.59	43.32	13.52	27.25
脱玻化产生体积/cm³	2.808	2.753	2.816	3.037	2.814	2.793	3.279	4.62	1.438	2.9
脱玻化体积占总体积百分数/%	0.066	0.065	0.066	0.072	0.066	0.066	0.077	0.109	0.034	0.068

2. 熔结凝灰岩脱玻化孔隙的定量评价

分别从徐深 6、徐深 502、徐深 601、徐深 602 四口井中选取了有代表性的熔结凝灰岩的全岩分析数据（表 6-7）进行研究。根据表 6-7 的全岩数据进行 CIPW 计算，得出熔结凝灰岩标准矿物的含量（表 6-8）。

表 6-7　熔结凝灰岩全岩数据　　　　　　　　　（单位:%）

井号	岩性	SiO_2	TiO_2	Al_2O_3	Fe_2O_3	FeO	MnO	MgO	CaO	Na_2O	K_2O	P_2O_5
徐深 6	熔结凝灰岩	75.9	0.15	11.9	2.86		0.03	0.15	0.702	3.9	4.39	0.02
徐深 502	熔结凝灰岩	77.9	0.17	10.9	1.07	2.31	0.09	0.11	0.533	1.88	5.04	0.015
徐深 601	熔结凝灰岩	76.9	0.16	11.7	0.6	1.02	0.04	0.08	0.101	2.95	6.47	0.02
徐深 602	熔结凝灰岩	77	0.33	10.6	2.07	1.71	0.06	0.05	0.132	3.67	4.31	0.006

表 6-8　熔结凝灰岩标准矿物的含量　　　　　　（单位:%）

井号	Q	An	Ab	Or	C	Di	Hy	Ac	Il	Mt	Ap	Q+Ab+An+Or
徐深 6	34.77	2.07	33.02	25.95	0	1.08	0.5	0	0.29	2.26	0.05	95.81
徐深 502	44.9	2.54	15.88	29.81	1.43	0	3.52	0	0.33	1.55	0.04	93.13
徐深 601	34.29	0	24.14	38.23	0	0.32	1.44	0.74	0.31	0.49	0.05	96.66
徐深 602	38.51	0	30.75	25.5	0	0.54	0.9	0.3	0.64	2.85	0.01	94.76
最大	44.9	2.54	33.02	38.23	1.43	1.08	3.52	0.74	0.64	2.85	0.05	96.66
最小	34.29	0	15.88	25.5	0	0	0.5	0	0.29	0.49	0.01	93.13
平均	38.12	1.153	25.95	29.87	0.36	0.49	1.59	0.26	0.39	1.79	0.04	95.09

由表 6-7 及表 6-8 可以看出参加计算的氧化物质量百分数之和与计算得到标准矿物质量百分数之和，在徐深 502、徐深 601、徐深 602 中两者相差为零，在徐深 6 中两者相差 0.01，相差都小于 0.2（邱家骧，1991），说明数据是可靠的。在标准矿物中石英和三种长石的含量之和最高达 96.66%，最低达 93.13%，平均为 95.09%，而刚玉、透辉石、紫苏辉石、锥辉石、钛铁矿、磁铁矿、磷灰石等标准矿物的含量很小，可忽略不计，其结果如表 6-9 所示。

表 6-9　剔除一些矿物后石英和长石标准矿物的含量　　（单位:%）

矿物	徐深 6	徐深 502	徐深 601	徐深 602	最大	最小	平均
CIPW 石英	34.77	44.9	34.29	38.51	44.9	34.29	38.12
CIPW 钙长石	2.07	2.54	0	0	2.54	0	1.15
CIPW 钠长石	33.02	15.88	24.14	30.75	33.02	15.88	25.95
CIPQ 钾长石	25.95	29.81	38.23	25.5	38.23	25.5	29.87

由表6-9中，钙长石标准矿物的含量变化于0~2.54%，最大值为2.54%，可以忽略不计，还可以看出各井中标准矿物石英含量的最大值为44.9%，最小值为34.29%，平均值为38.12%；标准矿物钠长石含量最大值为33.02%，最小值为15.55%，平均值为25.95%；标准矿物钾长石含量的最大值为38.23%，最小值为25.5%，平均值为29.87%。

为了剔除凝灰岩中晶屑和岩屑的影响，进行了薄片镜下观察，统计出这些井中晶屑、岩屑中石英及长石的平均含量，如表6-10所示。

表6-10 晶屑、岩屑中石英及长石的平均含量 （单位:%）

矿物	徐深6	徐深502	徐深601	徐深602	最大	最小	平均
Q	8	14	10	12	14	8	11
Or	4	6	4	4	6	4	4.5
Ab	2	4		4	4		2.5

由表6-10可知晶屑、岩屑中的石英平均值为11%，钾长石平均值为4.5%，钠长石平均值为2.5%。

要剔除熔结凝灰岩中的晶屑、岩屑的影响，即从石英和长石标准矿物含量中剔除掉晶屑、岩屑中石英和长石的含量，就得到熔结凝灰岩脱玻化后石英和长石含量，如表6-11所示。

表6-11 熔结凝灰岩脱玻化形成的石英和长石的含量 （单位:%）

矿物	徐深6	徐深502	徐深601	徐深602	最大	最小	平均
（CIPW）Q	34.77	44.9	34.29	38.51	44.9	34.29	38.118
（CIPQ）Or	25.95	29.81	38.23	25.5	38.23	25.5	29.873
（CIPW）Ab	33.02	15.88	24.14	30.75	33.02	15.88	25.948
镜下 Q	8	14	10	12	14	8	11
镜下 Or	4	6	4	4	6	4	4.5
镜下 Ab	2	4		4	4		2.5
脱玻化后 Q	26.77	30.9	24.29	26.51	30.9	26.29	27.118
脱玻化后 Or	21.95	23.81	34.23	21.5	32.23	21.5	25.373
脱玻化后 Ab	31.02	11.88	24.14	26.75	29.02	15.88	23.448

根据表6-11脱玻化后产生的石英和长石的含量和表6-5同物质的密度，可算出100g熔结凝灰岩脱玻化作用后所释放的孔隙大小，如表6-12所示。由表6-12我们可以看出100g熔结凝灰岩在脱玻化作用后，能产生的孔隙体积变化于2.7~3.24cm³。四口井中脱玻化作用后产生孔隙体积最大的井为徐深601，其产生的体积为3.24cm³，可见脱玻化产生的体积不可忽视。

表 6-12　熔结凝灰岩脱玻化作用后所释放的孔隙

项目	徐深6	徐深502	徐深601	徐深602	最大	最小	平均
玻璃质量/g	79.74	66.6	82.7	74.8	92.2	63.7	75.9
玻璃密度/（g/cm³）	2.36	2.36	2.36	2.36	2.36	2.36	2.36
玻璃体积/cm³	33.79	28.2	35	31.7	39	27	32.2
脱玻化后石英体积/cm³	10.1	11.7	9.17	10	11.7	9.92	10.2
脱玻化后钾长石体积/cm³	8.574	9.3	13.4	8.4	12.6	8.4	9.91
脱玻化后钠长石体积/cm³	11.89	4.55	9.25	10.2	11.1	6.08	8.98
脱玻化后石英和长石总体积/cm³	30.56	25.5	31.8	28.7	35.4	24.4	29.1
脱玻化产生体积/cm³	3.227	2.7	3.24	3.03	3.68	2.58	3.05
脱玻化体积占总体积百分数/%	0.0762	0.0638	0.0764	0.0714	0.09	0.06	0.07

3. 凝灰岩脱玻化孔隙的定量评价

用相同的方法算出 100g 凝灰岩在脱玻化作用后，产生的孔隙体积变化于 2.76~3.12cm³。

三、脱玻化微孔的地质意义

按照上文对酸性岩脱玻化微孔体积的计算，推测由于脱玻化作用产生的微孔隙数量约为7%~8%。

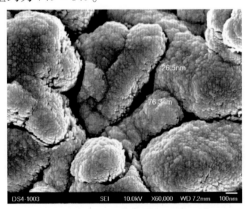

图 6-1　玄武岩气孔内绿泥石间孔隙。达深 4，3273.61m，扫描电镜，×60000

由于微孔隙小（小于10μm），常规偏光显微镜对微孔隙识别难、体积计量不准，难以确定其数量和有效性，为此，本项目采用了激光共聚焦与扫描电子显微镜相结合的方法，一是采用电镜检测技术，微孔缝识别达到20nm以下（图6-1）；二是采用配套技术——薄片与荧光光谱元素检测技术，确定岩石矿物成分及主要岩石脱玻化微孔形成的数量；三是通过荧光标定激光激发，并应用激光共聚焦三维重建后，使在普通偏光显微镜下难以分辨的微孔隙清晰可见，确定微孔隙大小主要在 2μm 以下，微孔孔隙度能达到5%~10%，局部能达到30%（图6-2）。

火山岩脱玻化微孔广泛分布，并为后期储层次生改造创造了条件，并使储层构成了新的孔隙结构组合"大孔-微孔"组合。脱玻化微孔的产生使后续的溶蚀更容易发生，并增加了孔隙空间及连通性。"大孔-微孔"组合的储层也可以成为气层。结合场发射扫描电子显微镜和图像分析技术，首次确定火山岩储层纳米级微孔隙的分布（图

图 6-2　凝灰岩。徐深 8 井，3709～3711m（左图为铸体薄片，右图为激光共聚焦孔隙三维重建）

6-3），火山岩差气层微孔隙直径主要为 50～1800nm，相当于美国致密砂岩储层孔隙直径（Philip，2009）。由于火山岩微孔与致密砂岩储层孔隙大小相近，并且火山岩差气层厚度大（图 6-4），借鉴致密砂岩储层勘探开发经验，实现火山岩差气层的有效动用是可能的。

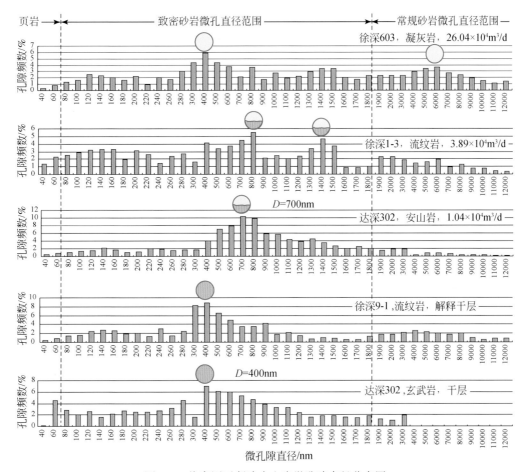

图 6-3　徐家围子断陷火山岩微孔隙直径分布图

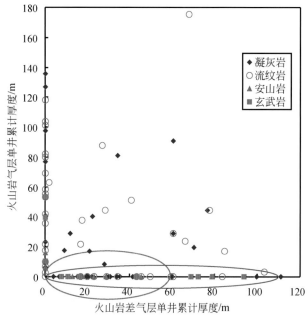

图 6-4　徐家围子断陷不同火山岩气层差气层对比图

第二节　埋藏期成岩作用

一、充填作用

本区火山岩充填作用较为普遍，火山岩中的孔隙和裂缝常被石英、长石、菱铁矿、绿泥石、方解石等矿物充填，形态多种多样，如充填在气孔、裂缝中的绿泥石，由气孔或裂缝内壁边缘向中心生长，呈放射状，气孔被充填或半充填。此外，还可见玉髓、石英充填在孔、缝中。充填作用不利于火山岩储层的发育，使储层物性降低。矿物充填具有多期性，特别是主要充填矿物方解石和石英，镜下可以观察到 2~3 期。充填到气孔中的方解石部分可以发生溶蚀现象，在一定程度上改善了储层物性。

为了定量评价气孔的充填情况以及其对储层的影响，选取了熔岩类（玄武岩、安山岩、流纹岩）进行系统研究，对储层的面孔率、气孔、脱玻化孔、长石溶孔、火山灰溶孔、砾间砾内孔、微裂缝等进行了定量描述，而且对原始气孔、残余气孔、充填气孔及气孔的充填物的类型和含量进行了定性、定量分析。

玄武岩中气孔充填作用对储层的影响以达深 3 井 3240.76 ~ 3248.03m 的井段为例进行剖析。研究发现该段玄武岩原始气孔变化范围介于 1% ~ 10%，虽然深度变化仅有7m，但原始气孔数量变化却很大，上部的玄武岩气孔要明显高于下部。目前残余气孔为 0 ~ 4%，有 1% ~ 6% 的气孔被石英、方解石、绿泥石、浊沸石、葡萄石等次生矿物充填。薄片面孔率最高达到 4%（图 6-5），面孔率的变化趋势与残余气孔含量的变化趋势一致，说明目前该井段的有效孔隙主要受气孔含量的影响。

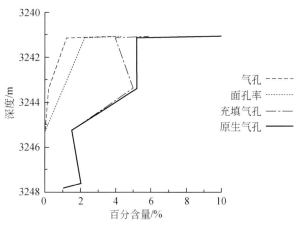

图 6-5　玄武岩（达深 3 井）气孔特征

安山岩取自达深 4 井 3268.49 ~ 3274.49m 的井段，厚度 6m。该段岩石原始气孔变化范围非常大，从 4% 到 30%（图 6-6），充填气孔变化于 4% ~ 19%，残余气孔仅剩 0 ~ 11%。气孔中的充填物为石英、方解石、绿泥石、浊沸石等。目前保留的孔隙主要还是气孔，最高达到 11%。面孔率最高可达到 12%，因此气孔对储层孔隙度的贡献最大。充填气孔含量与原生气孔含量也保持较好的一致性。

徐深 302 井 4006.86 ~ 4013.76m 井段的流纹岩面孔率变化于 1.5% ~ 3.1%，孔隙类型主要为气孔、脱玻化孔、微裂缝，原生气孔变化于 10% ~ 12%，但绝大部分被石英、方解石、长石、绿泥石、铁质氧化物充填 7.5% ~ 10.5%，残余气孔数量仅剩 1.5% ~ 2.5%，由图 6-7 可看出充填气孔含量与原生气孔含量的变化趋势基本一致，说明气孔仍是储层孔隙的主要贡献者。

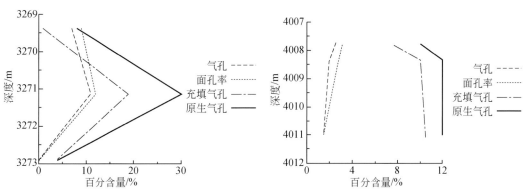

图 6-6　安山岩（达深 4 井）气孔特征　　　　图 6-7　流纹岩（徐深 302 井）气孔特征

同样徐深 9（图 6-8）和达深 401 井（图 6-9）流纹岩孔隙数量与面孔率、充填气孔和原生气孔的变化趋势高度一致，表明气孔是储层孔隙的主要贡献力量。

由上述可知火山熔岩的面孔率主要受气孔含量的制约，气孔含量又与原生气孔含量和充填气孔含量有关，气孔含量虽受到充填作用的影响，但原生气孔含量是残余气孔含量的基础。

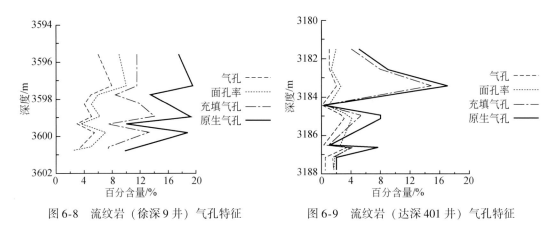

图 6-8　流纹岩（徐深 9 井）气孔特征　　　图 6-9　流纹岩（达深 401 井）气孔特征

二、蚀变、交代作用

火山活动和构造运动以及排烃作用等都会引起大规模的热液活动。流体对火山岩的直接影响是引起物质的带入和带出，使火山岩体处于开放体系下。热液活动的直接后果是导致原有矿物发生蚀变、溶蚀，同时有新的矿物形成导致次生胶结和充填作用发生。因此，蚀变与交代作用是火山岩结构演化的不可分割的一部分，可以伴随着熔浆喷出之后所发生的所有作用过程中。

发生在岩浆期后的火山玻璃的脱玻化与水化作用过程可使岩石的矿物成分与结构发生变化。特别是成岩作用与热液蚀变作用可以改变火山岩的矿物成分与结构特点。一般不同的蚀变作用类型发生在不同的岩石类型（即不同的矿物组合）中。如岩浆期后发生的蚀变作用，基性岩易发生伊丁石化、蛇纹石化、绿泥石化、透闪石化、碳酸盐化、绿帘石化、纤闪石化、钠黝帘石化，以及火山玻璃的水化；中性岩易发生绿泥石化、钠黝帘石化、沸石化、硅化、泥化、绢云母化、碳酸盐化与钠长石化；酸性岩易发生次生石英岩化、硅化、绢云母化、高岭土化、钠长石化。这些作用会在岩石中形成相应的蚀变矿物及其组合。

区别热液蚀变矿物与埋藏成岩次生矿物有一定难度。但蚀变矿物往往是在交代原生矿物的基础上形成的，因此，保留原矿物的一部分残余或为原矿物的假象，或充填在矿物的孔隙及晶洞中，或熔岩的气孔中。另外，不同的蚀变作用类型倾向于发生在不同的岩石类型中，有一定规律可循。埋藏成岩作用过程中通过孔隙流体沉淀的次生矿物的种类与原岩的成分有一定关系，但主要取决于成岩的介质条件，同种次生矿物可以形成在不同的岩石类型中。另外，由于直接由孔隙流体沉淀而成，次生矿物一般比较干净，其产状比较规则，如次生石英加大边、绿泥石薄膜、充填在孔隙中的高岭石、碳酸盐、浊沸石等。

蚀变和溶蚀使火山岩孔隙度增加，胶结和充填使孔隙度、尤其是渗透率降低。所以，热液活动对于火山岩储层的综合效应因时因地而异，更取决于局部因素。在火山岩中的纯粹的充填作用对火山岩的储集性具有极大的破坏，充填在气孔中的次生矿物可以部分充填孔隙，也可以全部堵塞孔隙，因此大大地降低了储层的储集性能。充填在裂缝中的矿物具有更大的破坏性，它不但占据一部分孔隙空间，更重要的是大大地降低了储层的渗透性。显微镜下观察发现，大多数样品中被矿物充填的孔隙要比残余孔隙多。矿物充填具有分期性，也就是说，所充填的矿物可能是一次充填的，也可能是多次充填的结果。例如，宋深 1 井 3123.4m 营城组流纹岩气孔中充填的石英，其包裹体均一温度为 96～105℃，因此可以认为是一次充填的。而宋深 2 井 3187.9m 营城组安山岩裂缝的充填物为两期，第一期为石英，形成温度为 92～99℃，第二期为方解石，形成温度为 115～129℃。总而言之，流体活动导致的溶解、蚀变、胶结、充填作用在火山岩中是十分普遍的，是火山岩被掩埋至今一直持续发生的地质作用。它们对火山岩储集性的影响是十分复杂的。

三、溶 蚀 作 用

从开展次生孔隙研究至今，国外对储层成岩作用的研究就一直非常重视次生孔隙产生的机理（Schmidt and McDonald，1979；Giles and Marshall，1986；Blake and Walter，1996；Stillings et al.，1996；Gao et al.，1999），包括长石的成分、结构、反应的温度、流体 pH 及其中有机酸的类型和含量等。最近 10 年的研究则主要涉及高孔渗带的成因解释和控制因素研究（Pittman et al.，1992；Aase and Bjrkum，1996；Jahren and Ramm，2000；Bloch et al.，2002），Gerhard（1992）认为，碳酸盐低值带上下高值的出现可能除了原生碳酸盐矿物比较多外，另一个原因可能与低值带碳酸盐的溶解有关（Einsele，1992）。断裂是深部良好的流体运移通道，深部流体沿断裂可以进入浅部，这种深部流体具有较强的溶解力，可以溶解浅部碳酸盐矿物（Giles and Boer，1989）。例如，深大断裂可以使地下深处地层水上升，这种地下水上升到浅部，可以对浅部地层进行溶解。据研究（Giles and Boer，1990），不整合面的存在可以使其下的储层孔隙度增加 10%，且这种大气水的淋滤作用可延续到 1500～2300m 深度，它们可能也是次生孔隙形成的一个不可忽略的因素。另外，断裂对成岩过程也有影响，从而对次生孔隙是否发育产生影响。吕希学等（2003）等通过对东营凹陷古近系砂岩储集层特征进行研究后认为，由于断裂发育，研究区酸性水活跃，进入晚成岩期的时间也较早，次生孔隙最发育，且分布范围大。王成等（2004b）通过对松辽盆地深层浊沸石溶孔发育规律的研究认为，深部断层是酸性流体的运移通道，决定了次生孔隙的分布，因此，深大断裂在次生孔隙形成过程中具有重要的作用。

火山岩溶蚀作用与砂岩溶蚀作用机理相似，酸性水溶蚀不稳定组分，形成次生孔隙。该区营城组火山岩具备发生溶蚀作用的有利因素：①本区火山岩含有较多的矿物可在酸性流体中发生溶蚀，如长石、绿泥石、绿帘石、钠铁闪石、碳酸盐等，这些不稳定组分为形成溶蚀孔隙奠定了物质基础；②火山岩体在构造应力作用下产生构造裂缝，为酸性溶液运移提供了通道，另外火山岩中气孔、收缩缝等原生孔隙与构造缝连通，也可作为酸性溶液运移的通道；③大气降水提供了充足的有机和无机酸溶液。另外，本区火山岩喷发受断裂控制，沿断裂面渗流的大气降水使地层水持续保持酸性。④生烃过程中形成的酸性溶液就近进入到火山岩层中，与火山岩层中的易溶组分发生反应，形成各种次生溶孔。因此，该区火山岩中次生溶蚀孔隙发育，成为火山岩最有利的储集空间。

除上述机理外，火山岩还能发生热液溶蚀作用。岩浆作用过程中不仅能直接分异出大量的热液流体，而且能将侵入岩体附近的地层流体加热改造为热液流体，它们沿断裂缝等通道活动，对储层岩石产生一定的影响。热液溶蚀受岩浆侵入、断裂裂缝和不整合面等因素的控制。热液溶蚀的优先发育部位是靠近控制岩浆侵入体的区域性断裂、并受到不整合面和次级断裂和裂缝控制的区域。发生热液溶蚀作用后的主要识别标志包括以下几方面，一是热液溶蚀和热褪色现象显著。热液作用下的岩石局部或全部颜色由深变浅，甚至变白的现象。这是由于高温富含 CO_2 和 H_2S 的酸性气体与围岩发生水岩反应，从而改变了原岩的颜色、结构、构造及主要化学成分。热褪色一般沿着裂缝发育，这主要是因为热液流体沿着裂缝活动，与围岩发生作用造成的。热液褪色规模一般不大，仅在裂缝两侧几厘米的宽度范围内。二是沉淀形成多种热液矿物组合。热液流体沿断裂以及裂缝活动过程中，随着强度、压力条件的变化，以及与围岩的相互作用，往往会沉淀出一些特殊的矿物组合，如萤石-石英组合、闪锌矿-绿泥石-方解石-菱铁矿等组合。热液携带深部溶解物质，在适当的条件下沉淀出特征矿物组合。因为上述矿物既有热液成因，又有非热液成因，因此必须从矿物组合的角度来论证才较可靠。三是热液作用区围岩发生明显变化，形成一些热液蚀变矿物。未被溶蚀区域和裂缝溶蚀的热液溶蚀区原岩的成分发生了明显的变化。这是因为成分变化的原岩从热液中获得了与热液活动有紧密关系的一些元素，并且其自身原有的一些元素也会被热液流体带走。四是热液作用下发生重结晶作用。热液作用下一些矿物（如隐晶质、黏土矿物等）可发生重结晶作用，如绿泥石、高岭石。五是热液作用可在岩石中形成次生溶蚀孔隙。热液作用可以使一些原生孔隙发生次生溶蚀扩大，增加了储层孔隙度。徐深21井营城组一段顶部流纹岩（3650~3750m）受热液作用改造，储层物性好，为工业气层井。

第三节　风化淋滤作用

所有火山岩几乎都要经历不同程度的风化淋滤作用。火山岩起初形成于地表环境，只是后期由于构造活动才被埋于地下、成为盆地充填序列的组成部分。对多数火山岩来讲，孔隙发育程度与风化淋滤作用密切相关，风化淋滤作用不但可以使岩石破碎，也可以使岩石的化学成分发生显著的变化，如发生矿物的溶解、氧化、水化和碳酸盐化等。溶解作用可使岩石中的易溶物质被带走，使岩石内孔隙增大，增强岩石的渗透性，分化带的这种溶蚀作用对火山岩储层的最重要影响就是形成风化壳型储层，它们往往发育于火山岩体的顶部。风化淋滤作用不仅是影响火山岩储集性能的一个重要因素，而且是火山岩普遍存在的地质现象。

风化淋滤还影响裂缝的有效性，在近火山口的有利相带中，风化淋滤溶蚀作用和构造裂缝是营城组火山岩储层形成有利储集空间的主要控制因素。风化淋滤作用使得岩石坚固性变差，易碎形成裂缝或破碎。火山岩时代越老，经受的风化淋滤作用和构造破坏作用次数越多，孔隙和裂缝就越发育，在未经历强烈胶结的情况下，通常会使储集性能变好。研究区宋深 2 井营城组顶部的凝灰岩，由于风化淋滤作用使岩石变得极为疏松，钻井中取出的凝灰岩呈豆腐渣状，其孔隙度大，渗透性好。徐深 1 井营城组一段火山岩顶凝灰岩（3450~3600m）岩心测试显示物性较好，为风化淋滤作用形成的次生孔隙发育段，在电测曲线上反映出强烈锯齿状。风化淋滤作用也可以使岩石的化学成分发生显著变化并在岩石中形成次生孔隙。如发生矿物的溶解、氧化、水化

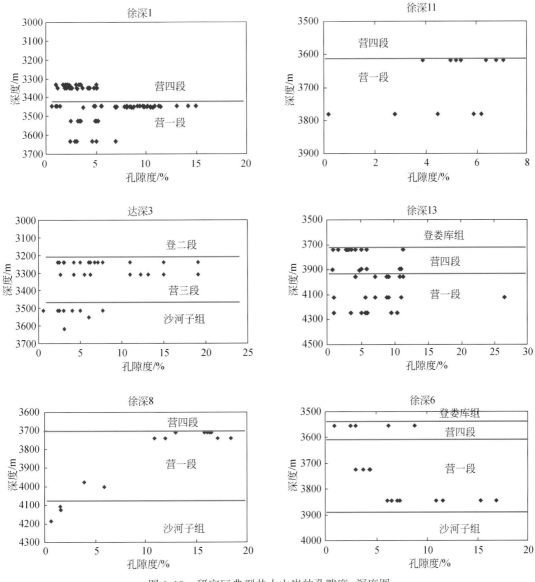

图 6-10　研究区典型井火山岩的孔隙度-深度图

图中红线为地层之间的界线

和碳酸盐化等，特别是溶解作用可以使岩石中的易溶物质被带走，使岩石内孔隙增大，产生大量的溶蚀裂缝和次生孔隙。比如徐深1井的晶屑凝灰岩孔隙类型为近地表风化淋滤作用溶解而形成的长石溶孔。风化作用的程度在纵向分布上具有一定规律性，风化淋滤作用的强度一般在纵向上自上而下由强变弱，而裂缝的自充填作用由弱变强。从单井孔隙度–深度关系图（图6-10）上可以看出，部分井火山岩的储集性能在一定程度上受风化剥蚀淋滤作用的影响。位于营城组营一段顶部、营三段顶部以及营四段顶部的火山岩，由于大多受风化淋滤作用的改善，溶蚀孔、溶蚀微裂缝发育，物性较好，孔隙度平均值明显变高。

第四节　构造运动

火山岩中的原生气孔往往是互不连通、没有渗透性的。所以，后期的构造运动对于火山岩储层和火山岩油气藏的形成是必不可少的。构造裂隙使火山岩中的原生孔隙彼此连通、成为储层。松辽盆地火山岩储层中发育的构造裂隙，具有多期、多方向、组合复杂等特点，是近120Ma以来各种地质作用相互叠加的综合结果。裂隙的形成期次和相对早晚通常可以通过裂隙组合和交切关系的详细测量获得。本区主要的构造裂隙是一组共轭的、高角度的（倾角50°～90°）、走向近南北和近东西向的、剪性或压剪性的节理缝，它们是本区深层天然气运移的主要通道。其中北北东（或近南北向）走向的断层面具有明显的右旋走滑特征，其构造形迹尤为显著，根据区域地质资料可确定它们形成于新生代。被北北东向主裂隙错断的是一组北西向张性裂隙，它们形成于盆地伸展拗陷期、时代为Aptian—Campanian（110～80Ma）。本区最新的构造裂隙是一组南西西向张性裂隙，它切割以上各组裂隙、但无明显位移，断层面呈锯齿状，仅见于局部发育。共轭剪切裂缝形成时代为新生代中后期。

构造运动使得非常致密的火山岩产生了许多裂缝。火山岩越致密、脆性越强，构造裂缝越容易形成和保存。这些裂缝不但使孤立的原生气孔得以连通，而且还增大了火山岩的储集空间。如宋深1井3500～3600m火山岩储集层段，储集岩属于溢流相下部亚相的含同生角砾的细晶流纹岩、原生孔隙很少见，但由于其脆性强、火山岩裂缝较发育，因而在后期构造作用下成为良好储层。多次的构造运动导致了裂缝的多期性，常常可以见到早期裂缝被晚期裂缝所切割。火山岩的裂缝多期性，为油气的运移及储集提供了良好的条件。值得指出的是，从理论上讲构造活动还可能破坏原有油气藏。但对于松辽盆地而言，构造裂缝形成的主期也是本区的主要成藏期、均为新生代中期（40～20Ma），二者同步。所以，构造活动总的来说是有利于本区火山岩储层和火山岩油气藏形成的。

第五节　孔隙形成演化序列

孔隙的形成与演化一定要遵循岩石的形成与演化规律，在火山岩喷出地表到冷凝成岩阶段，首先应是熔岩类气孔形成、火山碎屑岩粒间孔隙及岩块内炸裂缝和冷凝收缩缝形成阶段，脱玻化作用和风化淋滤作用首先发生，火山岩原岩的玻璃会逐步脱玻化形成隐晶长英质，部分火山灰和长石经风化作用产生溶蚀。在埋藏期还要经历次生矿物和原岩矿物的溶蚀，并形成具有一定储集能力的火山岩储层。

火山岩中出现的主要被溶蚀矿物有长石、方解石，少量菱铁矿、钠铁闪石、绿泥石、绿帘石，这些次生矿物溶蚀环境相近，都是在酸性环境下发生溶蚀的，因此以次生矿物的形成顺序代表次生矿物的溶蚀顺序。在大量岩相学研究的基础上，识别出了不同岩石类型孔隙形成与演化的岩石学证据，并与孔隙形成与演化的物理、物理化学作用的过程相结合，示踪火山岩的孔隙形成演化过程，建立孔隙形成与堵塞的演化序列，见表6-13。

表 6-13　不同类型储层次生矿物形成顺序表

气层类型	岩石类型	矿物充填顺序	资料来源
工业气层	流纹岩	石英（2次加大）→菱铁矿→铁质矿物	升深2-1
		石英→菱铁矿	升深更2、升深2-12、徐深8-1
		石英→菱铁矿→石英	徐深903
		石英→裂缝	升深2-1
		菱铁矿→方解石	升深2-12
		石英→绿泥石，铁质矿物→绿泥石，钾长石溶孔→绿帘石→绿泥石→绿帘石溶蚀有黑边→铁质	肇深10
		钠长石→绿泥石	徐深3
	熔结凝灰岩	钠铁闪石→菱铁矿+褐铁矿→方解石	徐深603、徐深6-101
		石英、钠长石→铁质矿物→菱铁矿，菱铁矿溶蚀充填石英，方解石→菱铁矿，钾长石、石英→铁质矿物→方解石→绿泥石	徐深601
		钾长石溶蚀→石英→钠铁闪石→菱铁矿→铁质矿物，脱玻化孔→菱铁矿→石英	徐深603
低产气层	安山岩	菱铁矿→绿泥石→玉髓	徐深13
	球粒流纹岩	石英→菱铁矿，钠长石→钠铁闪石	徐深6
		石英→菱铁矿→铁矿物	徐深301
		钠长石溶孔→铁矿物，气孔→玉髓→脱玻化→石英、碳酸盐化强烈、菱铁矿少	汪905
	凝灰岩	方解石→菱铁矿，火山灰溶孔→钠长石、菱铁矿，钾长石溶孔→菱铁矿，钠铁闪石溶孔→菱铁矿	徐深1
		大裂缝→石英→绿泥石	徐深15
水层	熔结凝灰岩	气孔、长石溶孔边缘有黑边、充填物不发育，长石溶孔→菱铁矿	徐深801
	球粒流纹岩	石英、钠长石→菱铁矿	升深2-25
干层	流纹岩	方解石、菱铁矿、石英不发育，黏土矿物	汪905

·141·

1. 脱玻化孔形成时间最早，在长石溶孔之前

据实验及理论计算资料表明（邱家骧，1982；邱家骧等，1996），由玻璃质变为霏细结构，在300℃时需100万年；400℃时只需几千年，压力能促进脱玻化。可见火山岩喷出地表后用不了很长的时间就可发生脱玻化作用。升深2-1井球粒流纹岩中的脱玻化孔（图6-11），气孔被石英等矿物充填，脱玻化形成的钾长石穿插在充填气孔的石英中，说明钾长石形成于石英生成之前。在长石溶孔内无石英生成，说明石英形成早于长石溶孔，因此说明脱玻化孔早于长石溶孔。

2. 长石溶孔早于钠铁闪石和菱铁矿溶孔

钠铁闪石和菱铁矿在部分井区广泛发育，除了充填气孔外，在长石溶孔中也可见到钠铁闪石（图6-12）和菱铁矿（图6-12），说明钠铁闪石和菱铁矿形成于长石溶孔生成之后。在钠铁闪石形成之后发生了钠铁闪石的溶蚀，形成菱铁矿及铁质氧化物。

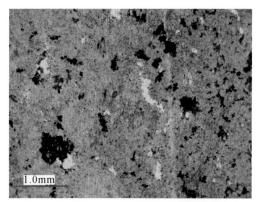 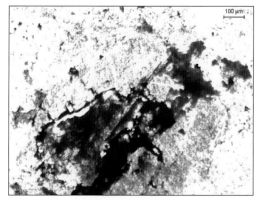

图6-11　球粒流纹岩，脱玻化形成的钾长石，
升深2-1，2864.84～2865m，
单偏光，×10　　　　图6-12　熔结凝灰岩，长石溶蚀孔充填钠
铁闪石及菱铁矿、铁质氧化物，徐深603，
3515.43m，单偏光，×10

3. 方解石、菱铁矿溶孔形成于钠铁闪石溶孔之后

在薄片中常常可见到钠铁闪石溶孔内充填方解石（图6-13），另外常可见到钠铁闪石溶孔中充填菱铁矿及铁质氧化物（图6-14），可见方解石、菱铁矿溶孔形成于钠铁闪石溶孔之后。钠铁闪石和菱铁矿及铁质氧化物共生的现象比较普遍，可能是钠铁闪石分解成菱铁矿及铁质氧化物。

4. 绿泥石形成于菱铁矿之后

徐深13井4247.32m安山岩气孔发育，气孔中充填了菱铁矿、绿泥石和玉髓（图6-15），根据矿物在孔隙中的位置关系判断，矿物的充填顺序为菱铁矿→绿泥石→玉髓（图6-15）。绿泥石形成于石英之后也可在图6-16中见到（绿泥石生长在石英上）。

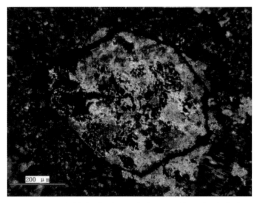 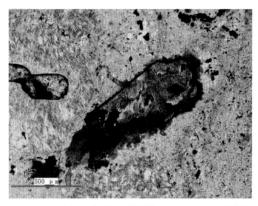

图 6-13　熔结凝灰岩，钠铁闪石溶孔内有方解　　图 6-14　熔结凝灰岩，钠铁闪石溶孔内充填菱铁
　　　　石，徐深 6-101，3501.55m，正交偏光，×5　　　　　　矿，徐深 6-101，3501.55m，单偏光，×2.5

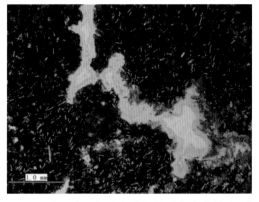 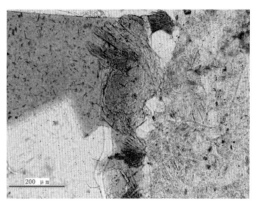

图 6-15　安山岩，气孔充填物的顺序为菱铁矿→绿　　图 6-16　流纹质凝灰岩，石英脉中绿泥石，
　　　　泥石→玉髓，徐深 13，4249.32m，正交偏光，×10　　　　　徐深 15，3684.82m，单偏光，×5

5. 绿帘石形成于绿泥石之前

在镜下可同时见到长石溶孔中充填绿泥石，而绿帘石发生溶蚀（图 6-17）的现象。因此判断绿泥石形成于长石斑晶溶蚀之后，绿帘石与长石斑晶溶蚀先后关系无法确定，当绿帘石发生溶蚀时绿泥石未发生溶蚀，说明绿帘石形成于绿泥石之前。

通过上述分析认为孔隙形成演化顺序为：原生孔隙（主要为气孔）→脱玻化孔→长石溶孔→钠铁闪石溶孔→菱铁矿和方解石溶孔→绿帘石溶孔→绿泥石溶孔。

孔隙演化是动态的过程，在不断有次生孔隙形成的同时，也不断有矿物的沉淀。石英和方解石在研究区分布广泛，而且为多期次（图 6-18）。不同矿物在气孔中充填呈环带状生长，反映了矿物充填的序列。图 6-19 气孔中充填物为环状，从气孔的外缘至中心代表了充填物的生长顺序，绿泥石（呈放射状生长）、方解石、泥质，最外面一层是绿泥石又经溶蚀产生的孔隙。反映了环境的不断变化。

方解石也是多期次形成，可以形成菱铁矿之前也可以形成菱铁矿之后（图 6-20），早期形成的方解石多充填气孔，晚期常充填裂缝和溶孔。

构造裂缝发育十分不均一，有的区段裂缝十分发育且具多期次，如徐深 15 井（图

6-21）具多期次的裂缝互相切割，晚期的裂缝切割早期的，可根据切割关系分出先后顺序。早期的裂缝多已被充填成为无效裂缝；晚期的裂缝规模小，大多没有被充填，属于有一定输导能力的有效裂缝（图6-22）。

图6-17 球粒流纹岩，长石溶孔中生长绿泥石，绿帘石溶孔，肇深10，2896.0m，正交偏光，×2.5

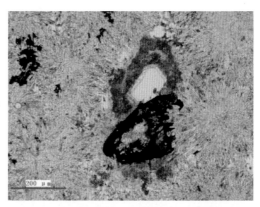

图6-18 球粒流纹岩，菱铁矿溶孔中充填石英，石英次生加大，升深2-1，2864.9m，单偏光，×5

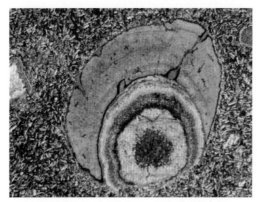

图6-19 安山岩，气孔被充填，徐深13，4248.55m，单偏光，×2.5

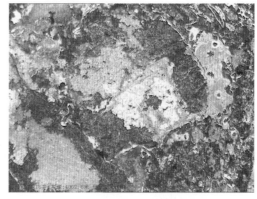

图6-20 凝灰角砾岩，多期次方解石，徐深16井，4004.8m，正交偏光，×10

图6-21 安山岩，气孔充填物的顺序为菱铁矿→绿泥石→玉髓，徐深13，4249.32m，正交偏光，×10

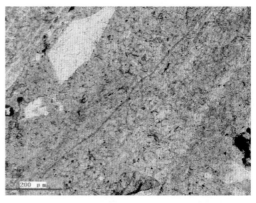

图6-22 流纹质凝灰岩，石英脉中绿泥石，徐深15，3684.82m，单偏光，×10

第六节　孔隙演化模式

火山岩孔隙演化是非常复杂的过程，为了便于研究和预测储层，依据对松辽盆地火山岩从形成到形成储层的过程分析，将松辽盆地火山岩孔隙演化过程大致分为五个主要阶段（表6-14）。

1. 第一阶段是原生孔隙形成阶段（即岩浆冷凝火山岩形成阶段）

根据营城组火山岩最新年龄测试数据，距今大约 111～115Ma。这个时期为原生储集空间（气孔、收缩孔缝、砾间孔缝等）形成阶段，与火山喷发和固结有关系，气孔主要由气体逸出而形成，收缩孔缝、砾间孔缝和与角砾相关的气孔在火山的冷凝和固结过程中形成。火山岩中的大量原生气孔是由于岩浆上升喷发的过程中有大量气体逸出。岩浆的减压、冷却或结晶过程中不断有气体出溶，形成大量气泡。岩浆活动过程中压力不断减小，熔融状态下气体溶解度逐渐降低，导致了气体的不断出溶。岩浆在上升过程中，气孔的大小、形态随着熔浆各方面因素的变化而不断变化，气孔有从毫米级到厘米级的，大小不等。岩浆上升初期即固结火山岩的底部气孔比较少见，而且气孔体积比较小；上部的岩浆温度降低，黏度增大，流动性减小，有大量气体逸出，气孔逐渐增多，而且气体体积稍大，上升到了顶部，气孔在上升过程中不断聚结，数量变少，体积增大，所以在火山岩上部常见较多的气孔和大气孔。

同时在火山岩形成时岩浆在过冷却及黏度增大的情况下，离子、原子、分子及原子群、离子群来不及规律组合，而形成了火山玻璃，火山玻璃实际上是过冷却的固态溶液。它与岩浆的区别，仅在于火山玻璃是不流动的，火山玻璃也存在 SiO_2 四面体，但是它不对称、不规律，远程有序、近程无序，因此它在物理性质上是均质的。成分越酸性的火山岩，结晶程度一般越差，越容易形成酸性火山玻璃。酸性的火山岩中形成的大量的火山玻璃为脱玻化作用提供了基础。

该阶段包括火山岩的冷却成岩阶段（火山喷发晚期—火山喷发结束），发生的主要成岩作用包括火山岩中挥发分的逸出、高温低压下的熔结作用、冷凝固结成岩作用、熔蚀作用等，该阶段除形成大量原生气孔外，还形成砾间孔、胀裂缝、解理缝等原生储集空间。岩浆期后热液作用阶段，该阶段对火山岩的改造主要包括水化作用、热液蚀变作用、交代作用、充填作用等。研究区该阶段主要表现为绿泥石的充填作用。热液中所含的 Fe^{2+}、Mg^{2+}、Si^{4+} 等离子在原生储集空间中沉淀，形成绿泥石，使孔隙有所减小。岩心观察可见充填或半充填在气孔、冷凝收缩缝等原生储集空间中的绿泥石，显微镜下可见充填在斑晶内解理缝、不规则微裂纹和气孔中的绿泥石。

2. 第二阶段是脱玻化微孔和风化淋滤次生孔隙形成阶段

主要处在火山岩形成后到火山岩浅埋阶段，为火山岩形成后至营四段早期。该阶段是次生孔隙和脱玻化微孔形成的主要阶段之一。

在地表暴露期间，由风化剥蚀作用和溶蚀淋滤作用在火山岩顶部及上部形成大量

表6-14　松辽盆地火山岩孔隙空间演化序列

演化阶段	主要演化特征	演化说明
第一阶段　原生孔隙形成阶段		火山喷发到形成火山岩体，产生一定数量的原生气孔和炸裂缝。距今大约111～115Ma
第二阶段　脱玻化微孔和风化淋滤次生孔隙形成阶段		主要处在火山岩形成后到火山岩浅埋时期。实验及理论计算资料表明，由玻璃质变为霏细结构，在300℃时需100万年；400℃时只需几千年。风化淋滤作用使部分长石溶解
第三阶段　孔隙相对稳定阶段		为热沉降后至嫩江组晚期，溶蚀、充填作用虽可发生，但不强烈，脱玻化作用持续进行
第四阶段　孔隙充填及溶蚀大量产生阶段		为嫩江组晚期至泉头组。根据大量次生石英包裹体形成温度（95～170℃）及充生与其他自生矿物形成的相对时间判断，该阶段是自生矿物充填形成的最主要时期，该阶段也是次生孔隙形成的主要时期
第五阶段　孔隙被天然气持续充注阶段		发生在溶蚀孔隙形成之后，早期可形成一部分气相包裹体，充注晚期和成藏后矿物沉淀趋于停止

的溶蚀孔隙，并连通原生储集空间，从而大大改善了火山岩的储集物性。显微镜下常见长石和石英斑晶的溶蚀边缘和斑晶内溶孔。熔浆的余热导致地层水温度升高，与火山岩体的硅酸盐矿物和火山灰等物质发生作用，释放出的 Fe^{2+}、Mg^{2+}、Ca^{2+}、K^+、Na^+、Si^{4+} 等离子形成伊利石、方解石、绿泥石等成岩矿物，交代部分矿物，并充填部分孔隙，堵塞了火山岩的部分孔隙。但总的来说，该阶段的成岩作用改善了火山岩的储集物性。

酸性火山玻璃的脱玻化实验证明，不同阶段形成不同的结构，开始阶段形成含有玻璃质的霏细结构及孤立的球粒结构；其后阶段形成没有玻璃质的球粒状、束状或梳状、显微嵌晶状、球粒状结构等，本区球粒流纹岩的脱玻化作用应属于后一阶段。在这一阶段形成了大量的脱玻化孔和火山玻璃溶蚀孔。

3. 第三阶段是孔隙稳定阶段

为热沉降后至泉头组早期浅埋阶段，溶蚀、充填作用虽可发生，但不强烈。营城组地层埋深在 500～1500m，温度在 60～120℃，镜质组反射率为 0.35%～1.0%，有机质演化处于低成熟–成熟阶段。黑云母等塑性岩屑发生水化膨胀和假杂基化充填粒间孔隙。火山灰泥化，微晶石英和碎屑颗粒渗滤蒙脱石衬边形成。黑云母、火山岩岩屑分解产生 Mg 和 Fe，泥晶方解石和菱铁矿团块沿黑云母的膨胀解理面发生沉淀。随埋藏深度的逐渐加大和压实作用的逐渐增强，原生孔隙含量逐渐减少。泥质岩中的有机质腐烂形成大量的腐殖酸，使孔隙流体呈酸性；不稳定的硅酸盐矿物组分如长石、黑云母、岩屑等蚀变析出 SiO_2 和高岭石，同时产生大量 HCO_3^-，孔隙水呈弱酸性。蒙脱石衬边经绿泥石/蒙脱石或伊利石/蒙脱石混层逐渐向绿泥石和伊利石转化。

4. 第四阶段是孔隙充填及溶蚀大量产生阶段

为泉头组至嫩江组晚期。根据大量次生石英包裹体形成温度（95～170℃）及次生石英与其他次生矿物形成的相对时间判断，该阶段是充填的最主要阶段。由于该阶段也是烃源岩向储层排烃的主要时期，大量酸性水先进入储层，对储层中的凝灰质进行溶蚀，形成了火山碎屑岩主要的储集空间，对熔岩基质部分和气孔充填物进行溶蚀，形成熔岩内的次生孔隙。营城组地层埋深在 1500～3000m，古地温 120～160℃，镜质组反射率 R° 为 1.0%～1.2%，有机质演化处于高成熟阶段。生油岩中的有机质向烃类转化过程中释放出 CO_2，使孔隙流体呈酸性，造成火山岩中不稳定组分的溶蚀和次生孔隙的形成；绿泥石、高岭石、伊利石形成并充填部分孔隙空间；在黑云母发生蚀变，高岭石、水云母的催化作用下，作用于石英颗粒的化学压溶作用加强，次生石英加大边开始逐渐形成，原生孔隙大量减少。孔隙组成主要以剩余原生粒间孔隙，次生溶蚀孔隙为主。

该成岩作用阶段主要影响原生孔隙的发育。在浅埋阶段机械压实作用会导致火山岩中塑性组分（如云母类矿物）及岩浆期后形成的热液蚀变矿物（如绿泥石化等）的挤压变形，可使一部分原生孔隙丧失，但由于火山岩已经固结成岩，压实作用对火山岩孔隙的减少的影响十分有限。随着埋藏深度的加大而发生的压溶作用会在斑晶石英或少量基质微晶石英边缘形成次生加大边，以及早期成岩阶段火山岩矿物颗粒间形成的碳酸盐与沸石等胶结物可使一部分粒间孔丧失。在此阶段黑云母向黏土矿物转变过程中由于体积的膨胀会使一部分原生粒间孔丧失（Luo et al.，2005）。

5. 第五阶段是孔隙被天然气持续充注阶段，发生在大量溶蚀孔隙形成之后

营城组地层埋深在 3000 ~ 3500m，古地温达 120 ~ 180℃，镜质组反射率 R^o 为 1.2% ~ 2.0%，有机质生烃提供有机酸的能力逐渐降低，天然气持续注入。由于天然气的成分和原来火山岩中流体的成分不一样，因此对矿物的溶蚀和沉淀有很大影响，火山岩中最常见的溶蚀孔隙及一些矿物的充填在该阶段持续进行，绿泥石、高岭石、伊利石、粒状微晶石英大量形成；石英继续向孔隙空间再生长、充填孔隙并交代粒间高岭石等。当储层完全成为气层后，矿物的溶蚀和沉淀也趋于停止。

第七节　火山岩储层成因类型

依据火山岩相与物性关系、储层孔隙类型与成因研究，松辽盆地徐家围子断陷火山岩储层按照成因可以划分为 4 种模式，即火山喷发型、流体溶蚀型、构造破碎型、风化淋滤型，构成的主要孔隙组合为气孔–溶孔–（隐爆+溶蚀）裂缝组合、气孔–微孔组合、溶孔–（气孔）–溶缝组合和构造缝–基质孔隙组合。

一、火山喷发型

主要分布在近火山口溢流相的熔岩内，包括气孔玄武岩、气孔安山岩、气孔流纹岩、球粒流纹岩、隐爆角砾岩等。原生气孔是主要孔隙类型，占 65% 以上，其次为隐爆裂缝、溶蚀裂缝、早期脱玻化球粒内溶蚀孔隙。孔隙组合为气孔–溶孔–（隐爆+溶蚀）裂缝组合（图6-23）。代表井有徐深4、徐深903、徐深9-3、DS4、徐深14、徐深13、徐深211、徐深11、徐深301、徐深23、徐深28、SHS2-1、SHS2-7、SSG2 井等。

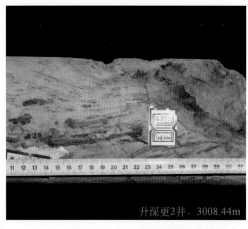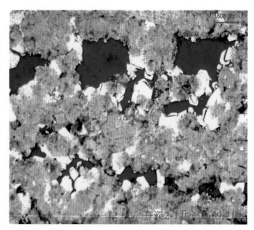

图6-23　火山喷发型储层孔隙组合为气孔–溶孔–（隐爆+溶蚀）裂缝组合

另外还有一种气孔-微孔型孔隙组合，大孔隙为气孔，占90%，基质内存在微孔。代表井有DS4等井的玄武岩。

二、流体溶蚀型

主要分布在临近流体通道内，流体类型、流体通道、脱玻化作用及流体溶蚀是主要控制因素。岩石类型以晶屑（熔结）凝灰岩、流纹岩为主。次生孔隙占60%以上，以长石斑晶溶蚀孔、火山灰溶蚀孔、胶结物溶蚀孔、溶蚀裂缝为主。主要孔隙组合为溶孔-（气孔）-微缝组合（图6-24）。代表井有徐深8、徐深1、徐深13、徐深401、徐深601、升深2-6、升深2-1、升深更2等。

图6-24 流体溶蚀型储层孔隙组合为溶孔-（气孔）-微缝组合

三、构造破碎型

主要分布在临近断层或断裂带附近。岩石类型多样，以球粒流纹岩、流纹质熔结凝灰岩、流纹质凝灰角砾岩为主。构造裂缝占50%以上，其次为基质内气孔或微孔（图6-25）。孔隙组合为构造缝-基质孔隙。代表井有徐深15、徐深9、徐深5、徐深1-1、徐深201、徐深502等。

四、风化淋滤型

主要分布在长期暴露地表的大段火山岩顶部和由于构造抬升而暴露或接近地表部位。岩石类型主要有玄武岩、安山岩。次生孔隙占50%以上，其次为基质内气孔或微孔。

主要孔隙组合为溶孔-（气孔）-微缝组合。该类成因储层在有铁质氧化物时能与流体溶蚀型成因储层区分，否则区分困难。代表井有达深3等。

图 6-25　构造破碎型储层孔隙组合为构造缝–基质孔隙

第七章　火山岩储层分类与评价

第一节　火山岩储层分类

火山岩储层的分类评价和分布规律一直是储层研究的难点问题，本研究将火山岩的岩石类型、孔隙类型、孔隙组合类型、次生矿物特征等与火山岩相、次生矿物组合及成岩作用等综合进行储层特征研究，重点剖析工业气层、低产气层、水层，以此指导研究区储层的评价和预测。

依据大量岩心全直径物性分析、测井解释孔隙度和渗透率数据、普通薄片鉴定、铸体薄片鉴定、火山岩岩相和火山岩厚度、单位厚度产能等资料，综合考虑火山岩岩石类型、火山岩相、次生矿物组合、孔隙度、渗透率、面孔率、孔隙组合等各项指标，制定了火山岩储层分类标准（表7-1）。

表7-1　研究区营城组火山岩储集层分类与评价标准

储层类型	孔隙度/%	渗透率/mD	面孔率/%	孔隙组合	岩性	火山岩相	次生矿物	次生矿物组合
一类 优质储层	≥10	≥0.5	≥5	残余气孔+砾间孔+微裂缝+溶蚀孔+砾内溶孔+基质溶孔	火山角砾岩、角砾熔岩、流纹岩、英安岩、安山岩	爆发相，火山通道相，溢流相	石英，绿泥石，钠长石，白云石，方解石	石英+绿泥石+钠长石+（白云石+方解石）+裂缝+溶蚀相
				残余气孔+砾间孔+微裂缝+溶蚀孔	流纹岩、安山岩、玄武岩、火山角砾岩、火山凝灰岩、火山角砾熔岩	溢流相，火山通道相，侵出相	石英，绿泥石	蚀变绿泥石+次生石英+气孔+溶孔+微裂缝相
二类 较好储层	≥6～<10	≥0.05～<0.5	≥2～<5	残余气孔+微裂缝+溶蚀孔	流纹岩、英安岩、玄武岩、凝灰岩、火山角砾岩	溢流相，爆发相	石英，绿泥石，方解石	石英+绿泥石+方解石胶结+气孔+裂缝相

储层类型	孔隙度/%	渗透率/mD	面孔率/%	孔隙组合	岩性	火山岩相	次生矿物	次生矿物组合
三类 中等储层	≥4～<6	≥0.01～<0.05	≥1～<2	残余气孔+微裂缝+溶蚀孔	流纹岩、英安岩、玄武岩、凝灰岩、火山角砾岩、	溢流相，爆发相	石英，绿泥石，菱铁矿，方解石	石英+绿泥石+菱铁矿+方解石胶结+气孔相
四类 差储层	≥2～<4	≥0.005～<0.01	≥0.5～<1	残余气孔+微孔	流纹岩、安山岩、玄武岩	溢流相	方解石，绿泥石，菱铁矿	方解石+绿泥石+菱铁矿胶结+气孔相
五类 非储层	<2	<0.005	<0.5	微孔	凝灰岩、熔结火山角砾岩	爆发相边缘，溢流相，火山沉积相	石英	石英胶结+微孔相

Ⅰ类储层：岩石的孔隙度和渗透率均较高，其中孔隙度≥10%，渗透率≥0.5mD，薄片面孔率≥5%。以位于火山通道相与爆发相的火山角砾岩、火山碎屑熔岩、火山凝灰岩，溢流相的流纹岩、英安岩、安山岩为主。孔隙组合有两类：一类为残余气孔+砾间孔+裂缝+溶蚀孔+砾内溶孔+基质溶孔组合，对应的次生矿物组合为次生石英+绿泥石+钠长石+（白云石+方解石）+裂缝+溶蚀相；另一类为残余气孔+砾间孔+微裂缝+溶蚀孔组合，对应的次生矿物组合为蚀变绿泥石+次生石英+气孔+溶孔+微裂缝相，为研究区的优质火山岩储层，也是工业气流产层。

Ⅱ类储层：岩石的孔隙度在6%～10%，渗透率在0.5～0.05mD，薄片面孔率2%～5%。这类储层主要为溢流相流纹岩、英安岩、玄武岩与爆发相的火山角砾岩和凝灰岩为主，另外还可见少量火山角砾熔岩。孔隙组合为残余气孔+微裂缝+溶蚀孔组合，对应的次生矿物组合是石英+绿泥石+方解石胶结+气孔+裂缝相。为研究区的较好火山岩储层。

Ⅲ类储层：岩石的孔隙度在4%～6%，渗透率在0.01～0.05mD，薄片面孔率1%～2%。这类储层位于溢流相，岩石类型包括流纹岩、英安岩、玄武岩，以及爆发相的火山角砾岩和凝灰岩。孔隙组合为残余气孔+微裂缝+溶蚀孔组合，对应的次生矿物组合是石英+绿泥石+菱铁矿+方解石胶结+气孔溶蚀相，属于中等火山岩储层。

Ⅳ类储层：岩石的孔隙度在2%～4%，渗透率在0.005～0.01mD，薄片面孔率0.5%～1%。这类储层主要位于溢流相带，岩石类型以流纹岩、安山岩、玄武岩为主。孔隙组合为残余气孔+微孔组合，对应的次生矿物组合类型是方解石+绿泥石+菱铁矿胶结+气孔相，属于差储集层。

Ⅴ类储层：岩石的孔隙度在<2%，渗透率<0.005mD，薄片面孔率<0.5%。这类储层主要位于爆发相边缘、溢流相与火山沉积相带，岩石类型以熔结火山角砾岩、凝灰

岩为主。孔隙主要为少量微孔，次生矿物组合类型是石英胶结+微孔相，属于非储集层。

结合本区营城组火山岩试气与试采成果，Ⅰ、Ⅱ、Ⅲ类储层为有效储层。其中，Ⅰ类为优质储集层，也为工业储集层，压后自喷日产气（20～60）×10^4m³/d（如徐深6井压后自喷522676m³/d；徐深601井压后自喷262641m³/d）；Ⅱ类储层为较好的储集层，为天然气高产储集层，自然产能在1000～5000m³/d，压后自喷在（1～10）×10^4m³/d（如芳深1井自然产能2128m³/d，压后自喷49191m³/d；徐深1井自然产能1000m³/d，压后自喷（6～8）×10^4m³/d，保持在1×10^4m³/d左右）；Ⅲ类为中等储集层，为天然气低产储集层，压后自喷在50～5000m³/d（如徐深5井压后自喷6619m³/d；尚深2井，MFE-Ⅱ气46m³/d）。Ⅳ类储层大部分为非有效储层，几乎不具产能，若有裂缝带发育，也可形成有效储层。Ⅴ类已属于非储集层。

第二节 储层综合评价

一、储层类型与气水层关系

按照工业气层、低产气层、水层和干层，对具有试气结果和综合解释结果的60多口井依据不同岩石类型进行了分类统计，其中工业气层40口井，低产气层17口井，水层16口井。工业气层与低产气层的火山岩岩石类型及比例都比较接近，其中（球粒）流纹岩占48%～59%；凝灰岩占19%～21%；熔结凝灰岩占5%～8%；英安岩占3%～5%（图7-1、图7-2）。工业气层中安山岩比例较高，达到11%。含气层其他岩石类型比例较低，这里不再赘述。水层的火山岩岩石类型比较少（图7-3），基本为流纹岩（占62%）和凝灰岩（占38%），这两类岩石类型储层物性较好，分布广泛，因此气、水层的比例都很高。干层的火山岩岩石类型更加多样，所有出现的岩石类型都能成为干层，但由于受取心和试气层选择的限制，统计的干层岩石类型并不多。通过上述对岩石类型和含气、水性对比可知，流纹岩和凝灰岩是主要的储层类型，含气层及含水层的比例也最高。

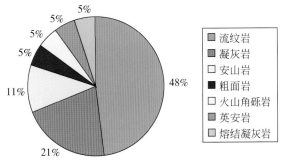

图7-1 火山岩工业气层中各种岩石类型

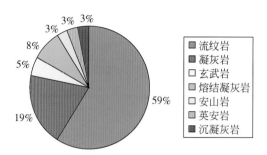

图 7-2　火山岩低产气层中各种岩石类型

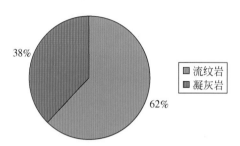

图 7-3　火山岩水层中各种岩石类型

从不同地区气、水、干层分布来看，安达地区流纹岩主要为工业气层、低产气层或干层，凝灰岩、玄武岩可以成为工业气层，英安岩可以成为低产气层。升平地区（球粒）流纹岩同样主要为工业气层、低产气层或水层。兴城地区流纹岩主要为工业气层和低产气层。流纹质熔结凝灰岩也可以成为工业气层和低产气层，流纹质凝灰岩、安山岩、粗面岩、火山角砾岩和英安岩为低产气层。肇州地区（球粒）流纹岩为工业气层，其他岩石类型主要以干层形式出现。

由此可以看出，流纹岩可以成为工业气层、低产气层、水层，在全区广泛分布；流纹质熔结凝灰岩作为工业气层、低产气层、水层只出现在兴城地区；凝灰岩作为工业气层出现在兴城及安达地区，作为低产气层出现在兴城地区；玄武岩、英安岩作为工业气层只出现在安达地区，英安岩、粗面岩、安山岩、火山角砾岩作为低产气层只出现在兴城地区。水层主要出现在升平地区的流纹岩及兴城地区的流纹质熔结凝灰岩中。干层在各地区各类岩石中均有出现。

二、储层综合评价

为了使火山岩研究向预测的目标靠近，我们对研究区新老井既有试气结果又有铸体薄片的 36 口井（38 个试气井段）进行了比较详细的研究，包括孔渗特征、面孔率、主要孔隙类型及含量以及偏光显微镜下等多方面研究（表 7-2、表 7-3、表 7-4）。偏光显微镜下的研究包括气孔特征（原生气孔及残余气孔、气孔的充填特征及充填物类型）、长石特征（长石的发育程度、长石的交代、长石的次生变化、长石的溶蚀及充填特征以及充填物类型）、钠铁闪石特征（钠铁闪石的发育程度、钠铁闪石的次生变化、

表7-2 火山岩工业气层物性与孔隙特征

试气结果	岩石类型	井号	井段/m	岩石密度/(g/cm³)	孔隙度/%	渗透率/mD			孔隙类型及含量/%					
						水平1	水平2	垂直	面孔率	气孔	脱玻化孔	长石溶孔	火山灰溶孔	微裂缝
工业气层	(球粒)流纹岩	升深2-1	2860~2995	/	2.1~17.9	0.006~7.8	/	/	0~10	0~9	0~1			0~0.4
		升深更2	2955~2965	2.01~2.18	9.8~24.2	0.241~52.7	0.109~41.3	0.42~73.1	0.4~7	0.2~6.5	0.2~0.5	0~0.2		
		升深2-7	2949~3242	/	0.5~7.1	0.01~0.02	/		0.4~2.2	0~1	0~0.3	0~0.2		0~1.5
		升深2-12	2878~2888	2.47~2.55	4.4~4.9	0.011~0.12	0.005~0.079		0.4~1	0~0.9	0~1	0~0.1		
		升深202	2890~2898	2.49~2.51	3.9~5.5	0.011~0.123	0.012~0.071	0.002~0.036	2~4	0~1	0.5~3			0.5~1.5
		徐深8-1	3682~3695	2.41~2.53	4.2~9.6	0.015~0.068	0.025~0.039	0.011~0.668	0.3		0.3			
		徐深903	3861~3893	2.56~2.61	2.8~4.1	0.021~0.069	0.022~0.04	0.008~0.14	0~3.4	0~3				0~0.4
		肇深10	2948~2968	2.47~2.49	5~5.8	0~0.037	0.008~6.003	0~0.01	0~偶见					偶见
		徐深14	3787~3808	2.24~2.29	12.6~14	0.366~0.253	0.453~2.25	0.677~4.788	0.3~0.6	0.2~0.4	0.1~0.2			
		徐深9	3592~3600	2.43~2.51	4.2~7.3	0.009~0.028	0.008~0.028	0.005~0.039	3.5~10	3~8	0.5~3	0~0.2		0~0.5
		徐深301	3943~3950	/	6.4~7.4	0.024~0.851	0.02~4.633	0.13~0.122	0.4~6	0~3.9	0.4~2	0~0.1		

续表

试气结果	岩石类型	井号	井段/m	岩石密度/(g/cm³)	孔隙度/%	渗透率/mD			孔隙类型及含量/%					
						水平1	水平2	垂直	面孔率	气孔	脱玻化孔	长石溶孔	火山灰溶孔	微裂缝
工业气层	(球粒)流纹岩	徐深301	3943~3950	/	6.4~7.4	0.024~0.851	0.02~4.633	0.13~0.122	0.4~6	0~3.9	0.4~2	0~0.1		
		肇深10	2880~2898	2.5~2.53	3.1~4.1	0~0.082	0.001~0.024	0~0.58	0~少量	0.2		0.1~0.4		
		汪深101	3094~3114	2.31~2.49	6.1~13.1	0.016~0.861	0.018~11.1	0.008~2.225	少量~5	1~4		1~2		0.4
	英安岩	达深2	3093~3102	/	/	/	/	/	<1			<1		
	玄武质安山岩、玄武岩	达深4	3268~3291	2.58	6.9	1.653	1.507	4.037	0.1~12	0.1~11		0~2		0~0.5
	流纹质熔结凝灰岩	徐深603	3514~3521	/	9.4~10.7	0.046~0.064	0.041~0.066	0.026~0.046	1~2	0.3~1		0~1.2	0.1~0.5	
		徐深8	3723~3735	2.18~2.24	14.5~16.1	0.268~0.418	0.201~0.426	0.195~1.045	4.5~6	0~5.5			0~5.8	0~0.2
		徐深6-101	3500~3510	2.36~2.38	9.5~10.5	0.06~0.101	0.057~0.088	0.027~0.046	4~9	1~6		0~1	2~5	0~1
	流纹质凝灰岩	莱深5	2920~2928	/	3.5~9.4	0.008~0.03	0.008~0.023	0.004~0.009	0.4~5	0~0.6			0~0.4	0.4~4
	凝灰岩	汪深1	2989~2998	/	5.8~12.9	0.04~4.33	/	/	<1			<1		

表 7-3　火山岩低产气层物性与孔隙特征

试气结果	岩石类型	井号	井段/m	岩石密度/(g/cm³)	孔隙度/%	渗透率/mD			面孔率	孔隙类型及含量/%					
						水平1	水平2	垂直		气孔	脱玻化孔	长石溶孔	火山灰溶孔	砾内砾间孔	微裂缝
低产气层	(球粒)流纹岩	升深2-1	2860~2869	/	2.1~6.6	0.006~0.029	/	/	0~1	0~0.4	0~0.3				0~0.3
		徐深6	3838.0~3859.5	2.2~2.58	2.3~16.9	0.005~13.6	0.004~3.573	0.002~39.4	0.4~3	0~2.8	0~0.4	0~0.2			0~0.1
		W905	2994.0~3011.5	/	6.11~16.89	0.01~0.82	0.01~0.38	0.01~4.79	1~6.4	0~2	0~4	0~3			
	粗面岩	徐深10	3802.0~3812.0	2.5~2.56	3.99~5.57	0.005~0.021	0.006~0.152	0.001~1.686	0~0.6	0~0.4		0~0.2			
	英安岩	徐深4	3984~3994	/	无物性	/	/	/	无铸体						
	安山岩	徐深13	4242.0~4248.5	2.47~2.59	3.6~10.5	0.005~0.01	0.005~0.011	0.001~0.007	3	2					1
	流纹质熔结凝灰岩	徐深9	3875~3883	2.46~2.51	2.3~6.3	0.007~0.058	0.007~0.046	0.005~0.101	0.4~1	0.1~0.6	0~0.4	0~0.4			
	流纹质凝灰岩	徐深1	3427.0~3455.33	2.26~2.85	0.6~14.2	0.004~0.81	0.004~0.164	0.004~0.247	2~4			0.5~3.5	0.5~1		0~0.5
	凝灰岩	徐深15	3672.5~3686	2.522~2.539	9.5~9.7	0.14~0.17	6~11.7	0.14~0.17	0~15	0~0.4					2~15
	流纹质火山角砾岩	徐深401	4182.0~4190.0	2.38~2.55	3.16~9.65	0.006~0.145	0.003~0.182	0.001~0.068	0~8					0.4~8	0~0.2

表 7-4 火山岩水层及干层物性与孔隙特征

试气结果	岩石类型	井号	井段/m	岩石密度/(g/cm³)	孔隙度/%	渗透率/mD			孔隙类型及含量/%						
						水平1	水平2	垂直	面孔率	气孔	脱玻化孔	长石溶孔	火山灰溶孔	砾内砾间孔	微裂缝
水层	(球粒)流纹岩	升深2-25	3013~3021	2.31~2.49	9.4~12.6	0.05~0.341	0.152~0.197	0.037~0.122	0.4~4	0.4~3.4	0~0.2	0~0.4			
	流纹岩	升深203	3002.5~3240	2.19~2.6	1.3~1.8	1.946	1.69	0.2847~1.382	0.4~13	0.2~7	0~6	0~0.2			
	流纹质熔结凝灰岩	徐深801	3849.5~3860.5	2.33~2.4	9.1~11.4	0.05~0.094	0.047~0.099	0.04~0.097	1~4	0~3		0.8~1	0~0.4		
干层	流纹岩	汪905	3030.5~3034.5	/	9.47~16.92	0.07~0.59	0.07~0.32	0.07~1.73	2.2~4	0~0.4	1~2	1~3			0~0.4
	黄铁绢英岩	汪深1	3245~3280	/	5.4~11.7	0.07~0.25	/	/	0.4~2					0.4~2	

钠铁闪石的溶蚀及允填特征以及充填物类型)、岩石中次生矿物的类型、次生矿物的生成顺序、岩石中裂隙等。将上述研究与试气结果相结合,探讨它们之间的规律和内在联系。通过系统观察发现储层与非储层后期经历的改造程度明显不同,气层和水层火山岩溶解作用明显强于非储层,其中火山岩基质内溶孔、脱玻化微孔等次生孔隙比较发育,物性普遍高于干层的物性,而干层溶蚀特征明显弱于气、水层,矿物对孔隙的胶结作用明显增强,长石、方解石等相对易溶矿物晶形比较完整,火山岩基质孔隙不发育,孔渗条件明显变差(图7-4)。二氧化碳气层比较特殊,部分井溶孔很发育,部分井溶孔较少,可能与前文所述的二氧化碳充注到储层的时期不同有关。

1. 工业气层

工业气层的火山岩岩石类型以位于火山通道相与爆发相的流纹质熔结凝灰岩、凝灰岩、火山角砾岩、溢流相的(球粒)流纹岩、英安岩、安山岩为主,其中(球粒)流纹岩是工业气层的主要岩石类型。表7-2列出了工业气层中各种火山岩类型,下面对主要火山岩类型特征进行讨论。

工业气层中流纹岩的孔隙度变化范围为0.5%～24.19%,渗透率变化范围为0～41.27mD,面孔率变化范围为0～10%,孔隙类型主要为气孔、脱玻化孔,其次为长石溶孔和微裂缝。气孔含量为0～9%,脱玻化孔含量为0～3%,长石溶孔含量为0～2%,微裂缝含量为0～1.5%。气孔对储层贡献较大,气孔含量与总面孔率变化趋势一致,是总面孔率主要组成部分,脱玻化孔与长石溶孔含量一般低于5%,对储层贡献仅次于气孔,微裂缝普遍发育,但数量较少。(球粒)流纹岩内气孔充填差异很大,通常孔渗越高,(球粒)流纹岩气孔充填物就越少,主要为石英晶体,并且气孔边缘具有暗边。岩石类型相对比较致密的井段,气孔多被石英和碳酸盐等充填,剩残余气孔。基质内微孔(脱玻化孔被进一步溶蚀改造)虽然数量上少于气孔,但对于沟通气孔具有重要作用,基质内微孔与有效气孔大致具有正相关性。

流纹质熔结凝灰岩也是重要的储层类型之一,孔隙度变化范围为7.61%～16.1%,渗透率变化范围为0.03～0.418mD,面孔率变化范围为1%～9%,孔隙类型主要为气孔、火山灰溶孔,其次为长石溶孔和微裂缝,并以前两种孔隙类型为主,在局部井段,次生孔隙非常发育,可以见到基质内微晶长石大部分被溶蚀,仅剩石英微晶的现象。气孔含量为0～6%,火山灰溶孔含量为0～5.8%,长石溶孔含量为0～1.2%,微裂缝含量为0～1%。一般浆屑中气孔比较发育,局部充填物较多、气孔中充填物主要为石英、钠长石、菱铁矿。长石可见高岭土化,局部可见少量长石溶孔。岩石中次生矿物主要为菱铁矿、方解石、石英、铁质氧化物,在徐深6井区可见到大量钠铁闪石、钠长石,如徐深603、徐深6-101。

流纹质凝灰岩孔隙度变化范围为3.5%～12.9%,渗透率变化范围为0.008～4.33mD,面孔率变化范围为1%～5%,孔隙类型主要为长石溶孔、火山灰溶孔、微裂缝和气孔。火山灰溶孔含量为0～0.4%,长石溶孔含量为<1%,微裂缝含量为0.4%～4%、气孔含量为0～0.6%。岩石中次生矿物主要为方解石、石英、绢云母。孔隙度和面孔率受溶蚀程度的影响大。

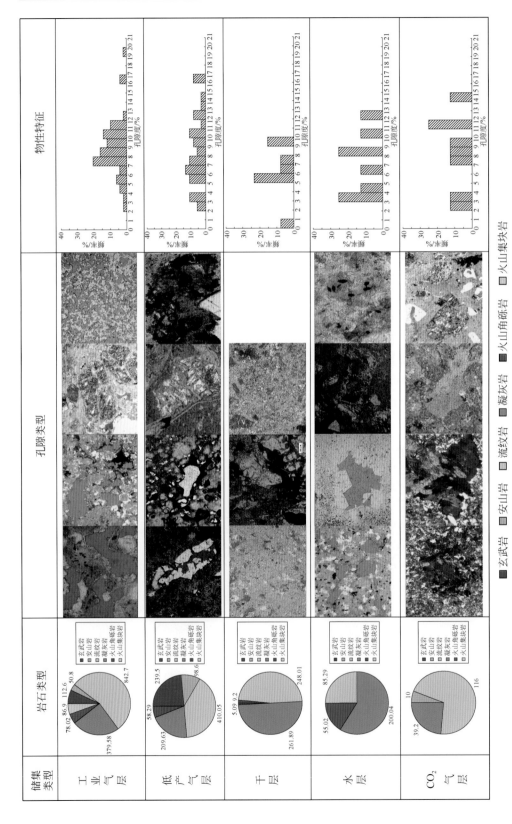

图7-4 工业气层、低产气层、水层、二氧化碳气层和干层的储层特征对比图

玄武安山岩、玄武岩孔隙度为 6.9%，渗透率为 1.653mD。面孔率变化范围为 0.1% ~ 12%，孔隙类型主要为气孔、长石溶孔和微裂缝。气孔含量为 0.1% ~ 11%，长石溶孔含量为 0 ~ 2%，微裂缝含量为 0 ~ 0.5%。气孔比较发育，气孔中常充填绿泥石、方解石、浊沸石、石英、长石，其中浊沸石只出现在玄武安山岩、玄武岩中。玄武安山岩、玄武岩在安达地区出现，大部分井属于低产井。在物性条件与酸性岩相近的情况下，产能通常要低于酸性岩。

2. 低产气层

低产气层的火山岩岩石类型有（球粒）流纹岩、流纹质凝灰岩、流纹质熔结凝灰岩、流纹质火山角砾岩、粗面岩、英安岩、安山岩，低产气层的主要岩石类型与工业气层相似，也是（球粒）流纹岩。

低产气层中（球粒）流纹岩的孔隙度变化范围为 2.1% ~ 16.89%，渗透率变化范围为 0.005 ~ 13.6mD，面孔率变化范围为 0 ~ 6.4%，孔隙类型主要为气孔、脱玻化孔，其次为长石溶孔和微裂缝。气孔含量为 0 ~ 2.8%，脱玻化孔含量为 0 ~ 4%，长石溶孔含量为 0 ~ 3%，微裂缝含量为 0 ~ 0.3%。气孔特征可分为两种类型，一种是残余气孔较发育、充填物较少、且局部气孔边缘具黑边，如兴城地区的徐深 6 井段；另一种是残余气孔不发育、气孔中充填石英、菱铁矿、铁质矿物，如升平地区的升深 2-1。长石可见高岭土化，但溶孔不很发育，局部可见少量长石溶孔如汪 905 井段，岩石中次生矿物主要为菱铁矿、方解石、石英、铁质氧化物、钠长石。

低产气层与工业气层比较有很多相似之处，如主要岩石类型、孔隙类型、充填物相同。其不同之处是孔隙度、渗透率、面孔率的最高值均低于工业气层的相应数值，同时在气孔的含量上低于工业气层。

流纹质凝灰岩孔隙度变化范围为 0.6% ~ 14.2%，渗透率变化范围为 0.004 ~ 0.81mD，面孔率变化范围为 0 ~ 20%，孔隙类型主要为气孔、火山灰溶孔、长石溶孔和微裂缝。气孔不发育，气孔含量为 0 ~ 0.4%，火山灰溶孔含量为 0.5% ~ 1%，长石溶孔含量为 0.5% ~ 3.5%，微裂缝含量为 0 ~ 20%，徐深 15 井裂缝十分发育，可见多期微裂缝相交。长石可见高岭土化，局部长石溶孔发育。岩石中次生矿物主要为石英、菱铁矿、绿泥石，在徐深 1 井可见到钠铁闪石、钠长石及铁质氧化物。

流纹质熔结凝灰岩孔隙度变化范围为 2.3% ~ 6.3%，渗透率变化范围为 0.007 ~ 0.046mD，面孔率变化范围为 0.4% ~ 1%，孔隙类型主要为气孔、长石溶孔、脱玻化孔。气孔含量为 0.1% ~ 0.6%，火山灰溶孔含量为 0 ~ 0.4%，长石溶孔含量为 0 ~ 0.4%。气孔和长石溶孔均不发育，岩石中次生矿物主要为菱铁矿、方解石、石英、铁质氧化物。

流纹质火山角砾岩孔隙度变化范围为 3.16% ~ 9.65%，渗透率变化范围为 0.006 ~ 0.145mD，面孔率变化范围为 0 ~ 8%，孔隙类型主要为砾内砾间孔，其次为微裂缝，砾内砾间孔含量为 0.4% ~ 8%，微裂缝含量为 0 ~ 0.2%。岩石中次生矿物主要为方解石、绿泥石、石英。

安山岩孔隙度为 3.6% ~ 10.5%，渗透率为 0.005 ~ 0.01mD，面孔率 3%，孔隙类型主要为气孔和微裂缝，气孔含量为 2%，微裂缝含量为 1%。气孔中常充填绿泥石、石英、玉髓、菱铁矿，岩石中次生矿物主要为菱铁矿、方解石、石英、绿泥石、长石、玉髓、铁质氧化物。

粗面岩孔隙度为3.99%～5.57%，渗透率为0.005～0.021mD。面孔率0～0.6%，孔隙类型主要为气孔和长石溶孔，气孔含量为0～0.4%，长石溶孔含量为0～0.2%。岩石中次生矿物主要为菱铁矿、方解石、石英、绿泥石、长石、玉髓、铁质氧化物。

3. 水层

水层中（球粒）流纹岩的孔隙度变化范围为1.3%～12.6%，渗透率变化范围为0.05～1.946mD。面孔率变化范围为0.4%～13%，孔隙类型主要为气孔、脱玻化孔，其次为长石溶孔，气孔含量为0.2%～7%，脱玻化孔含量为0～6%，长石溶孔含量为0～0.4%。气孔发育、局部气孔具黑边，气孔中充填石英、菱铁矿。可见长石局部具有溶孔并具黑边（如升深2-5）。岩石中次生矿物主要为菱铁矿、方解石、石英、铁质氧化物、钠长石。

流纹质熔结凝灰岩孔隙度变化范围为9.1%～11.4%，渗透率变化范围为0.05～0.094mD，面孔率变化范围为1%～4%，孔隙类型主要为气孔、长石溶孔、火山灰溶孔。气孔含量为0～3%，火山灰溶孔含量为0～0.4%，长石溶孔含量为0.8%～1%。气孔较发育，局部气孔具黑边，气孔中充填石英。长石高岭土化，长石溶孔发育、有黑边并充填菱铁矿、铁矿物（徐深801）。岩石中次生矿物主要为菱铁矿、石英、铁质氧化物、少量高岭石。

4. 干层

干层的岩石类型多样，由于干层不是勘探的目的层，因此取心和分析资料、试气结果都很少。造成干层的主要原因是储层非常致密，基本不具备储集能力。有少量干层物性较好，但所处的构造位置不利，因此也可能成为干层。

综上所述，火山岩气层井段的主要岩石类型为（球粒）流纹岩和凝灰岩，（球粒）流纹岩储层的孔隙类型主要为气孔、脱玻化孔、长石溶孔及微裂缝。凝灰岩储层的孔隙类型主要为火山灰溶蚀孔、长石溶孔、气孔及微裂缝。火山岩的气孔、长石溶孔、脱玻化孔、火山灰溶蚀孔及微裂缝与产能有密切的关系。气孔以及充填后的残余孔为原生孔隙，长石溶孔、脱玻化孔、火山灰溶蚀孔及微裂缝为次生孔隙。气孔与火山岩的化学成分及物理化学条件有关，长石溶孔与溶蚀作用有关，脱玻化孔、火山灰溶蚀孔与脱玻化及溶蚀作用有关，裂缝与构造作用有关。

第三节　火山岩有利储层分布规律

一、岩石类型岩相条件分析

不同岩石类型的储层，由于矿物成分、元素组成不同，储层发育的主要控制因素也不尽相同。

中基性熔岩储层的主控因素为气孔的充填程度和岩石的破碎和溶蚀程度。安达地区中基性熔岩气孔多被充填，主要是因为中基性岩较酸性岩稳定性差些，易于在岩浆期后热液阶段形成杏仁体构造，堵塞孔隙。虽然孔隙未被充填完全，残留部分孔隙，在后期溶蚀、破碎程度差的情况下也难于形成高产层，多为高孔低渗型储层。

流纹岩储层发育的主控因素是岩石类型岩相，其次是裂缝的沟通作用。在溢流相上部和下部亚相发育的气孔流纹岩，如气孔特别发育，呈串珠状或蜂窝状连续分布，气孔间相互连通，则可形成有效储层；如气孔为孤立状，相互不连通，则必须有裂缝发育，沟通孤立的气孔，才可形成有效储层。中部亚相的致密流纹岩则难以形成有效储层。通常火山岩成分越酸性其黏度越高、结晶程度越差，和其他火山岩相比在过冷却条件下流纹岩更易形成火山玻璃，因此在流纹岩中普遍发生脱玻化作用和珍珠构造，这是流纹岩成为高产气层的有利因素之一。

晶屑凝灰岩和熔结凝灰岩储层，其主控因素是裂缝的沟通作用和溶解作用。这两种岩石类型本身发育的微孔很难形成有效储层，只有后期裂缝发育，发生溶解作用，产生大量溶蚀孔隙，才能形成有效储层。

火山角砾岩储层发育的控制因素主要是岩石类型岩相，其次是裂缝的沟通作用和溶解作用。受岩石类型、岩相控制，火山角砾岩储层自身孔隙和喉道发育，有一定的储渗能力，但一般较差，如有裂缝发育，进一步沟通砾间孔，且有溶解作用发生，产生次生溶蚀孔隙，则可改善该类储层的储渗能力，成为好储层。

二、构造因素的影响分析

火山喷发与构造活动相辅相成，火山喷发是构造运动的表现形式。构造活动对储层的控制作用主要表现在以下两点：第一，构造运动引发多期次火山喷发，使火山岩大面积分布，成为形成火山岩储层的基础；第二，构造运动形成大量构造裂缝，成为天然气的重要渗流通道，同时也是地下水和有机酸的重要通道，对溶解作用发生起了重要作用，是形成次生溶蚀孔隙，改善储层储渗能力的关键。岩石类型不同，裂缝发育程度也不同，流纹岩、熔结凝灰岩和晶屑凝灰岩裂缝发育，裂缝密度分别为 5.7 条/m、5.27 条/m、5.23 条/m，其次是火山角砾岩（4.26 条/m），而角砾熔岩（3.46 条/m）和熔结角砾岩（3.36 条/m）裂缝发育程度低。

三、成岩作用与其演化的影响分析

火山岩形成之后，在其经历的冷却成岩-岩浆期后热液-风化剥蚀淋滤-埋藏成岩作用过程中，由于各阶段物理的和化学的环境与介质条件影响，火山岩的孔隙及其组合、孔隙结构等会发生明显变化。特别是火山岩进入与围岩相同的埋藏-成岩作用过程中，随埋藏深度的增加，烃源岩逐步达到成熟阶段，成岩环境也随之改变，从而发生多种成岩作用和形成多种次生矿物，这些成岩作用的彼此更替及其影响的总和，导致本区目前火山岩的特征，其对火山岩的孔隙演化产生了深刻影响。

1. 冷却成岩阶段

包括火山岩中挥发分的逸出、高温低压下的熔结作用、冷凝固结成岩作用、熔蚀作用、脱玻化作用等。该阶段主要形成大量原生气孔、砾间孔、胀裂缝、解理缝等原生储集空间。

2. 岩浆期后热液作用阶段

岩浆期后热液对火山岩的改造主要包括水化作用、热液蚀变作用、交代作用、充填作用等。研究区该阶段主要表现为自生绿泥石的充填作用。热液中所含的 Fe^{2+}、Mg^{2+}、Si^{4+} 等离子在原生储集空间中沉淀，形成自生绿泥石，使孔隙有所减小。岩心观察可见充填或半充填在气孔、冷凝收缩缝等原生储集空间中的绿泥石，显微镜下可见充填在斑晶内解理缝、不规则微裂纹和气孔中的绿泥石。

3. 风化剥蚀淋滤阶段

是次生孔隙形成的主要阶段之一，包括风化剥蚀作用和溶蚀淋滤作用在火山岩顶部及上部形成大量的溶蚀孔隙，并连通原生储集空间，从而大大改善了火山岩的储集物性。显微镜下常见长石和石英斑晶的溶蚀边缘和斑晶内溶孔。由于熔浆的余热导致地层水温度升高，对火山岩体的硅酸盐矿物和火山灰等物质有作用，释放出的 Fe^{2+}、Mg^{2+}、Ca^{2+}、K^+、Na^+、Si^{4+} 等离子形成伊利石、方解石、绿泥石等成岩矿物，交代部分矿物，并充填部分孔隙，堵塞了火山岩的部分孔隙。但总的来说，该阶段的成岩作用改善了火山岩的储集物性。

4. 埋藏–成岩作用阶段

即火山岩传统意义上的次生成岩阶段。火山岩因岩浆的喷出、侵入、冷凝以及后期构造活动、溶蚀作用等形成的各种孔缝，使得火山岩与围岩中的地层水相沟通，并进入和沉积围岩相同的埋藏–成岩作用场中。

研究表明，火山岩储层的分布与物性除受构造作用、古地形地貌、古气候、火山喷发机制、岩浆演化特征的影响外，其储集性能主要受火山喷发作用以及期后埋藏–成岩作用的控制。

四、储层分布规律

1. 储层纵向分布规律

开发井长井段取心分析资料说明，火山岩在纵向上厚度可达到数百米，但物性均一性较差，孔隙度高值和低值之间可相差五到十倍，渗透率相差可达到两个数量级以上，高孔渗带的厚度可以达到几米到几十米，在大段岩相的中部，物性通常比岩相变化较快的部位物性要差，高孔渗带似乎与岩相（包括亚相）的交替变化有关（图7-5、

图 7-6)。

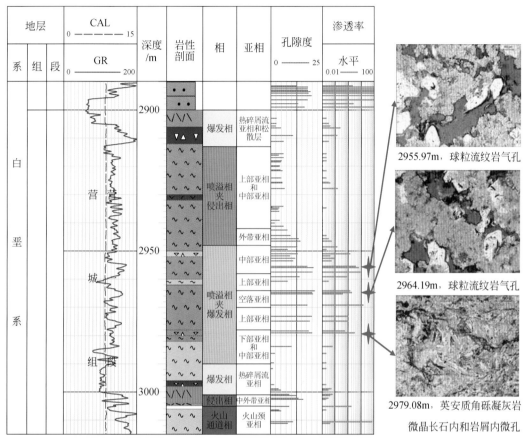

图 7-5 升深更 2 井物性纵向变化规律

铸体薄片观察发现,高孔渗带的次生孔隙很发育,基质和长石斑晶普遍具有溶蚀特征。次生孔隙这一分布规律表明,在岩石类型或岩相交替部位,由于岩石之间结合相对较弱,所以该部位容易发生风化淋滤作用和后期的溶蚀作用(该部位沟通流体的能力相对强),因此,对于厚度较大的火山岩,其岩石类型和岩相变化部位应该是有利储层发育部位。

2. 储层平面宏观分布规律

根据储层主控因素、孔隙类型及次生矿物组合研究绘制了徐家围子断陷火山岩储层孔隙组合分布图(图 7-7)和储层平面分布图(图 7-8)。北部安达地区孔隙组合以气孔+微裂缝为主,升平地区以气孔+溶孔+微裂缝为主,中部兴城–丰乐孔隙组合以气孔+溶孔+砾间孔+微裂缝为主,南部肇州地区以气孔+微裂缝为主。其中兴城地区孔隙发育,平均面孔率在 8% 左右。优质储层主要分布在升平和兴城–丰乐地区。

研究区徐家围子北部安达地区与中部兴城–昌五–丰乐镇地区火山爆发相分布地带,平均面孔率在 8% 左右,构造上都靠近深大断裂带,是火山岩有利的储集地带。

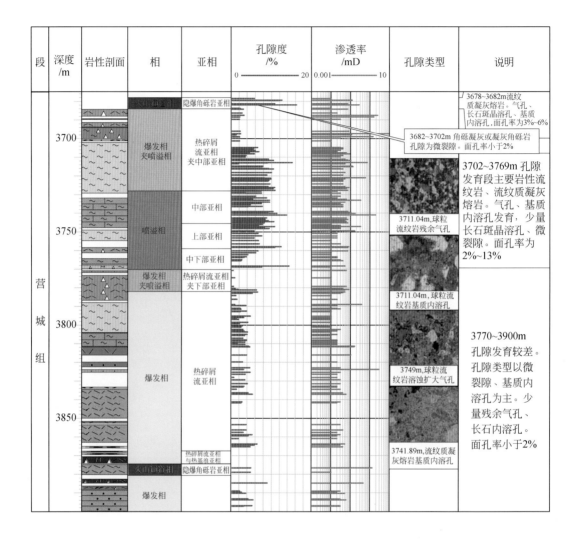

图 7-6　徐深 9-1 井物性纵向变化规律

（1）最有利（Ⅰ类储层）储集区：徐家围子中部兴城–丰乐地区，火山岩的孔隙组合以气孔+溶孔+砾间孔+微裂缝的最佳孔隙组合为主，并以次生石英+绿泥石+钠长石+（白云石+方解石）+裂缝+溶蚀相的最佳次生矿物组合类型为主，是火山岩最有利的储集区。

（2）有利（Ⅱ类储层）储集区：徐家围子北部安达地区、中部兴城镇–昌五镇–丰乐镇所围区域、东部莺山–双城断陷的莺深 1 井–莺深 3 井区域，火山岩孔隙组合以气孔+微裂缝为主，次生矿物组合类型为最佳的次生石英+绿泥石+钠长石+（白云石+方解石）+裂缝+溶蚀相与蚀变绿泥石+次生石英+气孔+溶孔+微裂缝相，为火山岩有利的储集区。

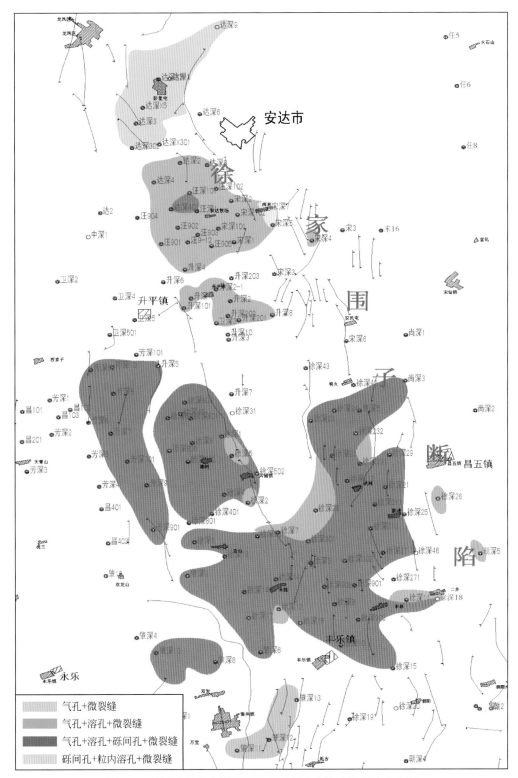

图 7-7　松辽盆地徐家围子断陷营城组火山岩孔隙组合分布图

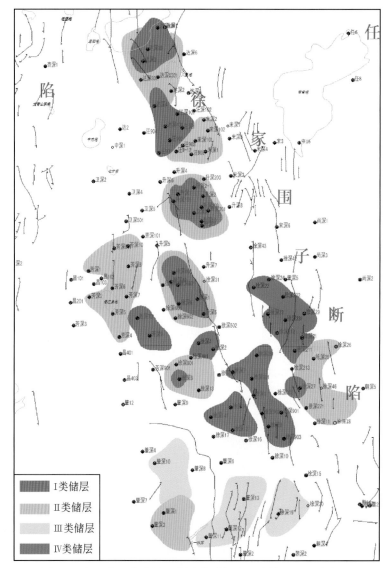

图7-8　松辽盆地徐家围子断陷营城组火山岩储层平面分布图

（3）较有利（Ⅲ类储层）储集区：徐家围子南部地区火山岩以气孔+溶孔+微裂缝的较好孔隙组合为主，次生矿物组合类型为中等的次生石英+绿泥石+菱铁矿+方解石胶结+气孔+溶蚀相，是火山岩较有利的储集区。

南部肇州地区主要为溢流相，孔隙组合以气孔+微裂缝为主，次生矿物组合为较好的次生石英+绿泥石+方解石胶结+气孔+裂缝相，也是火山岩较有利的储集区。

火山岩储层（测井孔隙度大于3%）的厚度与火山口的距离具有负相关性，即离火山口越远，火山岩厚度变小，储层的厚度也越小。但从火山岩储层占火山岩总厚度的比例关系上看，储层的比例与火山口的距离基本无关（图7-9）。这一宏观特征也从另一方面说明，火山岩的次生改造作用是决定火山岩能否成为储层的关键。

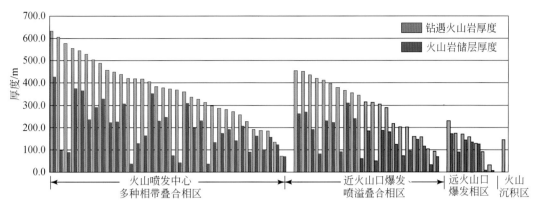

图 7-9　松辽盆地徐家围子断陷营城组火山岩储层分布与火山口距离的关系

火山喷发中心区：储层发育比例达到了 50%，储层厚度一般 160m 以上；近火山口区：储层发育比例达到了 51%，
储层厚度一般 80m 以上；远火山口区：火山岩总厚度小，但也发育一定的储层；
火山沉积相区储层不发育

五、典型井分析

（一）徐深 1 井营城组火山岩储层评价

徐深 1 井完钻井深 4537.3m，在营城组钻遇了物性较好的大段火山岩。特点是厚度大，岩石类型变化复杂，孔隙类型多样，试气获得高产气流。

1. 149 号层火山岩储层特征

149 号层井深 3447.0 ~ 3573.8m，厚度 126.8m。共进行了两次取心，在该段火山岩的顶部和中下部。顶部取心位置在 3446.93 ~ 3455.39m，共 8.46m，实际岩心长度 8.46m。中下部取心位置在 3525.00 ~ 3533.56m，共 8.56m，实际岩心长度 8.50m。

1）岩石类型

综合对顶部取心段、中下部取心段进行的岩心描述和薄片鉴定以及未取心段岩屑薄片鉴定、结合测井录井资料，149 号层火山岩岩石主要为流纹质含角砾晶屑凝灰岩、流纹质晶屑凝灰岩、流纹质含浆屑凝灰岩、流纹质熔结凝灰岩、流纹质含凝灰熔结角砾岩及流纹质集块岩 6 种类型，共有 15 层。

该段火山岩 SiO_2 含量均达到 70% 以上（表 7-5），元素常量分析也表明，该段火山岩为流纹质火山岩。

2）物性

顶部取心段（3446.93 ~ 3455.39m）共取了 11 块样品，除顶部一块样品（3447.53m）物性很差外，其他样品物性均很好（表 7-6），孔隙度主要集中在 7% ~

10%，最高的一块孔隙度达 14.2%，去掉第一块平均为 8.87%。渗透率主要集中在 $(0.04 \sim 0.17) \times 10^{-3} \mu m^2$，水平渗透率平均为 $0.086 \times 10^{-3} \mu m^2$，垂直渗透率平均为 $0.101 \times 10^{-3} \mu m^2$。中下部取心段（3525.00 ~ 3533.56m）共做了 24 块样品，孔隙度均质性非常好，为 2.96% ~ 4.44%，平均为 3.45%。水平渗透率主要分布于 $(0.1 \sim 0.01) \times 10^{-3} \mu m^2$，平均为 $0.08 \times 10^{-3} \mu m^2$，垂直渗透率平均为 $0.018 \times 10^{-3} \mu m^2$（表 7-7）。

表 7-5 徐深 1 井 149 号层取心段火山岩 X 荧光常量元素分析

样品编号	井深/m	常量元素含量/%											烧失量/%
		Fe_2O_3	Mn	Ti	CaO	K_2O	S	P	SiO_2	Al_2O_3	MgO	Na_2O	
12	3453.23	2.496	0.070	0.231	0.416	3.225	0.031	0.007	75.996	12.109	0.031	4.764	1.837
补5	3451.53	2.134	0.055	0.252	0.247	3.110	0.071	0.006	83.049	18.514	0.074	4.255	1.998
补8	3455.23	2.358	0.089	0.237	0.353	5.935	0.039	0.004	79.223	16.407	0.057	3.424	2.352
Mb	3527.25	2.417	0.045	0.209	0.173	5.046	0.034	0.017	78.483	12.350	0.063	4.466	1.383
Mb	3529.25	2.235	0.054	0.204	0.839	5.111	0.020	0.006	73.563	11.429	0.045	4.046	2.052
Mb	3532.06	2.786	0.041	0.204	0.137	4.645	0.012	0.005	78.323	11.754	0.063	4.381	1.555
Mb	3533.23	2.834	0.066	0.286	0.463	4.042	0.013	0.063	69.971	13.031	0.091	4.921	2.226

表 7-6 徐深 1 井 149 号层顶部取心段火山岩物性（3446.93 ~ 3455.39m）

层位	取心/次	样品深度/m	孔隙度/%	岩石密度 $/(g/cm^3)$	渗透率/mD		
					水平1	水平2	垂直
K_1yc	3	3447.53	1.1	2.718	0.004	0.004	0.004
K_1yc	3	3448.06	5.6	2.511	0.017	0.018	0.011
K_1yc	3	3448.83	14.2	2.245	0.171	0.164	0.198
K_1yc	3	3449.23	9.7	2.343	0.131	0.127	0.029
K_1yc	3	3450.08	7.9	2.371	0.102	0.056	0.03
K_1yc	3	3450.55	7.1	2.41			0.199
K_1yc	3	3451.53	8.8	2.377	0.091	0.088	0.084
K_1yc	3	3451.96	8.4	2.38	0.078	0.079	0.085
K_1yc	3	3452.78	9.8	2.332	0.101	0.077	0.247
K_1yc	3	3453.23	8.8	2.353	0.04	0.045	0.046
K_1yc	3	3454.65	8.7	2.37	0.082	0.08	0.08

表 7-7 徐深 1 井 149 号层中下部取心段火山岩物性 （3525.00～3533.56m）

样号	孔隙度/%	渗透率/mD			样号	孔隙度/%	渗透率/mD		
		水平 1	水平 2	垂直			水平 1	水平 2	垂直
1	3.82	0.0104	0.155	0.0064	14	3.33	0.0081	0.0119	0.0060
2	3.35	0.0653	0.0408	0.0082	15	3.52	0.0334	0.0420	0.0293
3	3.57	0.0620	0.0182	0.0145	16	4.44	0.0714	0.0502	0.0188
4	3.4	0.0474	0.0305	0.0553	17	3.40	0.0090	0.0093	0.0046
5	3.45	0.0353	0.0359	0.0609	18	4.26	0.1726	0.3912	0.0796
6	3.76	0.0241	0.0196	0.0087	19	3.08			0.0047
7	3.49	0.1660	0.6135	0.0365	20	3.65	0.0357	0.0243	0.0053
8	3.91	0.0583	0.0187	0.0059	21	3.30	0.0091	0.0091	0.0029
9	3.08	0.0170		0.0063	22	2.96	0.4494	0.6256	0.0471
10	2.96	0.0363	0.0119	0.0053	23	3.19	0.0090	0.0098	0.0044
11	3.18	0.0115	0.0425	0.0050	24	3.07	0.0239	0.0175	0.0034
12	3.00	0.0189	0.0148	0.0031	平均	3.45	0.0606	0.1010	0.0180
13	3.66	0.0210	0.0279	0.0104					

应用 ELAN 程序对 149 号层进行了数字处理，结果列于表 7-8。

为了了解该段火山岩未取心部分的储层物性，应用现有的 11 块岩心样品的孔隙度和岩石密度资料建立了孔隙度与岩石密度关系，并求出了相关方程：$Y = -0.0273831X + 2.60859$，相关系数 $R = 0.86246$，Y 为岩石密度，X 为岩心孔隙度。相关系数较高，说明方程可靠，应用该方程，利用测井岩石密度资料可以对该段火山岩孔隙度进行预测。

表 7-8 徐深 1 井 149 号层 ELAN 数字处理结果

层号	井段/m	厚度/m	岩石类型	有效孔隙度/%	渗透率/mD	含水饱和度/%	评价结果	裂缝情况
149-1	3447.0～3455.6	8.6	流纹质含角砾晶屑凝灰岩	14	50～150	30	好	
149-2	3455.6～3465.6	10.0	流纹质熔结凝灰岩	10	20	32	好	
149-3	3465.6～3470.0	4.4	流纹质含角砾晶屑凝灰岩	8～9	12	32	好	
149-4	3470.0～3474.2	4.2	流纹质熔结凝灰岩	5～7	2～6	32	中	
149-5	3474.2～3478.4	4.2	流纹质晶屑凝灰岩	9	20	32	好	
149-6	3478.4～3481.6	3.2	流纹质熔结凝灰岩	6～9	2～3	30	中	
149-7	3481.6～3494.0	12.4	流纹质晶屑凝灰岩	8～10	6～10	28	好	
149-8	3494.0～3527.6	33.6	流纹质晶屑凝灰岩	7～10	3～20	28～32	好	发育
149-9	3527.6～3541.4	13.8	流纹质含凝灰熔结角砾岩	3～5	0～1	60～90	差	发育
149-10	3541.4～3544.6	3.2	流纹质熔结凝灰岩	12	18	20	好	
149-11	3544.6～3550.6	6.0	流纹质含凝灰熔结角砾岩	3～4	0.3～0.8	40	差	发育
149-12	3550.6～3555.0	4.4	流纹质晶屑凝灰岩	9～10	6～10	22	好	发育
149-13	3555.0～3563.6	8.6	流纹质含浆屑凝灰岩	6～7	2～4	22	好	发育
149-14	3563.6～3569.0	5.4	流纹质含浆屑凝灰岩	3～5	1	30～40	差	发育
149-15	3569.0～3573.8	4.8	流纹质集块岩	0	0	100	差	发育

3）孔隙类型

顶部流纹质晶屑凝灰岩以长石晶屑内溶孔和收缩缝为主，面孔率2%~6%（表7-9）。中下部含角砾熔结凝灰岩镜下鉴定孔隙类型为基质内微孔，面孔率无法测定，岩心观察见岩块内气孔和砾间孔隙，数量较少。

表7-9 徐深1井149号层取心段火山岩孔隙类型

井深/m	结构	成分	孔隙类型及面孔率/%			
			长石及基质溶孔	裂缝	其他	总面孔率
3447.53	凝灰结构	石英、长石晶屑、玻屑	少	少	少	少
3448.06			2	1	少	3
3448.83			6	少	少	6
3449.23			4	少	少	4
3450.55			2	少	少	2
3451.96			3	少	少	3
3453.23			3	少	少	3
3524.00~3532.56			基质内微孔，岩块内气孔和角砾间孔隙			无法测定

4）裂缝特征

顶部取心段（3447.93~3455.39m）裂缝较发育，共有裂缝20条，以近水平细小裂缝为主，成带出现。其余为较高角度倾斜缝，缝宽一般0.1~1mm，裂缝密度平均为2.36条/m。中下部取心段（3525.00~3533.56m）裂缝较发育，共有裂缝26条，以近水平裂缝为主，其余为较高角度倾斜缝（大于50°），缝宽一般小于1mm，裂缝密度平均为3.04条/m。该层两次取心段的厚度共16.96m，有裂缝46条，平均裂缝密度为2.71条/m（表7-10）。测井对该层也进行了解释，共解释出裂缝104条，为网状和高角度裂缝，密度为3.90条/m，走向近东西向，倾向75°。

表7-10 徐深1井149号层取心段裂缝描述

井段/m	厚度/m	裂缝性质	裂缝倾向/(°)	条数/条	裂缝宽度/mm	裂缝密度/(条/m)
3446.93~3455.39	8.46	近水平细小裂缝为主，成带出现	水平或高角度裂缝>45	20	0.1~1	2.36
3525.00~3533.56	8.50	近水平裂缝为主，其余为较高角度倾斜缝	水平或高角度裂缝50~80	26	<1	3.04
平均	16.96	近水平裂缝为主，成带出现，部分较高角度倾斜缝	水平或高角度裂缝>45~80	46	高角度裂缝0.1~1	2.71

通过岩心和铸体薄片观察，该段火山岩主要有两种类型的裂缝：构造裂缝和冷凝收缩缝。

构造裂缝：构造裂缝是火山岩受构造应力作用后产生的裂缝，反映出的应力场与区域或局部的应力场一致，不同级别、不同期次的断层活动过程也是局部或区域裂缝产生和叠加的过程。构造裂缝在岩体中分布最广，对火山岩后期改造并成为优质储层意义最大。该段岩心观察能看到的水平裂缝和高角度裂缝主要为构造裂缝，水平构造缝是在熔结凝灰岩松散层基础上发展起来的，但垂直方向并且弯曲的裂缝可能为冷凝收缩缝。

冷凝收缩缝：指在熔岩或具有熔结特征的火山岩中，由于岩浆冷凝、结晶过程中热力收缩造成的裂缝。收缩缝与火山岩的不均匀收缩有关，包括成岩裂缝、晶间收缩缝、晶体内微裂缝等。冷凝收缩缝常呈弧形、半圆形、圆形，分布在气孔或斑晶周围，不均匀收缩时形成网状裂缝。该段岩心顶部取心段镜下可以见到短而窄的小裂缝，该裂缝即为冷凝收缩缝。冷凝收缩缝易发部位为一套火山岩的顶底部。一部分构造裂缝（主要为高角度裂缝）被方解石充填，冷凝收缩缝内未见充填物。砾内气孔有石英和不明细长状矿物充填，石英有生长纹，阴极发光观察具有分期生长的特点。熔结（凝灰）角砾岩气孔内见有立方体低温萤石充填物。

2. 150 号层火山岩储层特征

150 号层井深 3578.4 ～ 3705.2m，共 126.8m，进行了一次取心，在该段火山岩的中部。取心位置在 3632.55 ～ 3637.12m，共 4.57m，实际岩心长度 4.56m。

1）岩石类型

取心段岩心描述为火山角砾岩和集块岩，火山岩块最大约 30cm，岩块内发育小气孔。镜下鉴定为火山角砾岩和球粒流纹岩。岩屑薄片鉴定顶部为流纹质熔结凝灰岩，其余为大段球粒流纹岩。结合测井、录井资料，确定该段火山岩有 9 个层 5 种岩石类型，以集块岩为主（岩块为球粒流纹岩），夹流纹质晶屑熔结凝灰岩、流纹质晶屑凝灰岩、流纹质凝灰岩和流纹岩。

X 荧光常量元素分析结果表明，SiO_2 含量高，达到 76% 以上（表 7-11），为酸性岩类，与上述岩石类型确定结果相符合。

表 7-11　徐深 1 井 150 号层取心段火山岩 X 荧光常量元素分析（3632.55 ～ 3638.12m）

样品编号	井深/m	常量元素含量/%											烧失量/%
		Fe_2O_3	Mn	Ti	CaO	K_2O	S	P	SiO_2	Ai_2O_3	MgO	Na_2O	
补9	3633.25	2.397	0.071	0.221	0.109	4.678	0.013	0.000	78.876	13.276	0.087	4.698	1.426
补15	3635.80	2.873	0.069	0.214	0.101	3.925	0.014	0.003	76.344	12.731	0.073	4.850	1.486

2）物性

本井段共取心 4.56m，做了 6 块岩心分析，5 块孔隙度集中在 4.1% ～ 4.7%，1 块为2.2%，平均4.1%。水平渗透率有两块较高，为（0.340~0.602）×10^{-3}μm²，其他4块样品为（0.02~0.075）×10^{-3}μm²，整体平均为0.190×10^{-3}μm²（表7-12）。

表7-12　徐深1井150号层取心段火山岩物性（3632.55~3638.12m）

层位	取心/次	样品深度/m	孔隙度/%	岩石密度/(g/cm³)	渗透率/mD		
					水平	水平2	垂直
K₁yc	5	3633.31	4.1	2.532	0.075	0.091	0.085
K₁yc	5	3633.55	4.5	2.540	0.060		
K₁yc	5	3634.55	2.2	2.570	0.020		
K₁yc	5	3635.55	4.4	2.520	0.040		
K₁yc	5	3636.05	4.7	2.490	0.340		
K₁yc	5	3635.80	4.6	2.510	0.602	0.200	1.823
平均			4.1		0.190		

应用ELAN程序对150号层进行了数字处理，结果列于表7-13。

表7-13　徐深1井150号层ELAN数字处理结果

层号	井段/m	厚度/m	岩石类型	有效孔隙度/%	渗透率/mD	含水饱和度/%	评价结果	裂缝情况
150-1	3578.4~3580.6	2.2	流纹质熔结凝灰岩	16	20	38	好	
150-2	3580.6~3584.6	4.0	流纹质晶屑凝灰岩	12	2~5	50	好	
150-3	3584.6~3593.0	8.4	流纹岩	8	4	50	中	
150-4	3593.0~3596.0	3.0	流纹质熔结凝灰岩	9	5	30	好	
150-5	3596.0~3607.0	11.0	流纹岩	7~10	4~6	28~35	好	发育
150-6	3607.0~3618.0	11.0	流纹质集块岩	6~7	2~4	30~40	好	发育
150-7	3618.0~3676.6	58.6	流纹质集块岩	5~8	2~6	28	好	发育
150-8	3676.6~3684.0	7.4	流纹质凝灰岩	4~5	3~6	60	中	发育
150-9	3684.0~3705.2	21.2	流纹质凝灰岩	2~3	0.2~0.5	58~70	差	发育

为了了解该段火山岩未取心部分的储层物性，应用现有的6块岩心样品的孔隙度和岩石密度资料建立了孔隙度与岩石密度关系，并求出了相关方程：$Y = -0.024461X + 2.62688$，相关系数$R = 0.712957$，Y为岩石密度，X为岩心孔隙度。由于点较少，相关系数略低，应用该方程，利用测井岩石密度资料可以估测该段火山岩孔隙度。如果不考虑149和150号层取心段岩石类型差异，利用两段全部孔隙度和密度资料做相关方程，可以得到可靠性很高的方程：$Y = -0.027866X + 2.61521$，相关系数$R = 0.852557$。

3）孔隙类型

该段火山岩根据取心段铸体薄片研究结果有以下4种主要孔隙类型，粒间缩小孔、砾内气孔、杏仁孔和裂缝（炸裂缝和构造裂缝），总面孔率低于3%（表7-14）。由于集块岩和角砾岩裂缝发育部位无法制做铸体薄片，因此裂缝无法从铸体薄片反映出来。

表 7-14 徐深 1 井 150 号层取心段火山岩孔隙类型

井深/m	结构	成分	孔隙类型及面孔率/%			
			砾间缩小孔	砾内气孔及杏仁孔	裂缝等	总面孔率
3633.35			少	少		1
3633.55			2	1	少	3
3634.55	角砾	球粒流纹岩岩块、石	1	1	1	3
3635.55	结构	英晶屑、火山灰	0.5	0.5		1
3636.05			1	1		2
3636.55						1

4）裂缝特征

该段火山岩主要存在两种类型的裂缝，构造裂缝和炸裂缝。

炸裂缝：由岩浆喷发时岩浆上拱力、岩浆爆发力引起的气液爆炸作用而形成的裂缝。包括砾内网状裂缝、角砾间缝、晶间缝、垂直张裂缝。本井炸裂缝主要为砾内网状裂缝、角砾间缝，这两种缝发育于火山角砾岩和集块岩中，一般为早期裂缝。

岩心观察该段火山岩的裂缝主要为砾间和砾内裂缝，砾内微裂缝呈网状，见一组高角度裂缝，倾角 59°，裂缝宽度 0.1~1mm。测井解释该段火山岩裂缝以高角度裂缝为主（50°~75°），产气层段裂缝走向为近东西向，共有裂缝 237 条，裂缝密度为 4.6 条/m，裂缝长度为 3.90m/m^2，裂缝走向近东西向，倾向 50°~75°。

依据薄片、电子探针微区分析结果，该段火山岩裂缝和孔隙内的充填物主要为方解石和石英、菱铁矿等。

3. 饱和度预测

徐家围子地区徐深 1 井火山岩储层属于致密储层，压汞可进行函数处理，得出 J 函数曲线，通过 J 函数曲线及该层的平均孔渗，得到该气藏的平均毛管压力曲线，然后采用致密储层气藏流动孔隙下限值 0.1μm，求得其对应的汞饱和度为 68.5%（图 7-10）。

4. CT 和核磁对储层孔缝研究

微裂缝在储层中具有重要作用，但目前尚无很好的手段来测定和描述微裂缝的分布和发育情况。近年来 CT 和核磁共振技术的飞速发展，为低渗透岩心微裂缝的研究提供了新的手段。为了研究徐深 1 井储层孔隙和裂缝性质，弄清储层孔隙连通情况，并标定大直径岩心分析结果，选送了 12 块样品进行了核磁共振测定，5 块样品进行了 CT 测试。

核磁对火山岩分析结果与大直径岩心分析结果非常吻合（图 7-11、表 7-15），说明大直径岩心分析结果是非常可靠的。相关方程为：$Y_{核磁}=0.975994X_{岩心}+0.536548$，$R=0.995251$。

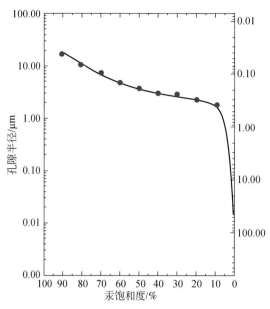

图 7-10　徐深 1 井火山岩储层平均毛管压力曲线

表 7-15　核磁孔隙度与大直径岩心分析结果对比表

取心次数	井深/m	核磁孔隙度/%	北京岩心分析孔隙度/%	大庆研究院岩心分析孔隙度/%
2	3349.89	4.67	4.61	4.2
3	3449.23	9.68	9.33	9.7
	3451.53	9.47	9.55	8.8
	3451.96	8.81	8.87	8.4
4	3532.32	3.71	3.57	3.3
	3532.50	3.37	3.24	3.0
	3532.83	3.72	3.60	3.2
5	3633.55	4.50	4.48	4.5
	3634.70	4.39	4.68	
	3635.20	6.43	6.05	
7	3924.18	2.03	2.26	
3		8.31	8.15	

核磁 T_2 谱是由 T_2 测试时获得的回波信号经过复杂的数学反演计算得到的。T_2 谱给出了饱和流体岩样的 T_2 弛豫时间分布，其横坐标为 T_2 弛豫时间（ms），纵坐标为每一 T_2 组分所占份额（无因次）。T_2 弛豫时间与孔隙的比表面具有反比关系，从而与孔隙半径具有很好的相关性，因此，从油层物理的角度看，T_2 谱定性地反映了岩样内部包含

流体孔隙的大小分布，T_2 值越大，对应的孔隙半径也就越大。从谱图可以看出，149 号层顶部长石溶孔发育段的流纹质晶屑凝灰岩谱图具有双峰特点（图 7-12），即存在微孔又有相对较大的孔隙，弛豫时间峰值分别在 3 ~ 4ms 和 100ms 左右，大峰跨度从 10ms 到 2000ms，说明孔隙大小差异明显，这也是溶孔的一个特点。149 号层中下部流纹质熔结凝灰岩谱图也具有双峰特点，但较大的孔隙弛豫时间峰值在 50 ~ 70ms 左右（图 7-13），大峰跨度从 8ms 到 400ms，说明该大段火山岩中下部孔隙半径差异相对较小，以微孔为主，从一个侧面也说明了中下部孔隙不发育。

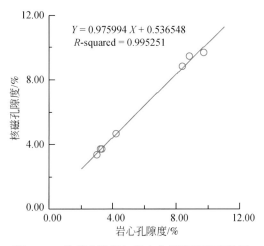

图 7-11　核磁孔隙度与岩心分析孔隙度相关图

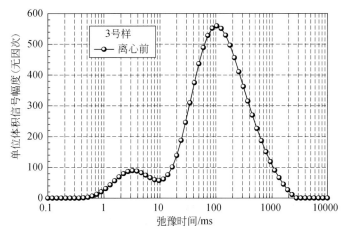

图 7-12　149 号层上部长石溶孔发育段谱图（3451.96m）

150 号层集块岩段谱图为单峰，弛豫时间的峰值在 50 ~ 60ms，大峰跨度从 1ms 到 10000ms，说明孔隙大小不均，这正是集块岩的特点（图 7-14）。

X-CT 图像显示的是 X 射线通过岩心后的衰减量。将样品不同位置的 X 射线衰减量对应显示到计算机屏幕上即构成了我们看到的 X-CT 图像。该图像反映的是岩石样品内

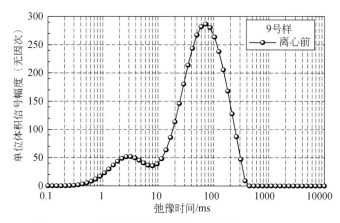

图 7-13　149 号层下部熔结凝灰岩段谱图 （3532.32m）

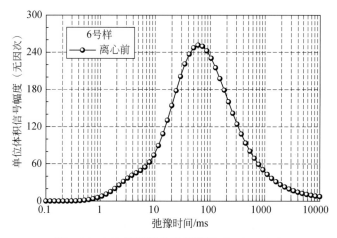

图 7-14　150 号层集块岩段谱图 （3634.70m）

部的密度分布情况。而对于一定的岩石类型而言，密度与孔隙度也有对应关系，因此只要对 X-CT 进行适当的刻度，就可以得到反映岩心孔隙度分布图像。裂缝中充满空气，其密度与岩石骨架相比小得多，因此在 CT 图像中裂缝与岩心基质显示差别很大，比较容易从 CT 图像中识别，并通过图像处理计算出裂缝孔隙度。

对 5 块全直径岩心进行了三维 X-CT 扫描裂缝分布分析，给出了每块岩心的扫描结果及分析。

149 号层顶部流纹质晶屑凝灰岩，井深 3448.83m，孔隙度 14.2%，渗透率 $0.171 \times 10^{-3} \mu m^2$。扫描没有发现明显的裂缝和明显的溶洞，该特征与顶部孔隙类型仅为长石溶孔有关。该段火山岩裂缝不发育已被岩心观察和 ELAN 程序解释结果所证实。149 号层中下部流纹质熔结凝灰岩，井深 3527.25m，孔隙度 3.91%，渗透率 $0.0583 \times 10^{-3} \mu m^2$。扫描未发现明显的裂缝，但局部存在明显的气孔和致密岩心夹块 （图 7-15）。

5. 物性差异原因分析

从火山岩岩石类型与储层类型排序来看，流纹质晶屑凝灰岩和流纹质熔结凝灰岩

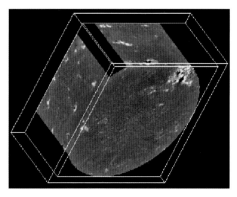

图 7-15　气孔（黑）和充填物（白）

物性最好，主要是一、二类储层，分析其原因是溶蚀孔比较发育所致。另外在每次火山喷发的底层，容易形成松散层，后期的水平裂缝主要沿松散层分布。该井流纹岩的气孔比较发育，物性较好。流纹质集块岩和流纹质熔结角砾岩物性取决于岩块间的孔缝和岩块内的气孔多少，同时与压溶作用和胶结作用的强度有关，因此具有较大的不确定性。凝灰岩由于粒度细，原生孔隙极少，在无大量次生孔隙和裂缝的情况下不能成为储层。

6. 储层评价

依据火山岩测井解释成果，对火山岩不同岩石类型的孔缝发育情况进行了排序，按上述分类标准对 149 和 150 号层分别进行了评价（表 7-16、表 7-17、图 7-16、图 7-17）。

从岩石类型上看，149 号层流纹质（含角砾）晶屑凝灰岩物性最好，厚度最大（占 53.3%），综合评价为 II 类，是 149 号层的主力储层。列于第二至第五位的依次为流纹质熔结凝灰岩，流纹质含浆屑凝灰岩，流纹质含凝灰熔结角砾岩和流纹质集块岩。150 号层流纹质熔结凝灰岩和流纹质晶屑凝灰岩物性最好，综合评价为 I 类。列于第二位的是流纹岩，综合评价为 II 类。第三位是流纹质集块岩，特点是厚度大、裂缝发育，综合评价为 III 类，是该段的主要储层。第四位是凝灰岩。

表 7-16　徐深 1 井 149 号层火山岩岩石类型与储集性能和储层类型排序表

序号	岩石类型	层数	厚度/m	占总厚比例/%	孔隙度/%	裂缝	评价类型
1	流纹质含角砾晶屑凝灰岩	2	13.0	53.3	14，8~9	不发育	II
	流纹质晶屑凝灰岩	4	54.6		9，8~10，7~10，9~10	部分发育	
2	流纹质熔结凝灰岩	4	20.6	16.2	10，5~7，6~9，12	不发育	II - III
3	流纹质含浆屑凝灰岩	2	14.0	11.0	6~7，3~5	发育	III - IV
4	流纹质含凝灰熔结角砾岩	2	19.8	15.6	3~5，3~4	发育	IV
5	流纹质集块岩	1	4.8	3.8	低	发育	V

表 7-17　徐深 1 井 150 号层火山岩岩石类型与储集性能和储层类型排序表

序号	岩石类型	层数	厚度/m	占总厚比例/%	孔隙度/%	裂缝	评价类型
1	流纹质熔结凝灰岩	2	5.2	7.3	16，9	不发育	I
1	流纹质晶屑凝灰岩	1	4.0		12	不发育	I
2	流纹岩	2	19.4	15.3	8，9	部分发育	II
3	流纹质集块岩	2	69.6	54.9	6~7，5~8	发育	III
4	凝灰岩	2	28.6	22.6	4~5，2~3	发育	IV-V

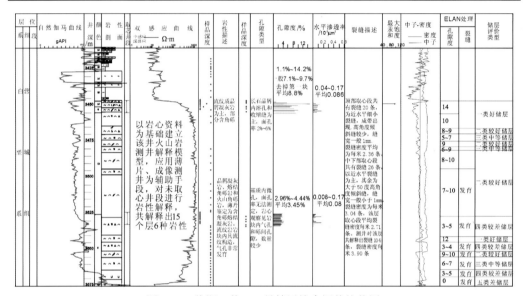

图 7-16　徐深 1 井 149 号储层综合评价柱状图

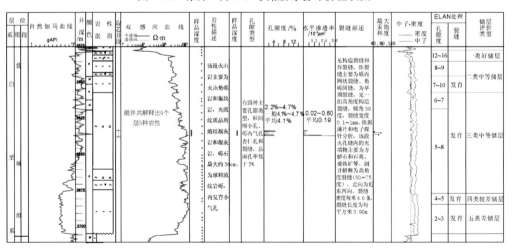

图 7-17　徐深 1 井 150 号储层综合评价柱状图

7. 结论

（1）从岩石类型上看，流纹质晶屑凝灰岩和流纹质熔结凝灰岩物性最好，其次为流纹岩。流纹质集块岩物性差异大，有的好，有的不好。凝灰岩物性差，是最差储层。

（2）流纹质晶屑凝灰岩主要孔隙类型为长石溶孔和基质内微孔，少量微裂缝，长石溶孔是近地表风化、淋滤作用的结果；流纹质熔结凝灰岩主要孔隙类型为基质内微孔，岩块内气孔；集块岩主要孔隙类型为砾间孔（缝）、砾内气孔和炸裂缝。

（3）149 与 150 号层相对比较而言，149 号层储层好于 150 号层。149 号层以Ⅱ类流纹质晶屑凝灰岩为主，占总厚的 53.3%；150 号层以Ⅲ类的流纹质集块岩为主，占总厚的 54.9%。

（二）升深更 2 井

该井火山岩井段深度为 2903.03 ~ 3002.26m，钻遇营城组地层。

1. 岩石类型及孔隙类型

根据薄片鉴定，将火山岩段划分为以下 10 个岩石类型段（表7-18），各段分述如下：

1）2903.03 ~ 2907.06m，流纹质含角砾凝灰岩和沉凝灰岩

岩石中晶屑主要为石英、长石，多呈港湾、浑圆状分布，岩屑为球粒流纹岩，火山尘已脱玻化，泥质绢云母化。火山角砾为球粒流纹岩。岩石局部具碳酸盐化。岩石中基本无孔隙（图版ⅩⅨ-Ⅰ）。

2）2909.09 ~ 2911.12m，火山角砾岩

角砾成分主要为球粒流纹岩和沉凝灰岩，角砾之间充填细的火山物与沉积物。角砾大于 10mm。岩石局部具碳酸盐化。岩石面孔率 2%，主要为砾间孔及基质溶孔（图版ⅩⅨ-Ⅱ），孔隙大小不一，分布不均，0.04 ~ 0.4mm 左右。

表 7-18　升深更 2 火山岩岩石学特征（2903.03 ~ 3002.26m）

编号	井深1/m	井深2/m	岩石类型	孔隙类型	面孔率/%
46-51	2903.03	2907.06	流纹质含角砾凝灰岩、沉凝灰岩	未见孔隙	
55-61	2909.09	2911.12	火山角砾岩	砾间孔及基质溶孔	1 ~ 2
62-107	2912.04	2948.59	球粒流纹岩	残余气孔、基质溶孔、长石斑晶溶孔、微裂缝	0 ~ 4
108-109	2949.57	2951.06	流纹质熔结凝灰岩	残余气孔和少量菱铁矿溶蚀、微裂缝、斑晶内孔	4
110-112	2951.83	2953.57	流纹质熔结凝灰角砾岩	残余气孔和少量晶间孔	1 ~ 2
114-129	2955.97	2969.27	球粒流纹岩（灰–灰白–灰色）	残余气孔、球粒内脱玻化晶间孔、长石斑晶溶孔	6 ~ 8
132-138	2973.27	2978.45	流纹质熔结凝灰岩	岩屑晶屑间孔、残余气孔和少量岩屑内微孔	1 ~ 5
139-143	2979.08	2983.84	英安质角砾凝灰岩	微孔	1 ~ 4
145-149	2986.4	2991.69	英安质凝灰熔岩	微孔	未测
153-158	2998.94	3002.26	流纹质熔结角砾凝灰岩	微孔	少

3）2912.04～2948.59m，球粒流纹岩

岩石由球粒、长石斑晶及长英质组成。球粒大小不一，0.1～0.2cm左右，部分球粒呈放射状。长石斑晶呈长柱状，具碳酸盐化。气孔中充填次生石英、碳酸盐、萤石等矿物（图版ⅩⅨ-Ⅲ）。残余气孔1%～4%，大小0.06～0.5mm，脱玻化孔、长石斑晶溶孔、微裂缝等（图版ⅩⅨ-Ⅳ）。

4）2949.57～2951.06m，流纹质熔结凝灰岩

由定向相间排列的浆屑和多孔状凝灰质组成。后者含大量不规则状的孔隙，其中充填大量石英、菱铁矿和微晶鳞片状的黏土矿物（可能为伊利石），孔隙类型主要为残余气孔和少量菱铁矿溶蚀、微裂缝、斑晶内孔，面孔率4%。

5）2951.83～2953.57m，流纹质熔结凝灰角砾岩

岩石由大量塑性岩屑，少量塑性玻屑、火山灰、长石晶屑等组成。塑性玻屑已强烈脱玻化，常具拉长定向分布的气孔，大部分被蚀变矿物菱铁矿、石英、钠长石和少量针状包裹于石英之中的钠长石所充填。孔隙类型主要为残余气孔和少量晶间孔，面孔率1%～2%。

6）2955.97～2969.27m，球粒流纹岩

岩石由球粒状的长英质、少量长石晶屑组成。发育大量不规则状气孔，充填大量次生石英和少量菱铁矿，石英常具二次加大现象（图版ⅩⅨ-Ⅴ），或含有针状钠铁闪石嵌晶，孔隙壁常有氧化铁质沉积，可能为溶蚀形成。孔隙类型主要为残余气孔、球粒内脱玻化孔（图版ⅩⅨ-Ⅵ）和少量长石斑晶溶孔，面孔率6%～8%。

7）2973.27～2978.45m，流纹质熔结凝灰岩

岩石由塑性岩屑、玻屑和少量火山灰、长石晶屑组成。塑性岩屑具脱玻化呈梳状、球粒状、压扁拉长定向排列的流状构造。气孔被石英充填。菱铁矿零星分布。孔隙类型主要为岩屑晶屑间孔、残余气孔和少量岩屑内微孔（图版ⅩⅩ-Ⅰ，Ⅱ），面孔率1%～5%。

8）2979.08～2983.84m，英安质角砾凝灰岩

岩石由角砾状英安岩岩屑、英安质塑性岩屑和大量火山尘组成。岩石受到后期热液蚀变作用，生成大量板条状微晶更长石。菱铁矿、次生石英、更长石呈团块状、细脉状分布。岩石中见微晶长石内和岩屑内微孔（图版ⅩⅩ-Ⅲ），面孔率1%～4%。

9）2986.4～2991.69m，英安质凝灰熔岩

岩石由英安质熔岩及火山尘组成。熔岩具显微嵌晶结构。更长石微晶包含于石英颗粒中。岩石受到后期热液蚀变作用，生成大量板条状微晶更长石、菱铁矿。火山灰中含有较多细小的铁质，分解后形成较多微孔。

10）2998.94~3002.71m，钠长石化流纹质熔结角砾凝灰岩

岩石呈灰绿色，由塑性岩屑、塑性玻屑、火山灰及石英、长石晶屑组成。受到动力作用产生裂隙，岩石受到蚀变作用生成大量菱铁矿、钠长石、伊利石、石英等次生矿物，充填于裂隙中，见有少量珍珠裂理状冷凝收缩缝（图版 XX-Ⅳ）。

2. 火山岩化学成分特征

根据国际地科联（IUGS）火成岩分类委员会推荐的硅-碱分类图（图 7-18），应用 44 块样品的 XRF 元素分析结果，该井火山岩均以酸性为主，SiO_2 含量多大于 70%。不同深度段内略有差别。

图 7-18 中所示的 1 段代表 2912.04~2978.45m，2 段代表 2979.08~2991.69m，3 段代表 2996.62~3002.26m。1 段均落入酸性区，与薄片鉴定的球粒流纹岩和流纹质凝灰岩一致；2 段落入中酸性区，显示高碱特征，薄片鉴定为英安质凝灰岩或凝灰熔岩；3 段多数落入酸性区，但较分散，与部分样品具有钠长石化有关。在硅-钾图（图 7-19）上，火山岩的化学成分投影点绝大多数落入中-高钾系列区。

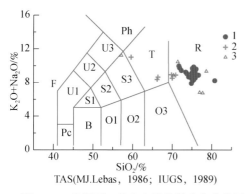

图 7-18　升深更 2 井火山岩化学成分分类图

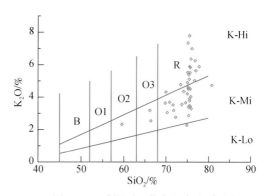

图 7-19　升深更 2 井火山岩硅-钾图

3. 物性特征

根据 76 块物性分析资料，该火山岩段孔隙度、渗透率变化较大，孔隙度范围值在 0.7%~24.2%，渗透率范围值在 0.006~52.7mD。经与铸体薄片对比分析，物性与岩石类型关系密切，如表 7-19、图 7-20 所示。其中 2955.97~2969.27m 球粒流纹岩段物性最好，孔隙度为 9.8%~24.2%，渗透率为 0.241~52.7mD。其次为 2973.27~2978.45m 流纹质熔结凝灰岩段，孔隙度为 12.7%~19.9%，渗透率为 1.106~1.273mD，渗透率偏低的原因是岩石具有熔结凝灰结构，即含有大量塑性岩屑和火山灰，因此孔隙较小，连通性也变差。

表 7-19　升深更 2（2903.03～3002.26m）火山岩物性特征

编号	岩石类型	孔隙类型	面孔率/%	孔隙度/%	渗透率/mD
1	流纹质含角砾凝灰岩、沉凝灰岩	未见孔隙		2～4.7	0.006～0.23
2	火山角砾岩	砾间孔及基质溶孔	1～2	6～10.5	0.03～12.8
3	球粒流纹岩	残余气孔、基质溶孔、长石斑晶溶孔、微裂缝	0～4	0.7～14.2	0.01～0.148
4	流纹质熔结凝灰岩	残余气孔和少量菱铁矿溶蚀、微裂缝、斑晶内孔	4	7.9	0.02
5	流纹质熔结凝灰角砾岩	残余气孔和少量晶间孔	1～2		
6	球粒流纹岩（灰-灰白-灰色）	残余气孔、球粒内脱玻化晶间孔、长石斑晶溶孔	6～8	9.8～24.2	0.241～52.7
7	流纹质熔结凝灰岩	岩屑晶屑间孔、残余气孔和少量岩屑内微孔	1～5	12.7～19.9	1.106～1.273
8	英安质角砾凝灰岩	微孔	1～4		
9	英安质凝灰熔岩	微孔	未测	3.1	0.039
10	流纹质熔结角砾凝灰岩	微孔	少	4.5	0.015

4. 火山岩孔隙分布与岩石类型的关系

（1）孔隙发育程度与岩石类型有一定关系，总体上看，物性由好至差排序为：球粒流纹岩—流纹质熔结凝灰岩—火山角砾岩—英安质熔结凝灰岩、凝灰熔岩—流纹质含角砾凝灰岩、沉凝灰岩，其中下部的球粒流纹岩段的要好于上部的球粒流纹岩段的（图 7-20）。

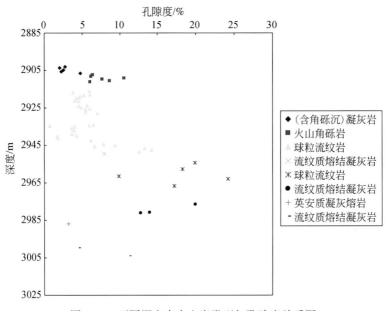

图 7-20　不同深度内火山岩类型与孔隙度关系图

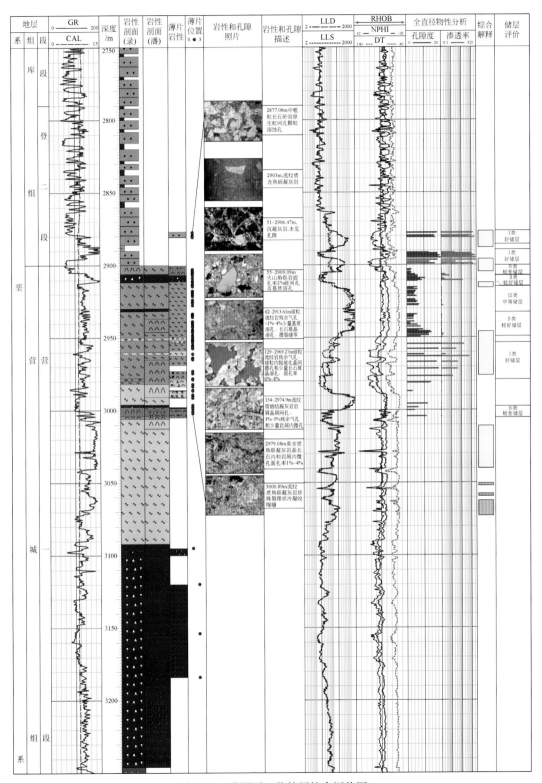

图 7-21　升深更 2 井储层综合评价图

（2）岩石类型不同，孔隙类型也不同，球粒流纹岩中主要为残余气孔、球粒内脱玻化孔、少量长石斑晶溶孔、微裂缝。流纹质熔结凝灰岩中有岩屑晶屑间孔、残余气孔和少量岩屑内微孔；英安质角砾凝灰岩、英安质凝灰熔岩中见少量微晶长石内和岩屑内微孔；火山角砾岩为砾间孔及基质溶孔；流纹质含角砾凝灰岩、沉凝灰岩未见孔隙。

（3）孔隙分布的非均质性强。在孔隙发育最好的球粒流纹岩中，孔隙分布也是非常不均匀的，面孔率 0~8%，变化较大，与孔隙的不均匀性充填和溶蚀的不均匀性有关。

综上所述，升深更2井Ⅰ-Ⅱ类储层岩性主要为球粒流纹岩、流纹质熔结凝灰岩，残余气孔和次生孔隙均较发育，物性最好；凝灰熔岩、流纹质含角砾凝灰岩、沉凝灰岩属于Ⅲ-Ⅳ类中等-较差储层，孔隙类型以微孔隙为主，物性相对较差（图7-21）。

参 考 文 献

蔡国钢, 冯殿生, 于兰, 刘立, 陈富新. 2000. 欧利坨子地区火山岩储层特征及成藏条件. 特种油气藏, 7 (4): 14-15

岑芳, 罗明高, 姚鹏翔. 2005. 深埋藏火山岩高孔隙形成机制探讨. 西南石油学院院报, 27 (3): 8-10

陈庆春, 朱东亚, 胡文瑄, 曹学伟. 2003. 试论火山岩储层的类型及其成因特征. 地质论评, 49 (3): 286-291

崔勇, 栾瑞乐, 赵澄林. 2000. 辽河油田欧利坨子地区火山岩储集层特征及有利储集层预测. 石油勘探与开发, 27 (5): 47-49

董冬, 杨申镳, 段智斌. 1988. 滨南油田下第三系复合火山相与火山岩油藏. 石油与天然气地质, 9 (4): 346-355

冯子辉, 王成, 方伟, 张作祥, 汪忠兴. 2009. 大庆油田石油地质实验技术新进展. 大庆石油地质与开发, 28 (5): 54-59

高山林, 李学万, 宋柏荣. 2001. 辽河盆地欧利佗子地区火山岩储集空间特征. 石油与天然气, 22 (2): 173-177

高有峰, 刘万洙, 纪学雁, 白雪峰, 王璞珺, 黄玉龙, 郑常青, 闵飞琼. 2007. 松辽盆地营城组火山岩成岩作用类型、特征及其对储层物性的影响. 吉林大学学报, 37 (6): 1251-1258

郭克园, 蔡国刚, 罗海炳, 王智勇, 常津焕. 2002. 辽河盆地欧利佗子地区火山岩储层特征及成藏条件. 天然气地球化学, 13 (3-4): 60-66

赫英, 王定一, 廖永胜. 2001. 胜利油田火山岩类、盆地演化及其 CO_2-Au 成藏成矿效应. 地质科学, 36 (4): 454-464

侯英姿. 2003. 松辽盆地杏山—莺山地区火山岩储集空间类型特征及其控制因素. 特种油气藏, 10 (1): 99-102

姜雪, 邹华耀, 饶勇, 杨元元. 2009. 松辽盆地南部长岭断陷火山岩岩性岩相特征及其对储层的控制作用. 科技导报, 27 (23): 32-40

金晓辉, 林壬子, 邹华耀, 冯子辉, 任延广. 2005. 松辽盆地徐家围子断陷火山活动期次与烃源岩演化. 石油与天然气地质, 26 (3): 349-355

刘成林, 杜蕴华, 高嘉玉. 2008. 松辽盆地深层火山岩储层成岩作用与孔隙演化. 岩性油气藏, 20 (4): 33-37

刘启, 舒萍, 李松光. 2005. 松辽盆地北部深层火山岩气藏综合描述技术. 大庆石油地质与开发, 24 (3): 21-23

刘万洙, 王璞珺, 门广田, 边伟华, 尹秀珍, 许利群. 2003. 松辽盆地北部深层火山岩储层特征. 石油与天然气地质, 24 (1): 28-31

刘为付. 2004. 松辽盆地徐家围子断陷深层火山岩储层特征及有利区预测. 石油与天然气地质, 25 (1): 115-119

刘为付, 王永生, 杜刚. 2004. 松辽盆地徐家围子断陷营成组火山岩储集层特征. 特种油气藏, 11 (2): 6-9

吕希学, 钟大康, 朱筱敏, 谢忠怀, 郝运轻, 刘宝军. 2003. 东营凹陷古近系砂岩储集层特征对比. 石油勘探与开发, 30 (3): 91-94

罗静兰, 曲志浩, 孙卫, 石发展. 1996. 风化店火山岩岩相、储集性与油气的关系. 石油学报, 17 (1): 32-39

罗静兰，邵红梅，张成立 . 2003. 火山岩油气藏研究方法与勘探技术综述 . 石油学报，24（1）：31-37.

罗静兰，翟晓先，蒲仁海，何发歧，赵会涛，周家驹 . 2006. 塔河油田火山岩的层位归属——火山岩岩石学与岩相学特征 . 地质科学，41（3）：378-391

罗静兰，林漳，杨知盛，刘小洪，张军，刘淑云 . 2008. 松辽盆地升平气田营城组火山岩岩相及其储集性能控制因素分析 . 石油与天然气地质，29（6）：748-757

马志宏 . 2003. 黄沙坨地区火山岩储层研究及预测 . 断块油气田，10（3）：5-8

马志宏 . 2004. 热河台–黄沙坨地区沙三段火山岩成藏的控制因素 . 特种油气藏，11（2）：15-17

毛振强，陈凤莲 . 2005. 高青油田孔店组火山岩储集特征及成藏规律研究 . 矿物岩石，25（1）：104-108

蒙启安，门广田，赵洪文，霍凤龙，江涛，邵明里 . 2002. 松辽盆地中生界火山岩储层特征及对气藏的控制作用 . 石油与天然气地质，23（3）：285-288

慕德梁 . 2007. 辽河坳陷牛心坨地区中生代火山岩储层特征 . 断块油气田，14（5）：1-4

邱家骧 . 1982. 火山岩的研究方法 . 武汉：冶金部地质技术干部进修学校

邱家骧 . 1991. 应用岩浆岩岩石学 . 武汉：中国地质大学出版社

邱家骧，陶奎元，赵俊磊 . 1996. 火山岩 . 北京：地质出版社

邱隆伟，姜在兴，席庆福 . 2000. 欧利坨子地区沙三下亚段火山岩成岩作用及孔隙演化 . 石油与天然气地质，21（2）：139-147

曲延明，舒萍，王强 . 2006. 兴城气田火山岩储层特征研究，天然气勘探与开发，29（3）：13-16

邵红梅，王成，姜洪启 . 2001. 松辽盆地北部火山岩储层孔隙特征与演化 . 西北大学学报，31（9）：497-499

邵红梅，毛庆云，姜洪启，王成 . 2006. 徐家围子断陷营城组火山岩气藏储层特征 . 天然气工业，26（6）：29-32

孙善平，刘永顺，钟蓉，白志达，李家振，魏海泉，朱勤文 . 2001. 火山碎屑岩分类评述及火山沉积学研究展望 . 岩石矿物学杂志，20（3）：313-317

田海芹，马玉新，于文芹 . 2000. 山东昌乐–临朐火山岩孔隙系统研究 . 岩石学报，16（2）：174-182

王成 . 2004. 松辽盆地火山岩储层类型划分及有利储层分布预测 . 见：冯志强，冯子辉主编 . 石油地质实验技术论文集 . 北京：石油工业出版社：139-144

王成，邵红梅，洪淑新 . 2003. 徐深 1 井火山岩、砾岩储层特征研究 . 大庆石油地质与开发，22（5）：1-4

王成，邵红梅，洪淑新，潘昊，刘杰 . 2004a. 松辽盆地北部深层次生孔隙分布特征 . 大庆石油地质与开发，23（5）：37-39

王成，邵红梅，洪淑新，齐晓杰，刘彤艳 . 2004b. 松辽盆地北部深层碎屑岩浊沸石成因、演化及与油气关系研究 . 矿物岩石地球化学通报，23（3）：213-218

王成，马明侠，张民志，邵红梅，洪淑新，刘杰，李茹 . 2006a. 松辽盆地北部深层天然气储层特征 . 天然气工业，26（6）：25-28

王成，官艳华，肖利梅，邵红梅，洪淑新，杨连华，王平 . 2006b. 松辽盆地北部深层砾岩储层特征 . 石油学报，27（增刊）：52-57

王成，邵红梅，洪淑新，官艳华，滕洪达，贾朋涛，薛云飞 . 2007. 松辽盆地北部深层碎屑岩储层物性下限及与微观特征的关系 . 大庆石油地质与开发，26（5）：18-20

王金友，张世奇，赵俊青，肖焕钦 . 2003. 渤海湾盆地惠民凹陷临商地区火山岩储层特征 . 石油实验地质，25（3）：264-268

王静，国景星，盛世锋，王希平.2008.商河油田水下喷发火山岩储层特征.断块油气田，15（2）：40-43

王璞珺，迟元林，刘万洙，程日晖，单玄龙，任延广.2003a.松辽盆地火山岩相：类型、特征和储层意义.吉林大学学报（地球科学版），33（4）：449-456

王璞珺，陈树民，刘万洙，单玄龙，程日晖，张艳，吴海波，齐景顺.2003b.松辽盆地火山岩相与火山岩储层的关系.石油与天然气地质，24（1）：18-24

王璞珺，吴河勇，庞颜明，门广田，任延广，刘万洙，边伟华.2006.松辽盆地火山岩相、相序、相模式与储层物性的定量关系.吉林大学学报（地球科学版），36（5）：805-812

王岫岩，云金表，罗笃清，滕玉洪，林铁锋.2000.西藏羌塘盆地动力学演化与油气前景探讨.石油学报，20（3）：38-42

王兆峰，孔垂显，戴雄军，秦军，陈庆，周阳，华美瑞.2007.复杂火山岩油藏储集空间类型及其有效性评价——以克拉玛依油田克92井区石炭系油藏为例.石油天然气学报，29（6）：58-60

魏喜，李学万，郭军，张国禄.2001.欧利坨子地区火山岩储层特征及成因探讨.特种油气藏，8（1）：50-52

魏喜，赵国春，宋柏荣.2004.火山岩油气藏勘探预测方法探讨——辽河断陷火山岩储层研究的启示.地学前缘，11（1）：48

吴磊，徐怀民，季汉成，李彦民.2005.松辽盆地杏山地区深部火山岩有利储层的控制因素及分布预测.现代地质，19（4）：585-595

修安鹏，柳忠泉，徐佑德，王德喜.2011.长岭断陷懂不腰英台地区营城组火山岩储层特征及主控因素分析.低渗透油气田，1：47-51

徐春华，黄小平，于红果，孙宝宗，王安生，栾岩林，王军.2007.克拉玛依油田石炭系火山岩有利储层识别.测井技术，31（3）：256-261

闫春德，俞惠隆，余芳权，王典敷.1996.江汉盆地火山岩气孔发育规律及其储集性能.江汉石油学院学报，18（2）：1-6

杨华.2008.成岩相的形成、分类与定量评价方法.石油勘探与开发，35（5）：526-540

杨金龙，罗静兰，何发歧，俞任连，翟晓先.2004.塔河地区二叠系火山岩储集层特征.石油勘探与开发，31（4）：44-48

杨瑞麟，刘明高.1996.准噶尔盆地火山岩储层特征及评价.成都理工学院学报，30（5）：27-40

殷进垠，刘和甫，迟海江.2002.松辽盆地徐家围子断陷构造演化.石油学报，23（2）：26-29.

余芳权.1990.江陵凹陷金家场构造的火山岩储集层.石油勘探与开发，2：56-62

张洪，罗群，于兴河.2002.欧北-大湾地区火山岩储层成因机制的研究.地球科学，27（6）：763-766

张兴华.2003.欧利佗子油田火山岩相研究.特殊油气藏，10（1）：40-46

张子枢，吴邦辉.1994.国内外火山岩油气藏研究现状及勘探技术调研.天然气勘探与开发，16（1）：1-26

赵澄林.1996.火山岩储层储集空间形成机理及含油气性.地质论评，42（增刊）：37-43.

赵澄林，刘孟慧，胡爱梅.1997.特殊油气储层.北京：石油工业出版社

赵海玲，邓晋福，陈发景，胡泉.1998.赵世柯中国东北地区中生代火山岩岩石学特征与盆地形成.现代地质，12（3）：56-62

赵海玲，狄永军，郭美娟，刘清华，赵国泉.2004.辽河断陷盆地坨32井区火山岩储层特征及成因.特种油气藏，11（6）：33-36

周荔青，刘池阳.2004.中国东北油气区晚侏罗世—早白垩世断陷油气成藏特征.中国石油勘探，2：

20-25

邹才能，陶士振，周慧，张响响，何东博，周川闽，王岚，王雪松，李富恒，朱如凯，罗平，袁选俊，徐春春，杨华．2008．成岩相的形成、分类与定量评价方法．石油勘探与开发，35（5）：526-540

Aase N E，Bjrkum P A. 1996. The effect of grain coating microquartz on preservation of reservoir porosity. AAPG Bulletin & Nadeau PH，80：1654-1673

Abbaszadeh M，Corbett C. 2001. Development of an integrated reservoir model for a naturally fractured volcanic reservoir in China. SPE Reservoir Evaluation & Engineering，4（5）：406-414

Allen P A，Allen J R. 1990. Basin Analysis：Principles and Applications. Oxford：Blackwell Scientific Publications

Blake R E，Walter L M. 1996. Effects of organic acids on the dissolution of orthoclase at 80℃ and pH 6. Chemical Geology，132：91-102

Bloch S，Lander R H，Bonell L. 2002. Anomalously high porosity and permeability in deeply buried sandstones reservoirs：Origin and predictability. AAPG Bulletin，86：301-328

Dutton S P，Hamlin H S. 1991. Geologic Controls on Reservoir Properties of Frontier Formation Low-Permeability Gas Reservoirs，Moxa Arch，Wyoming. In：Low Permeability Reservoirs Symposium

Einsele G. 1992. Sedimentary Basins：Evolution，Faces，and Sediment Budget. Berlin：Springer-Verlag

Gao L P，Yang W D，Luo X J. 1999. Experimental studies of fluid mineral interaction in low temperature. Chinese Science Bulletin，44（supp）：169-171

Giles M R，Marshall J D. 1986. Constraints on the development of secondary porosity in the subsurface：Re-evaluation of processes. Marine and Petroleum Geology，3：243-255

Giles M R，Boer R B. 1989. Secondary porosity creation of enhanced porosities in the subsurface from the dissolution of carbonate cements as a result of cooling formation waters. Marine and Petroleum Geology，6：261-269

Giles M R，Boer R B. 1990. Origin and significance of redistributional secondary porosity. Marine and Petroleum Geology，7：379-397

Hawlander H M. 1990. Diagenesis and reservoir potential of volcanogenic sandstones—Cretaceous of the Surat Basin. Sedimentary Geology，66（3）：181-195

Hayes J B. 1979. Sandstone diagenesis- the hole truth. Aspects of diagenesis symposia：SEPM Special Publication，26：127-139

Heald M T，Baker G F. 1977. Diagenesis of the Mt. Simon and rose run sandstones in western West Virginia and southern Ohio. JSP，47（1）：66-77

Hofmann A W. 1988. Chemical differentiation of the Earth：the relationship between mantle，continental crust，and oceanic crust. Earth and Planetary Science Letters，90（3）：297-314

Hunter B E，Davies D K. 1979. Distribution of volcanic setiment in the Golf coastal province-signficance to petroleum geology. Transactions，Golf Coast Association of Geological Societies，29（1）：147-155

Ionov D A，Hamon R S，France-Landord C，et al. 1994. Oxygen isotope composition of garnet and spinel peridotites in the continental mantle：evidence from the Vitim xenolith suite，southern Siberia. Geochimica et Cosmochimica Acta，58（5）：1463-1470

Irving T N，Baragar W R A. 1971. A guide to the chemical classification of the common valcanix rocks. Candd J Earth Sci，8：523-548

Jahren J，Ramm M. 2009. The porosity- preserving effects of microcrystalline quartz coatings in arenitic sandstones: examples from the Norwegian continental shelf. Special Publications of International Association of Sedimentologists, 29: 271-280

Le Maitre R W. 1989. A classification of Igneous Rocks and Glossary of Terms: Recommendations of the IUGS Subcommission on the Systematic of Igneous Rocks. London: Blackwell Scientific Publication

Luo J L, Zhang C L, Qu Z H. 1999. Volcanic reservoir rocks: a case study of the Cretaceous Fenghuadian Suite, Huanghua Basin, Eastern China. Journal of Petroleum Geology, 22 (4): 397-415

Luo J, Morad S, Liang Z, et al. 2005. Controls on the quality of Archean metamorphic and Jurassic volcanic reservoir rocks from the Xinglongtai buried hill, western depression of Liaohe basin, China. AAPG Bulletin, 89 (10): 1319-1346

Mark E M, John G M. 1991. Volcaniclastic deposits: implication for hydrocarbon exploration. In: Fisher R V, Smith G A (eds). Sedimentation in volcanic settings: SEPM Special Publication, 45: 20-27

Philip H N. 2009. Pore- throat sizes in sandstone, tight sandstone, and shales. AAPG Bulletin, 93 (3): 329-340

Pittman E D, Larese R E, Heald M T. 1992. Claycoats: Occurrence and relevance to preservation of porosity in sandstones. In: Houseknecht D W, Pittman E D (eds). Origin Diagenesis and Petrophysics of Clay Minerals in Sandstones. America: SEPM Special Publication 47, Society of Economic Paleontologists and Mineralogists: 241-264

Pittman E D. 1979. Porosity, diagenesis and productive capability of sandstone reservoirs. Aspects of diagenesis: SEPM Special Publication, 26: 159-173

Schmidt V. 1976. Secondary porosity in the Parsons Lake Sandstones. Geol Assoc Can Progr Abstr, 1: 50

Schmidt V, McDonald D A. 1979. The role of secondary porosity in the course of sandstone diagenesis. Aspects of Diagenesis: SEPM Special Publication, 26: 175-207

Sruoga P, Rubinstein N, Hinterwimmer G. 2004. Porosity and permeability in volcanic rocks: a case study on the Serie Tobifera, South Patagonia, Argentina. Journal of Volcanology and Geothermal Research, 132: 31-43

Stanton G D, McBride E F. 1976. Factors in fluencing porosity and permeability of Lower Wilcox (Eocene) Sandstone, Karnes County, Texas (abs.). Am Assoc Petrol Geologists and Soc Econ Mineralogists and Palentologists Ann Soc Mtg Abstracts, 1: 119

Stillings L L, Drever J I, Brantley S L, et al. 1996. Rates of feldspar dissolu tion at pH 3-7 with 0-8 m Moxalic acid. Chemical Geology, 132 (1): 79-89

Tomohisa K, Kozo S. 2000. Geological modelling of a heterogeneous volcanic reservoir by the petrological method. In: SPE Asia Pacific Conference on Integrated Modelling for Asset Management

Ukai M, Katahira T, Kume Y, et al. 1972. Volcanic reservoirs, their characteristics of the development and production. In: Joint AIME-MMIJ Meeting

Wilson M. 1989. Igneous Petrogenesis. London: Unwin Hyman

Yuan S, Ran Q, Xu Z, et al. 2006. Reservoir Characterization of Fractured Volcanic Gas Reservoir in Deep Zone. In: International Oil & Gas Conference and Exhibition in China

В. П. ГНИДЕЦ, ГВБОЙЧУКК. 1991. Оллекторские свойства вулканических и осадочно-вулканогенных пород Равнинного Крыма. Геол. нефтии и газа, 8: 11-15

图版 I　常见火山岩岩石类型

I　球粒流纹岩，少斑结构，基质由长英质球粒组成，宋深 7 井，3450m，K_1yc，正交偏光

II　流纹岩，斑状结构，钾长石斑晶被钠长石交代后具钾长石假象，徐深 213 井，4052m，K_1yc，正交偏光

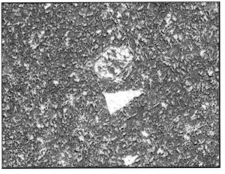

III　钠长石化流纹岩，气孔或基质具强烈钠长石徐深 211 井，4032.09m，K_1yc，正交偏光

IV　英安岩，斑状结构，斑晶为斜长石，基质由略具定向的斜长石微晶和隐晶质组成，徐深 3 井，4642.40m，K_1yc，正交偏光

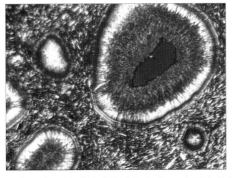

V　安山岩，基质具玻基交织结构，由具定向的斜长石微晶及隐晶质组成，气被硅质充填，徐深 213 井，4296.2m，K_1yc，正交偏光

VI　玄武岩，斑晶为橄榄石、辉石及角闪石，基质由板条状斜长石和粒状辉石组成，林深 4 井，2834.4m，K_1yc，正交偏光

图版 II

I 流纹质凝灰熔岩，岩石由熔岩和火山灰组成，熔岩具球粒结构，徐深 3 井，4001.0m，K_1yc，正交偏光

II 流纹质熔结凝灰岩，熔结凝灰结构，岩石由刚性长英晶屑、岩屑及定向排列的塑性浆屑及火山灰尘组成，徐深 43 井，3625.0m，K_1yc，正交偏光

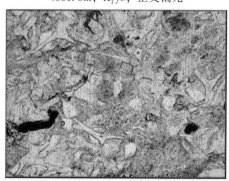

III 流纹质玻屑凝灰岩，凝灰结构，岩石主要由尖棱状玻屑及火山灰尘组成，徐深 1-4 井，3658m，K_1yc，单偏光

IV 沉凝灰岩，沉凝灰结构，部分碎屑颗粒经短距离搬运具磨圆现象，徐深 213 井，3972.7m，K_1yc，单偏光

V 流纹质凝灰角砾岩，凝灰角砾结构，基质孔隙中充填次生石英、钠长石，徐深 232 井，3840.16m，K_1yc，正交偏光

VI 安山玄武质火山角砾岩，火山角砾结构，角砾成分为中基性喷发岩，达深 X5 井，3698.87m，K_1yc，单偏光

图版Ⅲ 常见次生矿物

Ⅰ 球粒流纹岩，脱玻化孔和长石溶蚀，
溶孔及残余长石上生长钠长石，
升深 8 井，3121.26m，K₁yc，单偏光

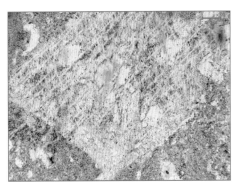

Ⅱ 流纹质凝灰岩，钠长石交代斜长石时常形成
净边结构，徐深 8 井，
3753.87m，K₁yc，单偏光

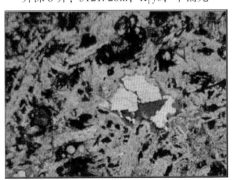

Ⅲ 玄武岩，浊沸石充填气孔，
达深 3 井，3238.16m，K₁yc，单偏光

Ⅳ 安山质角砾凝灰岩，暗色矿物绿泥石化，
古深 1 井，4682.49m，K₁yc，单偏光

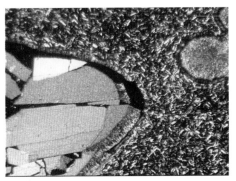

Ⅴ 安山岩，绿泥石、方解石胶结，
徐深 13，4249.44m，K₁yc，单偏光

Ⅵ 英安岩，气孔中充填粒状石英及少量绿泥石，
达深 401 井，3186.13m，K₁yc，正交偏光

图版Ⅳ 常见次生矿物

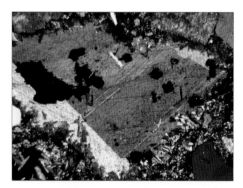

Ⅰ 含陆屑流纹质角砾凝灰岩，方解石交代碎屑颗粒，徐深42井，3704.37m，K_1yc，正交偏光

Ⅱ 球粒流纹岩，气孔中充填菱铁矿及少量石英，徐深28井，4211.98m，K_1yc，正交偏光

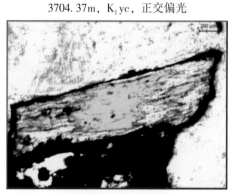

Ⅲ 流纹质熔结角砾凝灰岩，钠铁闪石溶孔，徐深6-105井，3547.27m，K_1yc，单偏光

Ⅳ 流纹质熔结凝灰岩，氟碳钙铈矿，徐深6井，3725.81m，K_1yc，正交偏光

Ⅴ 流纹岩，气孔中生长的萤石，升深更2井，3005.15m，K_1yc，正交偏光

Ⅵ 橄榄玄武岩，葡萄石，达深3井，3237.96m，K_1yc，正交偏光

图版 V 火山岩孔隙类型

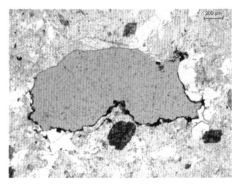

Ⅰ 流纹岩，原生气孔，升深 2-25 井，3022.91m，
K₁yc，单偏光，×5

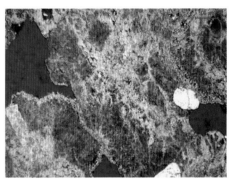

Ⅱ 球粒流纹岩，气孔，朝深 7 井，
3297.78m，K₁yc，单偏光，×5

Ⅲ 安山玄武岩，杏仁体内孔（大量石英、
少量绿泥石、碳酸盐充填），达深 X5 井，
3784.62m，K₁yc，正交偏光

Ⅳ 流纹质凝灰熔岩，残余气孔
（钠长石、石英、碳酸盐充填），朝深 8 井，
3317.09m，K₁yc，单偏光，×25

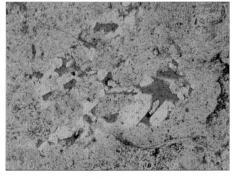

Ⅴ 流纹质角砾凝灰岩，晶间孔，徐深 25 井，
4023.15m，K₁yc，单偏光

Ⅵ 火山角砾岩，角砾间孔及基质溶孔，
升深更 2 井，2909.09m，K₁yc，单偏光

Ⅰ 火山角砾岩，角砾间孔及角砾内溶孔，
徐深 401 井，4178.95m，K₁yc，单偏光

Ⅱ 流纹质晶屑凝灰岩，长石及石英斑晶溶
（熔）孔，徐深 801 井，
3854.09m，K₁yc，单偏光

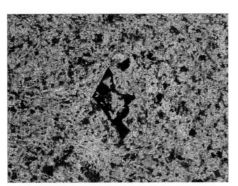

Ⅲ 安山岩，暗色矿物溶（熔）孔，
达深 302 井，3271.09m，K₁yc，单偏光

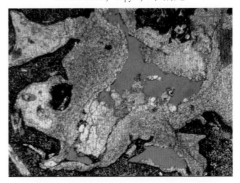

Ⅳ 玄武安山岩，杏仁体溶蚀孔
（气孔充填物碳酸盐溶蚀），达深 4 井，
3266.14m，K₁yc，正交偏光

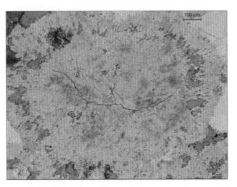

Ⅴ 球粒流纹岩，球粒脱玻化孔，徐深 1-3 井，
3571.95m，K₁yc，单偏光

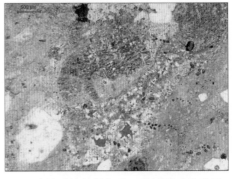

Ⅵ 流纹质熔结凝灰岩，浆屑脱玻化孔及
长石晶屑内溶孔，宋深 7 井，
3227.04m，K₁yc，单偏光

图版 Ⅶ

Ⅰ 流纹质凝灰熔岩，溶蚀孔隙与溶蚀微缝相通，朝深 8 井，3389.23m，K_1yc，单偏光

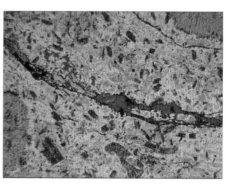

Ⅱ 球粒流纹岩，裂缝充填物碳酸盐后期溶蚀重新开启，升深 203 井，3330.88m，K_1yc，单偏光

Ⅲ 流纹岩，构造裂缝宽约 4mm，被石英、钠长石及少量绿泥石充填，徐深 15 井，3679.63m，K_1yc，单偏光

Ⅳ 流纹岩，两条裂缝呈平行排列，宋深 7 井，3653m，K_1yc，单偏光

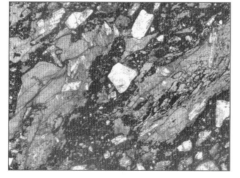

Ⅴ 玄武安山质含浮岩岩屑凝灰角砾岩，火山玻璃冷凝收缩缝，达深 10 井，3093.47m，K_1yc，单偏光

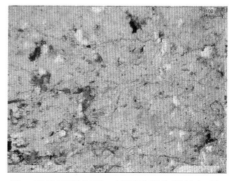

Ⅵ 流纹质凝灰岩，溶蚀孔隙与微缝相通，徐深 8 井，3731.46m，K_1yc，单偏光

图版Ⅷ 升深 2-1、升深更 2 井次生矿物成岩演化序列

Ⅰ 气孔中充填次生矿物石英、菱铁矿和铁质物，升深 2-1 井，2964.69m，K_1yc，单偏光

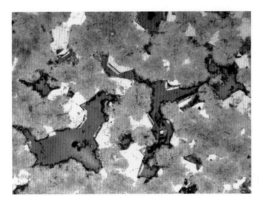
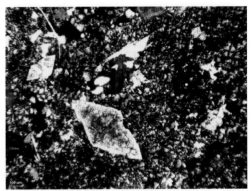

Ⅱ 气孔中充填次生矿物石英、铁白云石和烃类，升深更 2 井，2931.75m，K_1yc

（左图单偏光，右图正交偏光）

图版IX 徐深1井次生矿物成岩演化序列

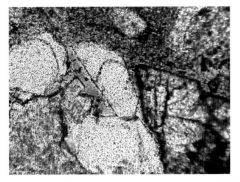

I 方解石→菱铁矿，3632.31m，K₁yc，正交偏光

Ⅱ 石英加大边，3448.53m，K₁yc，单偏光

Ⅲ 石英加大边→菱铁矿，3634.42m，K₁yc，单偏光

Ⅳ 钾长石→溶孔→钠长石→溶孔，
3451.53m，K₁yc，单偏光

V 裂缝中充填油气，3448.08m，K₁yc，单偏光

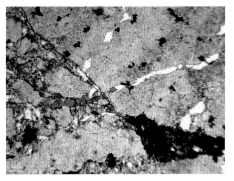

Ⅵ 两期裂缝，二期裂缝中充填油气，
3634.42m，K₁yc，单偏光

图版 X 达深 4 井气孔中充填次生矿物成岩演化序列

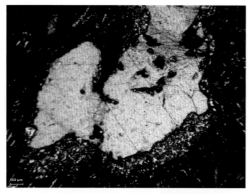

I 磁铁矿→微晶石英→亮晶方解石，
3265.19m，K_1yc，正交偏光

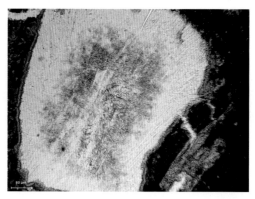

II 绿泥石→葡萄石，3265.19m，K_1yc，单偏光

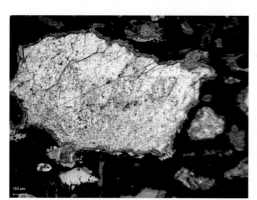

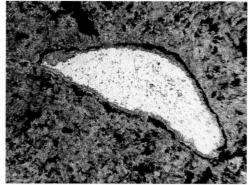

III 绿泥石→方解石，油气→绿泥石→方解石，3265.19m，K_1yc，单偏光

图版 XI 徐深 13 井气孔中充填次生矿物成岩演化序列

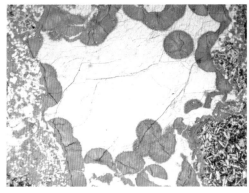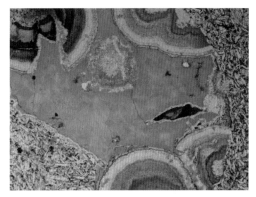

Ⅰ 放射状绿泥石交代亮晶方解石，4246.45m，K_1yc，单偏光

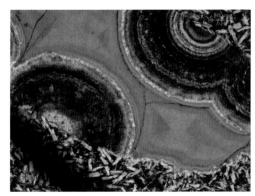

Ⅱ 泥晶方解石→微晶石英→栉壳状绿泥石→亮晶方解石，
4246.45m，K_1yc（左图单偏光，右图正交偏光）

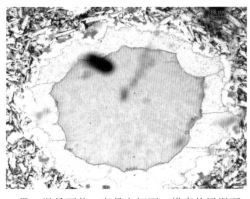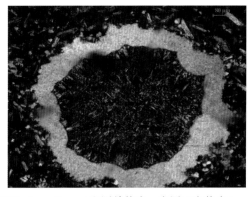

Ⅲ 微晶石英→亮晶方解石→栉壳状绿泥石，4251.1m，K_1yc（左图单偏光，右图正交偏光）

图版XII 徐深13井气孔中充填次生矿物成岩演化序列（续）

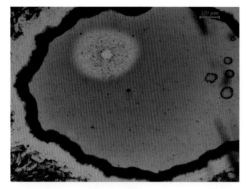

I 微晶石英→油气 4251.1m，K_1yc，单偏光

II 亮晶方解石→栉壳状绿泥石→亮晶方解石，
4251.1m，K_1yc，单偏光

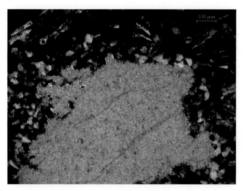

III 微晶石英→亮晶方解石，4251.1m，
K_1yc，正交偏光

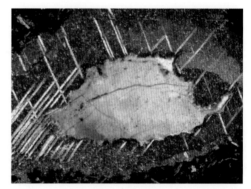

IV 亮晶方解石→片状石英，4251.1m，
K_1yc，正交偏光

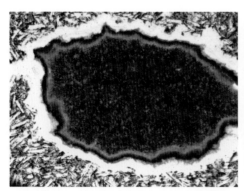

V 微晶石英→油气→方解石，4251.1m，K_1yc（左图单偏光，右图正交偏光）

图版 XⅢ　　徐深 15 井裂缝中充填次生矿物成岩演化序列

Ⅰ　方解石交代长石，3780.51m，K_1yc，
　　正交偏光

Ⅱ　裂缝→方解石，3780.51m，K_1yc，正交偏光

Ⅲ　裂缝→油气，3780.51m，K_1yc，单偏光

Ⅳ　裂缝→石英→绿泥石以及石英加大边，
　　3780.51m，K_1yc，正交偏光

图版 XIV　徐深 4 井裂缝中充填次生矿物成岩演化序列

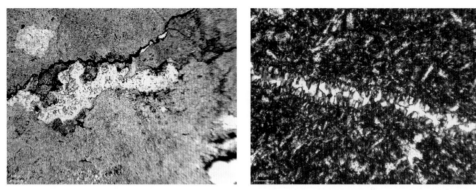

I　裂缝→油气→裂缝，裂缝→微晶石英，3986.2m，K_1yc（左图单偏光，右图正交偏光）

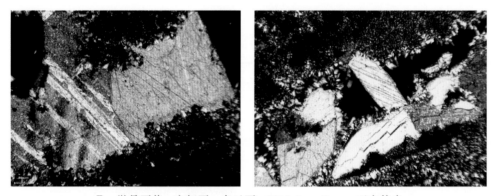

II　微晶石英→方解石→白云石，3986.2m，K_1yc，正交偏光

图版XV 古深 1 井气孔、裂缝中充填次生矿物成岩演化序列

I 石英加大边，4488.03m，K₁yc，正交偏光

II 裂缝→绿泥石→裂缝，4681.0m，K₁yc，单偏光

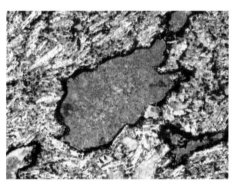

III 泥晶方解石→绿泥石，裂缝中只充填了石英和亮晶方解石，应为绿泥石之后的裂缝，4681.55m，K₁yc（左图单偏光，右图正交偏光）

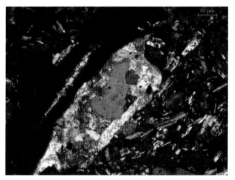

IV 亮晶方解石→石英，4682.49m，K₁yc，正交偏光

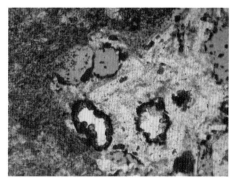

V 泥晶方解石→石英，4684.7m，K₁yc，单偏光

图版 XVI 肇深 6、徐深 8 井气孔中充填次生矿物成岩演化序列

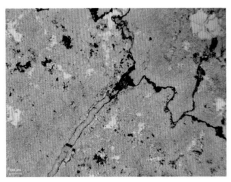

I 两期裂缝，裂缝中充填的簇状绿泥石，肇深 6 井，3591.09m，K_1yc，单偏光

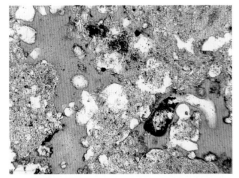

II 拉长溶蚀扩大气孔中充填的石英、方解石，徐深 8 井，3731.3m，K_1yc，单偏光

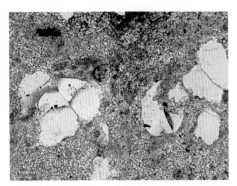
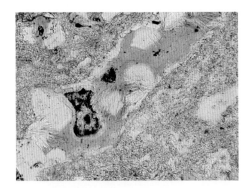

III 石英加大边，徐深 8 井，3749.54m，K_1yc，单偏光

IV 残余气孔中葡萄石交代石英，徐深 8 井，3753.87m，K_1yc，单偏光

图版 XVII　莺深 2、林深 3 井次生矿物成岩演化序列

I　方解石交代长石，莺深 2 井，
4198.37m，K_1yc，正交偏光

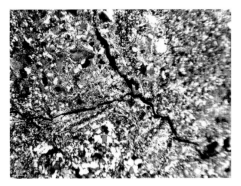

II　裂缝中充填的油气，莺深 2 井，
4197.94m，K_1yc，正交偏光

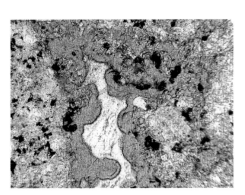

III　绿泥石→方解石，林深 3 井，
3800.91m，K_1yc，单偏光

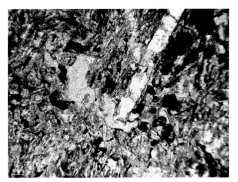

IV　暗色矿物蚀变为绿泥石，林深 3 井，
3567.12m，K_1yc，单偏光

图版XVIII 火山岩岩相的代表岩石类型

I 闪长玢岩，林深3井，3800.38m，
K₁yc，正交偏光

II 玄武岩隐爆角砾，达深4井，
3268.5m，正交偏光

III 火山角砾结构，达深10井，
3094.72m，K₁yc，单偏光

IV 半塑性浮岩岩屑，达深10井，
3094.72m，K₁yc，单偏光

V 晶屑凝灰结构，徐深28井，
4363.21m，K₁yc，正交偏光

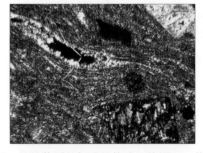

VI 塑性浆屑的假流纹构造，徐深232井，
3870.17m，K₁yc，正交偏光

VII 气孔状流纹岩，升深更2井，
2969.27m，K₁yc，单偏光

VIII 珍珠岩，汪905井，3004.64m，
K₁yc，单偏光

图版 XIX

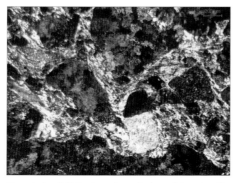

I　含角砾凝灰岩，未见孔隙，升深更2井，2906.47m，K₁yc，正交偏光

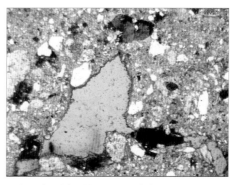

II　火山角砾岩砾间孔及基质溶孔，升深更2井，2909.09m，K₁yc，单偏光

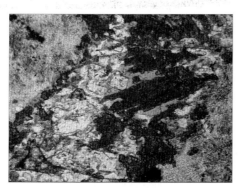

III　球粒流纹岩，气孔充填碳酸盐、萤石，升深更2井，2913.61m，K₁yc，单偏光

IV　球粒流纹岩，残余气孔、基质溶孔，升深更2井，2948.59m，K₁yc，单偏光

V　球粒流纹岩，残余气孔、球粒内脱玻化晶间微孔，升深更2井，2969.27m，K₁yc，扫描电镜

VI　球粒流纹岩，残余气孔、球粒内脱玻化晶间微孔，升深更2井，2969.27m，K₁yc，单偏光

图版 XX

Ⅰ　流纹质熔结凝灰岩，岩屑晶屑间孔、
残余气孔、微缝，升深更 2 井，
2973.27m，K_1yc，单偏光

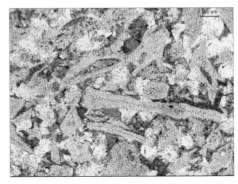

Ⅱ　流纹质熔结凝灰岩，岩屑晶屑间孔、
残余气孔和少量岩屑内微孔，
升深更 2 井，2974.9m，K_1yc，单偏光

Ⅲ　英安质角砾凝灰岩，微晶长石内
和岩屑内微孔，升深更 2 井，
2979.08m，K_1yc，单偏光

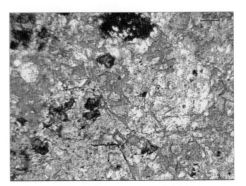

Ⅳ　流纹质凝灰岩，珍珠裂理状冷凝
收缩缝，升深更 2 井，
3000.89m，K_1yc，单偏光